[Fondamentaux de l'automate
et
Programmation en logique à relais]

Fondamentaux de l'Automates Programmable Industriels (API) et Programmation en logique à relais

Théorie, leçons étape par étape et projets réels.

Première Édition

Orlando Charria.

Publié par Latin Tech Inc.
Miami, Florida.

Pour mon fils David,
pour rendre ma vie digne d'intérêt.

[Fondamentaux de l'automate
et
Programmation en logique à relais]

[DE L' AUTEUR]

Juste quelques mots.

Maintenant que c'est écrit, j'ose dire que c'est l'un des rares livres sur le marché axé sur la pratique et qui comprend des logiciels pour mieux apprendre. C'est pourquoi il est traduit en plusieurs langues et a été adopté par de nombreux établissements d'enseignement pour enseigner l'automatisation.

Mon expérience de conférencier, ayant suivi plusieurs formations sur les automates programmables industriels pour l'automatisation et réalisé plusieurs projets, m'a montré que si l'on veut vraiment s'initier aux automates, le processus doit être divisé en deux : d'abord, il faut maîtriser la théorie et deuxièmement, vous devriez pratiquer autant que vous le pouvez.

Lorsque j'ai décidé d'écrire ce livre, j'étais optimiste que ce serait une très bonne idée de couvrir tous les sujets liés à un projet d'automatisation. J'ai même fait une liste de tout ce que je voulais écrire, mais je me suis vite rendu compte que cette liste se terminait sur plusieurs pages. Ensuite, j'ai décidé de n'écrire que sur la programmation en échelle et j'ai essayé de faire une nouvelle liste, mais j'ai malheureusement abouti à des résultats similaires.

J'ai pensé : "Peut-être que je veux enseigner beaucoup d'informations" et après avoir tout réanalysé, au lieu de supprimer des sujets de ma liste, j'ai fini par en ajouter beaucoup d'autres. J'avais à l'esprit que le principal problème avec la plupart des livres sur le marché est qu'ils ne sont que de la théorie ou des exemples, mais pas tous dans le même contenu.

Je ne voulais pas tomber dans les ennuis que dit le sage dicton : « Un océan de sagesse d'un pouce seulement de profondeur. Ce fut l'origine du livre et le principal support de l'objectif principal : n'introduire que quelques notions de base de l'automatisme, puis enseigner l'automate avec ses techniques de programmation et enfin ajouter le plus d'exemples pratiques possibles.

Comme il s'agit d'un livre de base, les instructions ont été limitées à celles considérées comme fondamentales et communes à tous les automates.

Si vous utilisez ce livre avec l'un de nos API ou formateurs d'API, en plus de la simulation, vous pouvez télécharger les programmes et les exemples sur un appareil réel et découvrir la sensation d'un projet d'automatisation.

Les formateurs API a des éléments tels que des boutons poussoirs, des voyants, des relais, etc. et par conséquent, de vrais projets d'automatisation peuvent être réalisés.

Que vous ayez juste le livre ou le livre avec l'API, je tiens vraiment à vous féliciter pour cette première étape dans la compréhension d'un monde fascinant. J'espère que vous apprécierez ce livre autant que moi lorsque je l'ai écrit.

Dans le voyage qui vient de commencer... il n'y aura pas de limites.

Orlando Charria.

Nous pouvons commettre des erreurs dans cette traduction, puisque le français n'est pas notre langue maternelle. Nous apprécions votre compréhension et espérons que vous nous aiderez à nous améliorer en nous informant de toute correction nécessaire.

A propos de l'auteur.

M. Charria est un ingénieur en électronique de l'Universidad Pontificia Bolivariana dans sa Colombie natale. Il a également des études de troisième cycle, un programme individuel aux Pays-Bas dans le domaine de la vision par ordinateur et des études de maîtrise en sciences de l'environnement.

Il travaille depuis plus de vingt-cinq ans avec tous les types de produits et processus d'automatisation industrielle et a été chargé de cours et professeur dans de nombreux établissements d'enseignement en Colombie et aux États-Unis.

Il a été impliqué en tant qu'ingénieur et consultant dans des projets d'automatisation à travers le monde et a assisté divers équipementiers pour définir la stratégie d'automatisation de vos machines.

Son expérience en tant qu'ingénieur est liée à des entreprises très importantes telles que Philips, VARTA et plus récemment, Latin-Tech.

Lorsqu'on lui en donne la permission, et parce qu'il est un défenseur de l'ère des communications, M. Charria aime contacter ses acheteurs, virtuellement et brièvement, pour les conseiller sur la façon de tirer le meilleur parti de l'utilisation du livre et du logiciel de simulation. Cela comble le fossé entre l'auteur et le lecteur.

CONTENU

[1. PRÉSENTATION]

Le nombre d'appareils d'automatisation, installés dans le monde entier, ne cesse d'augmenter. On pourrait penser que la plupart des procédés industriels connus utilisent au moins un automate pour fonctionner.

Ces connaissances évoluent au fil du temps, et il est devenu un réel besoin pour les techniciens de mettre à jour leurs compétences sur la façon de câbler, dépanner, programmer et tester toutes les machines contrôlées par API.

Sur le marché, vous trouverez de très bons livres sur l'automatisation, les automates programmables, la programmation à relais et les techniques de programmation. Mais le principal problème est que le contenu est soit très spécifique, soit trop spécialisé. Par exemple : un livre traitant de la programmation en échelle expliquera les méthodologies, mais supposera que vous en savez beaucoup sur l'automatisation.

Si le livre traite de l'automatisation, il couvrira tous les aspects généraux, mais la plupart des chapitres liés à la programmation en échelle seront résumés et les exemples seront très limités.

Ce livre est destiné à couvrir les principes fondamentaux des automates programmables et de la programmation à relais, ce serait donc comme acheter trois livres différents :

Le premier livre vise à vous aider à comprendre les principes fondamentaux de l'automatisation et de Logique à Relais.

Le deuxième livre couvre les bases de Logique à Relais, y compris plusieurs leçons pratiques pour vous permettre de maîtriser les instructions de base communes à toutes les marques d'API.

Un troisième livre traite des applications API réelles où vous pouvez tester vous-même ce que vous avez appris en écrivant le programme de contrôle pour un projet donné et voir s'il pourrait fonctionner dans un environnement simulé ou réel.

Ces deux derniers livres peuvent être utilisés conjointement avec un logiciel de simulation et de programmation, disponible en téléchargement, pour vous entraîner à la maison. Cela fait de ce livre, différent des manuels, le seul au monde avec un logiciel.

L'apprentissage des automates avec notre méthode ne nécessite aucun équipement, mais si vous souhaitez également vous exercer avec un vrai automate, découvrez les équipements automates que nous proposons.

Dans le livre, nous utilisons API et d'autres termes anglais, pour vous faciliter l'adaptation à la littérature technique. D'autres termes comme automate ou API ne sont pas utilisés.

Veuillez noter que pour apprendre et comprendre les concepts, la théorie doit être complétée par autant de pratique que possible. Rappelez-vous, c'est la pratique qui fera de vous un maître.

[2. ORIGINE API.]

Le API a une histoire très intéressante que très peu connaissent.

2. Origine des automates

Dick Morley, père des API.

L'automatisation industrielle étant en constante évolution, de nombreuses informations sont écrites chaque jour... en visualisant toujours l'avenir. Mais peu d'auteurs tentent d'honorer le passé et l'origine de cette technologie, lorsque l'automate a été conçu.

Le premier API, le modèle 084, a été inventé par Dick Morley en 1969. Le premier API commercial à succès, le 184, a été introduit en 1973 et a été conçu par Michael Greenberg.

Ces mots sont écrits pour reconstituer la naissance de l'automate et pour remercier son créateur car, sans sa première idée, ce monde de l'automatisation ne serait pas ce qu'il est aujourd'hui : L'invention ou l'innovation qui a transformé l'industrie, a généré un marché de 4 milliards de dollars de dollars et qui a changé la portée de tout processus de contrôle, en termes de qualité, de fiabilité et de flexibilité.

M. Richard (Dick) Morley est considéré comme le père de l'automate programmable. Il faisait partie de l'équipe qui a développé le disque compact. Détenant plusieurs brevets aux États-Unis et à l'étranger, son travail visionnaire a contribué à la croissance de la technologie. Pour son innovation, le API, il a été honoré de la Médaille Prometheus en 1997 par le Franklin Institute.

Il se classe au troisième rang de l'IEN International parmi les "100 produits industriels les plus importants du 20e siècle". En octobre 1999, la célèbre Instrumentation, Systems and Automation Society (ISA) lui décerne le « Lifetime Achievement Award ». Cinq mois plus tard, en mars, le magazine Fortune lui a également décerné le "Manufacturing Heroes Award".

Dick Morley a obtenu un diplôme en physique du Massachusetts Institute of Technology en 1954. Rien n'a jamais limité ses réalisations croissantes. Plus tard, il a fréquenté la Northeastern University (Boston) pendant environ un an, non pas pour obtenir un diplôme mais pour compléter certaines connaissances manquantes.

Pendant environ 30 ans, il a été impliqué dans de nombreuses entreprises de haute technologie. La majeure partie de sa vie a été prolifique car il a été ingénieur, auteur, consultant, inventeur et investisseur providentiel pour plus de 100 startups basées sur la technologie.

En plaisantant, M. Morley avait l'habitude de dire que l'idée du API est née après avoir ressenti le sentiment laissé après avoir bu beaucoup d'alcool la nuit précédente.

Questions.

1. Pourriez-vous faire des recherches sur le drôle de "moment" où l'idée d'un API a surgi dans l'esprit de M. Morley ?
2. Pourriez-vous rechercher les dernières idées sur lesquelles M. Morley a travaillé ?

[3. QU'EST-CE QU'UN AUTOMATE ?]

Ce chapitre apprend à identifier et définir un automate, ses avantages et tous les domaines d'application possibles.

3. Qu'est-ce qu'un automate ?

Le terme API est formé des initiales françaises pour **A**utomates **P**rogrammables **I**ndustriels. En anglais, il est connu comme PLC (**Programmable Logic Controller Contrôleur Logique Programmable**) et peut être défini comme un dispositif de contrôle, qui peut être utilisé pour fournir un fonctionnement précis, fiable et continu des tâches de contrôle **.**

Un automate est un appareil électronique qui :

- Cela aide à avoir un fonctionnement plus continu pour une machine ou un processus.
- Réduit considérablement le temps de maintenance.
- Aide à protéger la vie de l'opérateur.
- Simplifie le diagnostic ou le dépannage des machines complexes.
- Garantit des conditions de fonctionnement reproductibles.
- Simplifie le travail de l'opérateur.
- Il garantit un processus efficace et rentable.
- Protège la durée de vie des éléments de contrôle impliqués.
- Cela aide à obtenir un produit de haute qualité.
- Améliore le niveau de production.
- Augmente la compétitivité des entreprises.
- Il sert de pont pour l'acquisition de données de tout processus industriel.

La conception des automates doit être axée sur la prise en charge des conditions de fonctionnement électriques et mécaniques les plus exigeantes telles que : variations de tension, température élevée, humidité relative élevée, vibrations extrêmes, etc.

Les fabricants d'automates programmables, pour atteindre des spécifications aussi extrêmes, ont développé des technologies pour des composants à usage spécial capables de fonctionner dans des environnements industriels difficiles. Dans cette course, pour obtenir un produit meilleur et plus fiable, les marques lancent sur le marché des produits à vocation technologique, qui répondent à tous les aspects requis en :

- Bandes transporteuses.
- Machines d'injection plastique.
- Commande numérique pour machines-outils.
- Stockage automatisé en chambres froides.
- Systèmes de climatisation.
- Machines d'emballage.
- Systèmes de redondance.
- Systèmes de gestion de l'eau et de l'énergie.
- Usines de traitement des eaux et des déchets industriels.
- Sous-stations Systèmes de distribution et de transport d'énergie.
- Systèmes de stationnement.
- Système d'irrigation.
- Assemblage de voitures.
- Remplissage et bouchage de bouteilles.
- Parc d'attractions.
- Systèmes de lubrification automatique.
- Feux de circulation.
- Systèmes d'évacuation d'urgence.
- Systèmes de sécurité.
- Distributeur automatique
- Contrôle des lumières et des atténuateurs (gradateurs)

- Robotique mobile.

Pendant de nombreuses années, les constructeurs de machines ont utilisé un câblage complexe des bornes de contact et des bobines de certains appareils appelés " Relais" pour réaliser toute la logique de commande de leurs machines.

Plus la machine était complexe, plus le câblage et les appareils étaient utilisés. Cette situation a fait de son travail une tâche très difficile, exigeant à la fois du temps et de l'entretien. Pour un technicien, essayer de réparer une opération défectueuse était difficile, car les outils de diagnostic étaient chers et rares.

Ce type de câblage s'appelait Relay Logique à Relais (ou RLL) car il était basé sur la manière dont les bornes du relais étaient connectées. Puisqu'il s'agissait de câblage physique, la technologie de marquage et d'étiquetage des câbles était le premier outil de diagnostic disponible pour détecter tout problème. Au fil du temps, lorsque les ordinateurs et leur technologie sont arrivés, une nouvelle façon de résoudre les problèmes de fonctionnement des machines est devenue possible, ce qui a simplifié tous les processus impliqués.

Très vite, de nouveaux produits et systèmes de traitement de l'information ont été développés pour entraîner des changements drastiques dans la technologie de contrôle, grâce à la croissance rapide de l'industrie électronique. Ils ont aidé à résoudre la plupart des problèmes typiques :

1. De nombreux appareils électriques devaient être utilisés dans des panneaux de commande grands et complexes.

2. Le câblage des dispositifs de contrôle représentait beaucoup de travail.
3. Traquer une panne de machine était extrêmement difficile.
4. Apporter des modifications à un panneau de contrôle donné était coûteux et prenait du temps.
5. Les changements de câblage ou de fonctionnement devaient être effectués localement, ce qui signifie qu'un technicien devait être présent devant le panneau de commande. Les constructeurs de machines et les clients avaient un problème de dépendance.

De l'industrie électronique, des circuits de contrôle électroniques plus petits et plus puissants (également appelés puce) ont été mis sur le marché : le microprocesseur et son parent ultérieur, le microcontrôleur, ont offert de nouvelles possibilités aux concepteurs d'équipements de contrôle. Il est devenu possible d'avoir des moyens plus rapides et plus faciles d'écrire des programmes de contrôle.

Une logique de contrôle plus efficace a pu être obtenue et des outils plus simples étaient disponibles pour effectuer la maintenance de la machine.

Très vite, la plupart des constructeurs ont intégré des microprocesseurs dans leurs automates, obtenant les avantages suivants :

- Équipement de contrôle plus petit et moins cher.
- Outils logiciels de programmation pour le développement rapide de programmes de contrôle.
- Des changements pourraient être apportés avec une grande flexibilité. Cette fonctionnalité a permis aux

techniciens de modifier les lignes de contrôle avec peu ou pas d'impact sur le câblage.

- Des outils de diagnostic meilleurs et plus puissants.
- La prise en charge et la connectivité du modem ont ajouté la possibilité de modifier ou de surveiller le programme de contrôle de n'importe où dans le monde.
- Développement de jeux d'instructions de contrôle plus puissants et sophistiqués pour effectuer de nombreuses tâches et calculs difficiles.

L'utilisation des automates est très populaire de nos jours. Les ordinateurs ont essayé d'obtenir une part du marché de l'automatisation industrielle, mais en raison du coût et de la caractéristique industrielle, le coût final est encore très élevé.

Les composants électroniques miniatures et la concurrence féroce de la technologie informatique ont transformé les API en mini-ordinateurs modernes avec une meilleure chance de survivre dans des environnements industriels, des tailles plus petites et des coûts inférieurs. Certains fabricants de API adoptent cette technologie pour préparer de nouveaux produits qui peuvent utiliser le meilleur des deux mondes : API et PC.

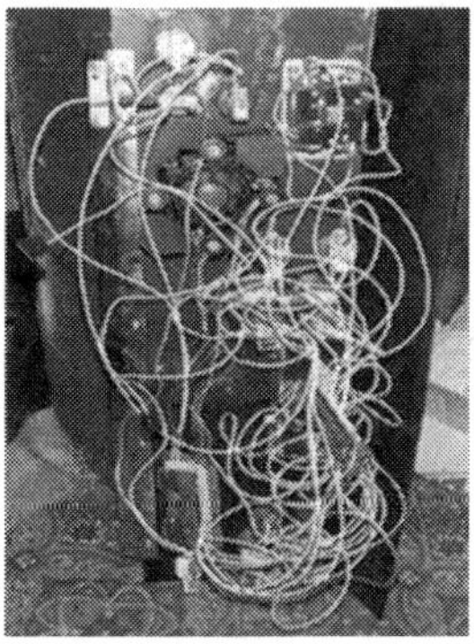

VS

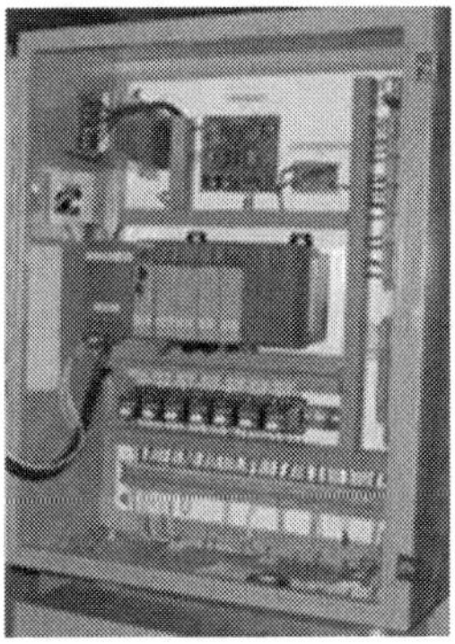

Questions

1. Que veut dire API ?
2. Quand utiliseriez-vous un API au lieu d'une logique câblée ?
3. Nommez trois avantages de l'utilisation de l'API.
4. Nommez trois applications des API.
5. Pourriez-vous citer une liste d'industries où l'utilisation de API est très courante ?

[4. TROIS EXEMPLES D'AUTOMATISATION.]

Une bonne façon de comprendre tous les concepts d'automatisation et l'importance de ce travail consiste à étudier quelques exemples.

4. Trois exemples d' automatisation.

4.1 Fabrication de biscuits .

Une entreprise appelée COOKIE CO a commencé à être reconnue pour son produit phare : un biscuit savoureux et croustillant basé sur l'une des célèbres recettes de grand-mère.

4.1.1 Le processus.

La méthode de production est presque la même depuis des années, sous la forme originale que grand-mère utilisait pour préparer ses biscuits. Tout d'abord, tous les ingrédients sont mélangés dans un grand bol. Ensuite, en utilisant une tasse comme outil de mesure, les biscuits sont découpés et placés sur un plateau. Un four préchauffé est utilisé pour la cuisson. Après quelques heures, un délicieux plateau de biscuits est prêt.

Au fil du temps, les biscuits sont devenus célèbres et la plupart des voisins étaient intéressés à en obtenir et à en acheter. Sur la base de ce nouvel intérêt, grand-mère a décidé qu'il était temps de gagner de l'argent.

La popularité des biscuits augmentait, tout comme les bons de commande. Le gros problème était que cela demandait beaucoup de travail à grand-mère, la laissant vraiment épuisée à la fin de chaque journée. Plus de revenus signifiait plus de travail...

4.1.2 La deuxième étape.

Grand-mère vendait très bien ses biscuits. Il a apporté beaucoup d'argent avec lui, mais sa santé devenait une préoccupation pour ses proches. Bien qu'ils aient commencé à l'aider pendant leur temps libre, ce temps n'a pas suffi à répondre à la demande croissante de biscuits de grand-mère.

Après une réunion de famille, ils se sont tous mis d'accord pour "industrialiser" la production de biscuits. Les idées qui en ont résulté étaient les suivantes : Ils devaient obtenir un four plus grand pour allouer plus de plateaux afin de pouvoir produire plus de biscuits. Ils ont également dû embaucher une personne à temps plein pour aider grand-mère à la production.

Grand-mère a décidé de demander un prêt bancaire. Après avoir apporté plusieurs papiers et certificats de propriété à la banque, comme preuve qu'elle n'avait pas vraiment besoin d'argent (c'est exactement ce que les banquiers veulent savoir), la grand-mère a (malheureusement) obtenu les fonds pour son compte bancaire (l'auteur n'a pas t croire en la façon dont les banques font des affaires).

En quelques jours, il a acheté et installé un grand four à huit plats à température contrôlée. Ses proches pensaient que la personne engagée pour aider la grand-mère avait été une bonne solution, puisque la grand-mère pouvait désormais se reposer davantage.

4.1.3 Production industrielle manuelle.

Une nouvelle production plus industrialisée a commencé. Les commandes de biscuits de grand-mère augmentaient. L'un des principaux facteurs qui l'ont aidée à vendre plus et à inciter les gens à acheter ses produits était le merveilleux arôme de ses biscuits fraîchement cuits, qui flottait dans tout le quartier.

Tout n'était pas que bonheur puisque bientôt la production dut faire face à un autre problème. Bien que grand-mère ait essayé de suivre toutes les étapes de la production et que la personne qui l'a aidée faisait de son mieux, il y avait quelques problèmes :

1. La taille de la plupart des biscuits n'était pas la même.
2. La couleur brune n'était pas uniforme pendant la production.
3. Le goût n'était pas aussi bon que la recette originale.

La grand-mère ne voulait pas perdre ses clients, alors elle décida de demander des conseils techniques à son petit-fils, qui terminait ses études d'ingénieur. Elle lui a demandé de diagnostiquer le problème et de lui donner une bonne solution.

Le gars a visité le processus et, après avoir tout analysé, il a trouvé que la solution était de mettre en œuvre quelques ajustements, en corrigeant les variables qui pourraient affecter les règles.
Après avoir acheté un système d'alimentation en matériaux, l'assistant versait toujours la même quantité de pâte à biscuits. Ils ont défini la température de consigne du four et ils ont tous convenu que grand-mère prendrait la décision finale lors du retrait des biscuits du four.

Avec cette solution, ils résoudraient la plupart des problèmes, au moins pendant un certain temps. La solution était basée sur le contrôle des variables pouvant affecter la qualité des biscuits.

4.1.4 La première automatisation industrielle.

L'entreprise de grand-mère a prospéré avec plus de commandes, plus d'employés et plus d'équipements (plus de fours ont été installés). Ils ont dû déménager dans une autre installation aux caractéristiques de type industriel.

Très important, ils ont réussi à rembourser tout l'argent à la banque et comme ils avaient maintenant de bons bénéfices et dépenses sous contrôle, le reste de la machinerie nécessaire a été acheté comptant ! (Quelle chance ils ont eu !)

L'entreprise avait généré plusieurs emplois et grâce à cela, la ville connaissait une grande prospérité, car l'économie des familles se portait bien.

L'usine compte désormais trois lignes de production. Chaque ligne se composait d'un mélangeur automatique, d'un distributeur de pâte et d'un tapis roulant qui transporte les biscuits à travers un four.

Ils envisagent d'exporter, ils devront donc analyser ce qu'il faut faire pour être compétitifs, rentables et avec des normes de qualité élevées.

4.2 Stockage réfrigéré.

Le propriétaire d'un entrepôt frigorifique tentait de servir les clients avec des produits périssables, mais il rencontrait de temps à autre des problèmes qui lui causaient de graves pertes financières.

Les problèmes pourraient se résumer ainsi :

- La température n'était pas entièrement homogène dans toute la pièce. Certains produits avaient une température différente de celle requise.
- La nuit, lorsque le système était sans surveillance, des dommages coûteux pouvaient survenir après une panne de courant.
- Les travailleurs qui entraient dans la chambre froide, de temps en temps, oubliaient de fermer la porte, de sorte que la température de la chambre froide était considérablement affectée.

Certains clients qui avaient leurs produits périssables dans la chambre froide s'inquiétaient de la température réelle à laquelle leurs produits étaient exposés.
La qualité de tout produit périssable est affectée négativement par les changements de température.

Tous les problèmes, à la fin, se sont transformés en une question économique pour le propriétaire. Ses propres produits se gâtaient et le service qu'il offrait aux clients externes entachait sa réputation. Désespéré et devant éviter la plupart de ces problèmes, il a décidé d'engager un technicien externe pour développer une automatisation du système.

Le technicien a fait les recommandations suivantes :

- **Température inhomogène.**
  Deux ventilateurs plats situés sous le plancher du plafond aideraient à répandre le froid dans la pièce. Quatre capteurs de température fourniraient des informations sur la

température de différents endroits, évitant d'avoir des ventilateurs en marche tout le temps. Un programme de contrôle pourrait lire les températures, les comparer, et ce n'est que lorsque les différences calculées entre elles n'étaient que de 0,5°C qu'elles seraient considérées comme homogènes. Si la température dans la pièce n'est pas homogène, les ventilateurs doivent être allumés.

- **Perte de courant ou coupures de courant.**
  Le service d'alimentation électrique fonctionnait régulièrement et il n'y avait qu'à quelques reprises qu'il n'y avait pas de courant pendant plus d'une heure.
  En général, les coupures de courant duraient moins d'une demi-heure, mais ce bref laps de temps était plus que suffisant pour que la température remonte.

  Un groupe électrogène à gaz de secours pourrait être utilisé pour fournir de l'électricité pendant la panne de courant. Le gros problème est que disposer de cette solution pour changer automatiquement la source d'alimentation, sans intervention humaine, reviendrait très cher. Le technicien savait que la bonne chose à faire était de fournir toutes sortes d'options au propriétaire pour prendre sa décision.

- **Système de surveillance de la température.**
  Installation d'un système permettant au propriétaire et à ses clients de surveiller la température en ligne.
  Dans ce cas, des informations précises pourraient constituer un service supplémentaire précieux.

4.3 Automatisation du bâtiment.

L'ingénieur de maintenance d'un grand bâtiment commercial constate que la facture énergétique atteint des niveaux qui vont inquiéter le gestionnaire.

Le coût est d'environ 35% plus élevé que l'an dernier.

Après une réunion, où la plupart du personnel de gestion était présent, ils se sont mis d'accord sur les faits suivants :

- Le nombre de travailleurs a augmenté de 10 %.
- Le nombre d'heures supplémentaires a été réduit.
- L'occupation du bâtiment est d'environ 60% et presque constante.
- Vous devez identifier l'équipement qui consomme le plus d'énergie.

L'ingénieur de maintenance a été invité à donner une solution et, comme d'habitude dans l'industrie manufacturière, la maintenance est entièrement responsable de ce qui se passe. Vous savez, la plupart des gens pensent : "Quand tout va bien, il n'y a pas besoin d'entretien, et quand tout va mal, il n'y a pas d'entretien."

La première chose à faire, selon l'importance, était d'identifier les équipements qui consommaient le plus d'énergie.

Après une vérification rapide, l'ingénieur de maintenance a découvert que le climatiseur, l'éclairage intérieur et les lampes extérieures étaient peut-être les équipements qui frappaient durement la facture énergétique.

La meilleure façon d'avoir une solution rapide était probablement de comprendre comment chaque pièce d'équipement était utilisée, d'où le montant d'argent que j'ajoutais à la facture d'énergie

.

4.3.1 Climatisation.

Cet équipement était une unité centrale qui contrôlait la température de tout le bâtiment. Il a découvert que cette unité de climatisation était très ancienne, car elle avait été installée dès le début de l'activité de l'entreprise, donc après toutes ces années, elle avait probablement déjà perdu de son efficacité.

Chaque étage avait un nombre différent de personnes, ce qui à son tour répondait à des exigences différentes. Il y avait des pièces qui n'étaient utilisées que pendant de courtes périodes, comme la salle de conférence, qui n'était utilisée que deux ou trois fois par semaine, cependant, cette grande pièce était à température contrôlée par le système central.

4.3.2 Éclairage intérieur.

Tous les étages avaient toutes les lumières allumées, même les endroits où il n'y avait personne. La plupart des employés n'ont pas fait attention à éteindre la lumière avant de quitter leurs bureaux.

Certains endroits avaient un éclairage excessif, ce qui signifiait qu'il y avait plus de lampes que nécessaire.

4.3.3 Lampes extérieures.

L'éclairage extérieur était également redondant. Il y avait de nombreuses lampes qui visaient à éclairer le même endroit et d'autres lampes se trouvaient dans des endroits qui ne nécessitaient pas de lumière artificielle. Comme l'installation était ancienne, les lampes n'étaient probablement pas aussi efficaces que les lampes modernes avec une meilleure technologie.

La stratégie d'automatisation.

L'ingénieur de maintenance a préparé le plan suivant, en essayant d'obtenir l'approbation du projet :

1. Rapport détaillé des choses qui ont nécessité des investissements et des autres qui pourraient être faites sans trop de frais.
2. Définition des priorités.
3. Coût partiel et coût total
4. Calculs de retour sur investissement (ROI).
5. Organisez une réunion avec les personnes qui prennent les décisions.

En général, la proposition d'automatisation était :

- Analyse approfondie de l'occupation du bâtiment. Tous ces étages qui pourraient être fermés, déplaçant les gens à un autre étage, bénéficieraient des coûts de la facture énergétique.
- Étude de coût pour aider à la sélection de l'utilisation de la même unité d'air, par rapport à de nouveaux équipements avec des circuits plus efficaces ou indépendants et des unités de climatisation plus petites.
- Séparation des pièces peu fréquentées (telles que la salle de conférence) de l'unité principale ou de la commande centrale.

- Installer des détecteurs de mouvement dans la plupart des bureaux pour détecter la présence de personnes la nuit ; de cette façon, la commande éteindrait la lumière pendant la nuit.
- Interrupteurs, installés dans certaines portes, pour détecter si la pièce contient des personnes, comme alternative de détection à faible coût aux détecteurs de mouvement.
- Interrupteurs de commande pour la connexion et la déconnexion des charges pour une personne de sécurité, avec la capacité d'allumer ou d'éteindre les différents circuits d'éclairage à n'importe quel étage.
- Installation d'équipements individuels de mesure de puissance et d'énergie par circuit électrique. Par exemple, les sols des bâtiments, les lumières des bureaux, les ordinateurs, les équipements à forte consommation, etc.
- Étude d'éclairage, conformément à la réglementation, pour détecter les endroits qui manquent de lumière ou qui ont un éclairage excessif.
- Nouveaux circuits électriques et lampes pour le système d'éclairage extérieur. Cette nouvelle approche permettrait d'économiser beaucoup d'énergie, en allumant ou en éteignant uniquement les lumières qui sont vraiment nécessaires.

Pour faire court, l'ingénieur de maintenance a soumis ce rapport. Tout le monde à la réunion était convaincu de la faisabilité de la solution, le budget d'automatisation a donc été approuvé sans hésitation.

Les résultats ont été très bons. Les économies ont été plus importantes que prévu, de sorte que l'ingénieur de maintenance a reçu une prime substantielle à la fin de l'année. Son budget pour l'automatisation a augmenté après que tout le monde a vu les résultats.

Questions

1. En passant en revue les trois cas, lequel peut être fait en moins de temps ?
2. Quel cas peut apporter plus d'avantages à l'entreprise ?
3. Quel cas prendrait moins de temps à mettre en œuvre ?
4. Pourriez-vous penser à d'autres exemples d'automatisation ?
5. Quel projet comporte des risques de production ?
6. Comment détecter si l'automatisation ne fonctionne pas ?
7. Combien de personnes sont impliquées dans le processus d'automatisation ?
8. Pensez au type d'alarmes que nous pouvons ajouter à chaque projet.
9. Essayez d'imaginer des situations possibles dans le processus qui n'ont pas été prises en compte ici.
10. Si vous étiez choisi pour développer l'un de ces cas en tant que projet commercial, que feriez-vous différemment ?

[5. TYPES D'AUTOMATES.]

Ce chapitre vous aidera à comprendre les automates disponibles sur le marché et à reconnaître facilement leurs fonctions.

5 . Types d'automates.

Aujourd'hui, le marché de l'automatisation regorge de marques d'API de haute qualité. Tous cherchent à être compétitifs et c'est pour cette raison qu'ils se sont efforcés d'accommoder leurs conceptions, de fabriquer des produits aux caractéristiques pertinentes qui les différencient de ceux fabriqués par leurs concurrents.

Dans cette bataille technologique, les automates ont été reformulés à plusieurs reprises, de manière à pouvoir se différencier en termes de coût, de taille, de qualité, de fiabilité, de connexion, etc.

Il existe plusieurs façons de classer les automates, mais la plus populaire pourrait être basée sur :

a) **Architecture** :

- Permanent
- modulaire
- Mixte ou Combiné.

API E/S fixes

Automate modulaire

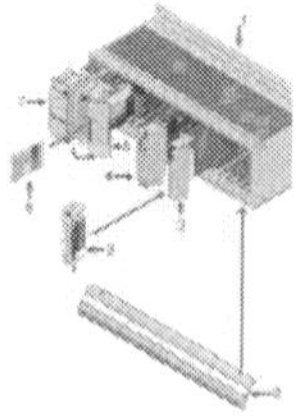

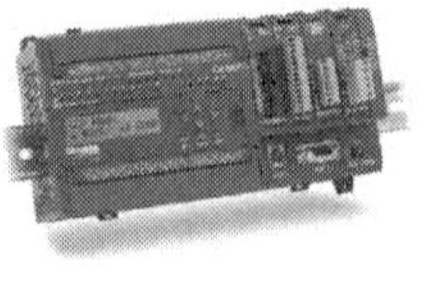

API combiné

Lorsqu'un automate n'a pas la possibilité d'options d'extension, il s'agit alors d'une configuration fixe. Cela signifie que les modules ou pièces, tels que CPU, entrées et sorties, seront définis en fonction du modèle que l'utilisateur a acheté. Il n'est pas possible d'ajouter d'autres fonctions en modifiant un composant de l'API.

Bien que vous trouviez une meilleure description dans les chapitres suivants, un automate peut être acheté en modules : Base (ou rack), CPU, Entrées (Entrées), Sorties (Sorties) ou modules spéciaux.

Dans les API modulaires, chaque partie de l'API est considérée comme un module distinct. Vous pouvez donc acheter, par exemple, des modules d'entrée avec une certaine capacité d'entrée et ensuite, mais si votre projet nécessite plus d'entrées, le concepteur d'automatisme (vous) a deux options : supprimer le module d'entrée actuel pour en mettre un autre avec plus d'entrées ou utiliser un rack ou un espace de base supplémentaire et ajoutez un module d'entrée supplémentaire.

Lorsque vous travaillez avec des automates modulaires, vous devez être très prudent lors de la sélection du rack ou de la base, car vous devez prévoir un espace supplémentaire pour éviter toute croissance des entrées/sorties (E/S) à l'avenir.

Lorsque l'automate a déjà des entrées et des sorties fixes, mais qu'il y a des espaces avec des emplacements vides pour ajouter des modules supplémentaires, cet automate est de type mixte.

De nombreux fabricants proposent des automates mixtes, car il existe un bon marché pour les applications où une croissance limitée pourrait être utile. Par exemple, les applications machine qui doivent remplacer une E/S endommagée ou lorsque la machine dispose de nouvelles options qui n'étaient pas proposées au départ.

b) **Assemblage** :

- Niveau Conseil
- Niveau Châssis.

Dans une application d'automatisation, la plupart du temps, il y a un panneau de commande ou une armoire, qui protège tous les appareils électriques et électroniques à l'intérieur, des environnements extérieurs hostiles tels que la poussière ou l'humidité.

Certains fabricants considèrent qu'il n'est pas nécessaire d'avoir une protection supplémentaire pour l'automate, ils préfèrent donc fournir la carte de circuit imprimé (PCB) sans protection externe. En effet, toute couverture externe a un coût dans le produit CPL. Ces automates ressemblent à n'importe quelle carte de circuit imprimé, avec toutes les puces entièrement exposées.

De nombreux utilisateurs accordent plus de confiance aux fonctionnalités et aux spécifications techniques qu'à l'apparence d'un automate donné.

Automate de type carte

API avec châssis ou capot

Ce boîtier externe ajoute des coûts supplémentaires à la fabrication de l'automate, ce qui, au fil du temps, représente un coût supplémentaire pour les utilisateurs tels que les fabricants d'exportation d'origine (OEM). En milliers d'unités, chaque centime économisé est très important.

Certains autres fabricants considèrent que ce boîtier externe joue un rôle très important dans l'application industrielle et l'ont intégré à la stratégie de marque et de marketing, ce qui aide l'utilisateur à différencier l'automate des autres. Cette caractéristique technique et esthétique a un coût que les fabricants et les utilisateurs, dans la plupart des cas, sont prêts à payer.

b) Alimentation :

L'alimentation peut être :

Externe ou Incorporé (intégré) .

Tous les API fonctionnent en courant continu et en courant continu (CC), mais la tension normale que vous obtenez dans n'importe quel environnement industriel est le courant alternatif (CA), car il provient généralement d'une alimentation secteur. Pour vous familiariser avec la terminologie, veuillez consulter l'annexe Principes fondamentaux de l'électricité.

Les fabricants ont développé des alimentations pour fournir aux automates programmables et à l'électronique de commande une tension continue à partir de lignes CA, soit par l'utilisation d'un transformateur de tension de base et d'un ensemble redresseur, soit par des approches modernes telles que les alimentations électriques.

Selon le coût et les spécifications, l'automate peut avoir l'alimentation électrique incluse dans votre produit ou vous devrez acheter une alimentation électrique externe.

c) Réparabilité.

La plupart des automates programmables sont conçus pour durer des années, mais ils peuvent toujours être endommagés. Quelle que soit leur fiabilité, dès qu'une des pièces est endommagée, qu'il s'agisse d'un module ou d'une pièce électronique, tout le fonctionnement de la machine en sera affecté et le problème doit être résolu immédiatement, sinon la machine contrôlée aura un dysfonctionnement, générant un temps de production coûteux.

Étant donné qu'il n'est pas toujours possible pour une industrie de tenir un inventaire de toutes les pièces d'API utilisées, la réparation d'un API peut nécessiter la commande d'un module ou d'une pièce auprès d'un revendeur, d'un revendeur ou d'un fabricant. Dans certains pays, l'obtention d'un nouveau module de remplacement est une question de quelques heures, mais dans d'autres pays, le processus d'approvisionnement peut prendre des mois.

De ce fait, certains fabricants placent une base pour tout ou partie des circuits intégrés du module afin de permettre un retrait et un remplacement rapides des puces. Cette dernière devient difficile lorsque la carte utilise la technologie SMT montée en surface, qui nécessite des outils spéciaux pour retirer ou réparer les composants.

La réparation d'un module API affectera les garanties, mais cela réduira les coûts et résoudra le problème, au moins temporairement, jusqu'à ce que le problème soit résolu avec une pièce d'origine.

Questions.

1. Qu'est-ce qu'un automate à architecture fixe ?
2. Qu'est-ce qu'un automate à architecture modulaire ?
3. Qu'est-ce qu'un automate à architecture mixte ?

4. Qu'est-ce qu'un automate embarqué ou carte ?
5. Qu'est-ce qu'un automate avec châssis ?
6. Qu'est-ce qu'un automate avec alimentation intégrée ?
7. Comment réparer un automate ?
8. Qu'est-ce qu'un FEO ?
9. Quel type d'automate est recommandé pour les petites applications ?
10. Quel type d'automate est recommandé pour les applications qui seront assemblées par étapes (l'automate devra évoluer)
11. Quand un automate à architecture mixte est-il appliqué ?

[6. ARCHITECTURE DE BASE D'UNE APPLICATION AVEC API.]

Ce chapitre fournira un regard très à jour sur tous les éléments qui entrent dans tout projet d'automatisation. Toutes les nouvelles tendances et technologies sont évoquées .

6. Architecture de base d'une application automate.

Un projet d'automatisation nécessite plusieurs dispositifs qui, selon leur interaction avec le reste des composants du système, se traduiront par un processus de contrôle automatisé réussi, facile à utiliser, fiable et précis.

En général, un projet d'automatisation peut inclure un automate et l'un (ou tous) des composants suivants :

1. Source de courant.
2. API.
3. Panneau opérateur.
4. Capteurs
5. Émetteurs.
6. Éléments d'interface.
7. Éléments de contrôle finaux.
8. Dispositifs de communication.
9. Ordinateur (PC en anglais).
10. Modules universels.
11. Modules distants.
12. Moyeux.
13. Drives

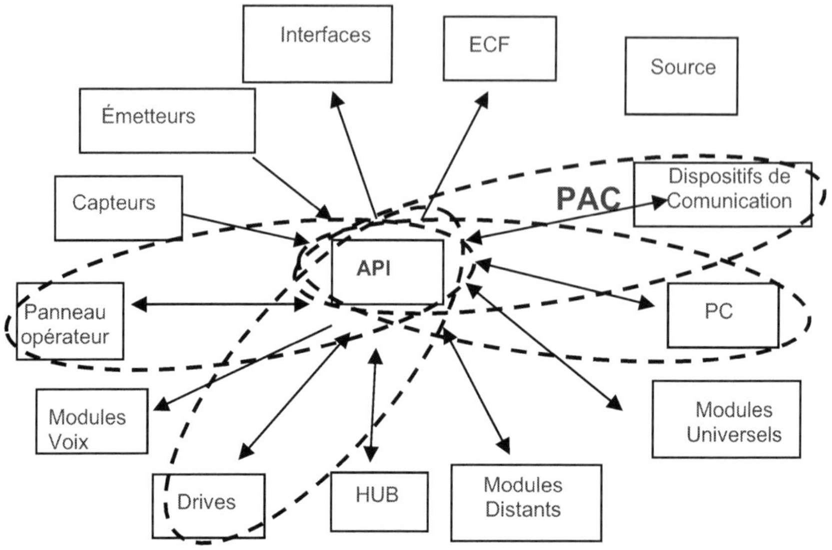

Un livre entier, de plusieurs pages, pourrait être écrit couvrant tous les aspects de chaque composant d'un projet d'automatisation. Chaque appareil est une industrie complexe impliquant technologie, savoir-faire, marketing, fiabilité, précision, etc.

Ce livre n'est pas destiné à fournir une couverture détaillée de chaque produit d'automatisation ; Il est destiné, au moins, à donner un aperçu rapide afin que certaines situations très courantes dans ce domaine puissent être comprises.

Le graphique ci-dessus est très important pour comprendre comment différents appareils sont utilisés pour l'automatisation. Les éléments suivants doivent être pris en compte :

- Les rectangles représentent des appareils et tout un monde de possibilités diverses. Par exemple : Les variateurs incluent tous les types de variateurs commerciaux : AC, DC, stepper, servo, etc.

- Les flèches représentent la direction de l'information ; par conséquent, une flèche à deux têtes signifie des informations bidirectionnelles et une flèche à une tête signifie une seule direction.

- Les lignes pointillées représentent des combinaisons commerciales typiques. Cela signifie que certains fabricants assemblent deux produits compatibles différents et créent un nouveau produit doté de fonctionnalités puissantes. C'est l'arène de compétition.

Maintenant, essayons de nous concentrer sur les différents composants :

6.1 Source.

L'alimentation est commune au reste des éléments ; c'est pourquoi il n'y a aucun lien. Pour fonctionner, les dispositifs d'automatisation nécessitent une alimentation qui fournit la tension et le courant spécifiques dont ils ont besoin. Si les spécifications sont différentes ou hors plage, des alimentations spéciales, supplémentaires ou de capacité supérieure peuvent être nécessaires.

Certaines alimentations incluent des fonctionnalités supplémentaires telles que la protection contre les courts-circuits, la protection contre les surtensions, le filtrage des signaux électriques indésirables, etc.
Il existe plusieurs types d'alimentations, mais nous ne considérerons que celles qui sont réellement utilisées pour l'automatisation industrielle.

Dernièrement, les nouvelles technologies permettent d'avoir des Systèmes d'Alimentation Sans Interruption (SAI ou UPS en anglais). Ces systèmes peuvent avoir une batterie pour fournir de l'énergie pendant une durée déterminée, en cas de panne de courant alternatif.

Il existe deux types d'alimentations :

Linéaire et Commuté

Les alimentations linéaires utilisent un transformateur comme l'un des principaux appareils. L'image suivante montre le type de transformateur dont nous parlons.

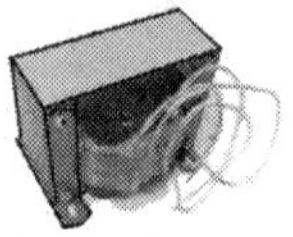

Transformateur ferromagnétique

Une alimentation linéaire pour l'automatisation industrielle se compose de trois étapes de base :

Transformation de tension, redressement et régulation de sortie.

Les alimentations qui utilisent des transformateurs ont des schémas électriques simples, comme celui illustré ci-dessous. Il ne comprend que quelques composants.

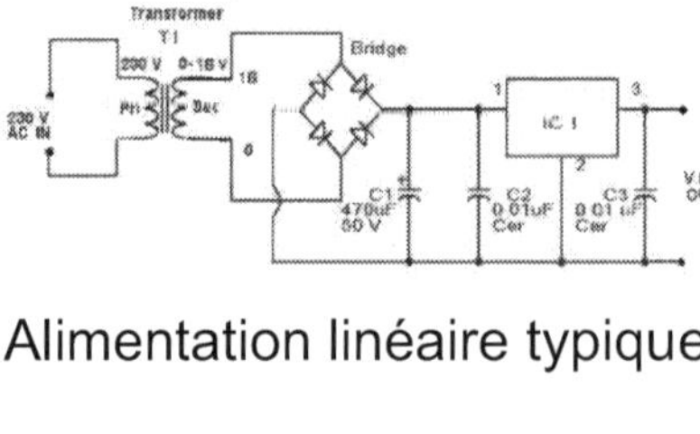

Alimentation linéaire typique.

Les transformateurs sont lourds, encombrants et dissipent la chaleur lorsqu'ils fonctionnent. Cette situation les place dans une position très inefficace par rapport à celles utilisées dans les alimentations à découpage.

Aujourd'hui, les constructeurs de machines préfèrent utiliser des alimentations à découpage plutôt que des alimentations linéaires, en raison des avantages suivants :

- Moins de chaleur impliquée, donc ils sont plus efficaces.
- Ils peuvent absorber toute variation de tension d'entrée dans une très large plage. Par exemple, ils peuvent accepter n'importe quelle tension comprise entre 80 et 240 V AC.
- Moins d'entretien requis.
- Meilleure régulation de la tension de sortie.
- Espace minimum requis.
- Aucun fusible n'est nécessaire, car l'électronique déconnecte la charge en cas de court-circuit.
- Circuits complexes, avec de meilleures caractéristiques de fonctionnement.

La figure montre le schéma électrique d'une alimentation à découpage très courante. À première vue, vous pouvez dire qu'il y a plus de composants impliqués.

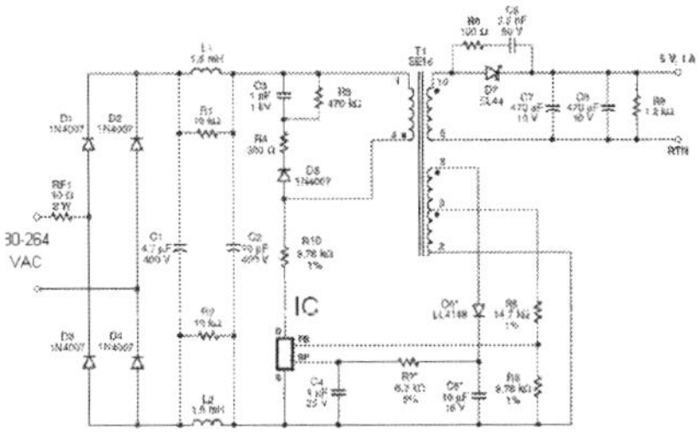

Alimentation à découpage typique .

Deux composants sont ici très importants : le CI (Integrated Circuit en anglais), qui est en interne un appareil très complexe, et le transformateur en ferrite. Ce dernier est un très petit transformateur qui peut fonctionner à des fréquences plus élevées que les transformateurs normaux.

Transformateur en ferrite.

Noyaux de ferrite avec divers enroulements

Les figures ci-dessus montrent un transformateur en ferrite (à gauche) et divers types de transformateurs et de bobines fabriqués à partir de noyaux en ferrite (à droite).

C'est le type d'alimentation que les constructeurs d'automates incluent en option interne, en proposant l'automate avec une alimentation intégrée.

Alimentations à découpage.

6.2 API.

Si vous regardez le graphique principal, vous remarquerez que le API est comme le "centre" de tout. Cela a été fait exprès, car l'automate peut être considéré comme le cœur de la solution d'automatisation basée sur l'automate.

Il existe quelques autres applications d'automatisation basées sur PC, mais elles n'utilisent pas nécessairement Logique à Relais, qui est l'un des principaux objectifs de ce livre.

L'automate interface la plupart des appareils de plusieurs manières. Normalement, les informations du projet d'automatisation sont collectées, traitées et contrôlées par l'automate. Ensuite, l'automate est consulté à partir d'autres équipements externes tels que les PC , mais il est bon de préciser que, pour la plupart des applications, le but principal de l'automate est de contrôler le processus.

6.3 Panneau opérateur.

L'interface entre le processus ou la machine (contrôlée par l'automate) et la personne qui exploite la machine s'appelle l'interface homme-machine (nous considérons toujours que les machines sont actionnées par des humains !)

La sélection du bon panneau de commande est très importante pour une utilisation simple, efficace et conviviale de la machine ou du processus.

Il peut être obtenu à partir d'un simple écran (Display en anglais), avec des informations textuelles et deux boutons simples, jusqu'à des panneaux panoramiques complexes en couleur, qui peuvent afficher des graphiques du processus de manière dynamique.

Étant donné que les panneaux de commande sont très utiles pour traduire les informations de processus en données compréhensibles et bien présentées, la plupart des applications d'automatisation nécessiteront des panneaux de commande.

Il y a une ligne pointillée qui regroupe l'automate et les pupitres opérateur. Cela signifie qu'aujourd'hui, les produits commerciaux peuvent être obtenus avec un panneau de commande et un automate comme une seule pièce d'équipement.

Écran à cristaux liquides (LCD) 4 lignes x 20 caractères

Tous les projets d'automatisation ne nécessitent pas un panneau de commande, mais selon les besoins du projet, vous aurez peut-être besoin d'un moyen d'afficher certaines informations de processus. Dans ce cas, vous pouvez utiliser un simple écran à cristaux liquides (LCD).

Les écrans sont référencés par le nombre de caractères par ligne et le nombre de lignes.
Par exemple, un affichage pourrait être de 2 lignes, seize caractères par ligne, ou un affichage de 4 lignes, 20 caractères pour chaque ligne, comme celui illustré ci-dessus.

Affichage et clavier (IHM)

Dans certains cas, vous devez saisir des données numériques pour informer la machine ou traiter la configuration de contrôle souhaitée. Par exemple, un point de consigne pour contrôler une température donnée. Dans ces cas, en plus des informations à l'écran, vous devriez pouvoir saisir la valeur de contrôle souhaitée. Pour ce faire, vous pouvez utiliser un panneau de commande comme celui illustré ci-dessus.

Lorsque vous souhaitez simplifier le nombre de composants impliqués et simplement allumer ou éteindre une machine, il existe d'autres interfaces disponibles avec des fonctionnalités plus simples, comme celle ci-dessous.

Écran, boutons-poussoirs et voyants lumineux (HMI).

Il n'a qu'un écran, trois voyants lumineux et cinq boutons. Le programme de l'automate fournira la logique pour allumer ou éteindre les voyants lumineux et sera informé lorsque l'un des boutons-poussoirs du panneau avant a été activé.

Avec les nouvelles technologies augmentant la miniaturisation et les puces plus puissantes (CI), moins de composants sont nécessaires et des panneaux de commande beaucoup plus flexibles peuvent être obtenus à des prix abordables. Par exemple, vous pouvez trouver des interfaces opérateur capables d'afficher des images en couleur et pas seulement du texte.

Dans certains cas, il suffit de toucher la face avant pour activer un bouton poussoir, dessiné sur l'écran, qui est surveillé avec la logique du programme de contrôle dans l'automate.

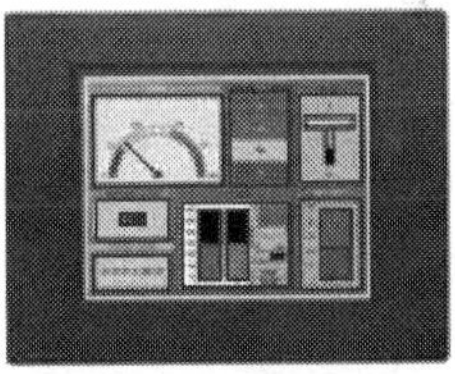

Panneau à écran tactile (IHM)

Les mini-ordinateurs et les logiciels pour du matériel limité comme les téléphones portables ou les tablettes ont permis le développement de nouvelles technologies dans les interfaces opérateurs.

Maintenant, ce sont de petits ordinateurs qui peuvent exécuter plus de programmes que simplement afficher des informations. Ils peuvent réellement traiter et gérer des données et les stocker dans des bases de données internes. Les ports Ethernet permettent aux interfaces opérateurs de s'interconnecter au réseau de l'entreprise et de partager des informations en temps réel.

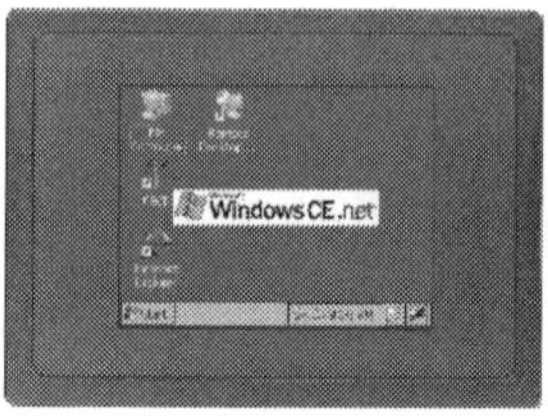

Ecran tactile avec ordinateur et WindowsCE

6.4 Capteurs

L'automate lui-même ne peut pas déterminer ce qui se passe autour de lui. Il s'appuie sur des éléments de captage , de mesure ou de détection, pour savoir ce qui se passe avec toutes les variables du procédé.

Les capteurs détectent tout changement d'état ou toute nouvelle valeur de variable. Par exemple, lorsque quelqu'un ouvre une porte de sécurité, lors d'une opération de processus, un capteur informera l'automate de cette situation. Le programme de l'automate doit effectuer les actions appropriées pour arrêter l'ensemble du processus, déclencher une alarme, fermer les vannes, arrêter les moteurs ou simplement informer l'opérateur de cette condition de travail dangereuse.

La fiabilité et la précision du capteur sont très importantes, car le fonctionnement peut être problématique en raison d'un capteur défectueux.

Un dernier point concernant les capteurs est lié au fait qu'une fois connectés aux automates, ils vont influencer le fonctionnement global du procédé.

Il est très important de se différencier d'un simple capteur ou d'un capteur industriel. Le terme "Industriel", ajouté à un produit, précise que le produit peut fonctionner dans des environnements difficiles ou, dans certains cas, garantir plusieurs opérations sans dommage.

Bien sûr, nous savons que le capteur échouera après un certain temps de fonctionnement, mais le but est de le faire fonctionner la plupart du temps.

Voici quelques exemples de capteurs numériques :

Fin de course mécanique
Les interrupteurs de fin de course sont des capteurs mécaniques qui sont utilisés pour détecter quand une partie de la machine a atteint une certaine position ou, par exemple, quand la machine veut fonctionner en toute sécurité et que le concepteur du programme veut s'assurer que toutes les portes sont complètement fermées.
Le levier de détection de fin de course peut être sélectionné parmi de nombreuses possibilités telles que : ressorts, roues, câbles, etc.

Capteur inductif

Les capteurs mécaniques peuvent être affectés par des environnements pleins de saleté, d'eau, de graisse, etc. Pour éviter ce problème, certains capteurs inductifs peuvent être utilisés. Le capteur inductif détecte les pièces métalliques à de très courtes distances (pas plus de 3 ou 4 mm).

Pour la détection de pièces non métalliques, vous pouvez utiliser des capteurs capacitifs.

Barrière lumineuse

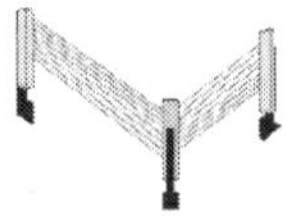

Lorsque vous avez des engins dangereux et que vous avez besoin de sécuriser le périmètre, certains fabricants de capteurs utilisent des soi-disant "Barrières" qui sont constituées de capteurs optiques (émetteur et récepteur). Le faisceau lumineux, envoyé par l'émetteur, peut être redirigé plusieurs fois, à l'aide de miroirs spéciaux, avant que les faisceaux lumineux n'atteignent un récepteur. Il est possible d'avoir une seule source émettrice de lumière pour plusieurs récepteurs. Les récepteurs sont ceux qui envoient le signal de détection à l'automate.

Commutateurs de Reed Relais

En plus des applications industrielles ou mécaniques, lorsque l'environnement n'est pas si hostile, les systèmes domotiques et de sécurité utilisent des dispositifs à très faible coût pour détecter lorsque les fenêtres et les portes sont fermées ou ouvertes. Ceux-ci sont appelés commutateurs de relais Reed. L'un des appareils est simplement un aimant, l'autre est un interrupteur qui se ferme lorsque l'aimant se trouve directement devant lui.

Encodeur mécanique

Certaines pièces mécaniques tournent en un ou plusieurs tours. La position à 360 degrés ou la vitesse de rotation sont des informations très utiles en automatisation. Les constructeurs de machines utilisent un dispositif appelé « encodeur » pour détecter numériquement la vitesse d'une pièce en rotation. Il y a trop de modèles pour les mentionner ici, mais en général ils peuvent avoir une sortie (appelée Incrémentale) ou deux sorties (appelée Quadrature), pour fournir un certain nombre d'impulsions pendant la rotation. Plus ils peuvent générer d'impulsions par tour, plus ils sont précis.

6.5 Émetteurs.

Lorsque vous utilisez des capteurs de type analogique (vous en apprendrez plus dans le deuxième livre), tous les signaux sortant des capteurs ne peuvent pas être directement appliqués à l'automate. Dans certains cas, il est nécessaire de convertir la variable détectée en ce que l'on appelle un "signal standard", qui est un signal électrique prédéfini, qui équivaut à la variable mesurée.

Les émetteurs fournissent des informations précises sur la variable qu'ils mesurent et l'envoient à l'automate dans un signal électrique sans risque qui peut parcourir de longues distances sans distorsion supplémentaire de l'information.

Transducteur de pression

Les pressions positives et à vide sont très courantes parmi les variables des processus industriels et de l'automatisation. La variable de pression physique est convertie par un **transducteur** qui la convertit en microtension . Le circuit électronique interne prend ce petit signal et génère une tension électrique proportionnelle, dans une plage spécifiée. Les transducteurs de pression sont conçus pour des plages et une précision spéciales.

Transmetteur thermocouple

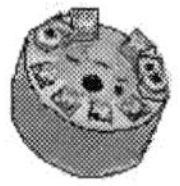

Lorsque le capteur ne produit pas de signal standard, nous devons utiliser un appareil appelé **émetteur** . Dans ce cas, le capteur est simplement un transducteur, qui transforme la variable mesurée en une tension électrique de n'importe quelle amplitude. L'émetteur prend ce petit signal et le convertit en un signal standard. Les émetteurs sont associés à la variable qu'ils mesurent pour obtenir son nom, par exemple :

Transmetteur de température à thermocouple de type K ou transmetteur de température Pt100 RTD.

Transmetteur avec écran et puits thermométrique

Normalement, la sortie du capteur est un courant car il

peut parcourir de plus longues distances que lorsque la tension est utilisée. Les émetteurs deviennent des appareils très sophistiqués et les fabricants de capteurs ajoutent de plus en plus de fonctionnalités. Certains produits récents peuvent lire la variable, la stocker, afficher des informations sur un écran local, effectuer un contrôle local si nécessaire, et enfin envoyer le signal, mis à l'échelle selon les besoins, à une entrée ou à un port de communication donné sur l'automate.

6.6 Éléments d'interface.

L'automate est un appareil de contrôle. Cela signifie que sa fonction principale est la prise de décision. Pour cela, il n'est pas nécessaire que l'automate devienne un équipement encombrant, pour gérer directement des actions de commande de niveaux de courant ou de tension élevés.

Par exemple, supposons que l'automate va mettre en marche un moteur de grande puissance. Cela nécessitera également de piloter des appareils à courant élevé qui vont au-delà des spécifications de l'automate. Dans des conditions de haute tension ou de courant élevé, l'équipement de contrôle doit être isolé de manière à ce que les signaux basse tension de l' automate pilotent d'autres éléments robustes plus adaptés à ces conditions exigeantes.

Certains automates utilisent de petits relais internes (Relay en anglais), pour isoler l'électronique de commande et qui peuvent effectuer une action de commutation. Ces relais permettent la connexion de charges nécessitant certaines quantités limitées de courant.

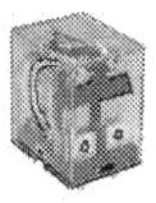

Relais électroniques Relais mécaniques

La plupart du temps, ces signaux sont utilisés par l'automate pour notifier aux autres équipements qu'il nécessite une simple fermeture de contact pour initier une action.

Des relais externes et de plus grande capacité doivent être utilisés lorsque plus de courant ou plus de contacts sont nécessaires. Il existe de nombreux types de relais, avec des configurations et des objectifs différents, mais en général, ils aident la sortie de l'automate à contrôler d'autres dispositifs à courant plus élevé, dont le fonctionnement pourrait être risqué pour l'électronique de l'automate.

Relais Statiques

Les relais électromécaniques sont des dispositifs avec des

pièces mobiles qui tomberont en panne après des centaines d'opérations. Les fabricants doivent spécifier le nombre de cycles que le relais peut traverser pendant sa durée de vie avant de se casser. Pour surmonter ce problème, il existe des relais **à semi-conducteurs** qui utilisent la technologie des semi-conducteurs et ne comportent aucune pièce mobile.

Contacteur de bobine AC

Un dispositif électromécanique, appelé **Contacteur,** est utilisé pour contrôler la connexion à courant élevé des moteurs triphasés. La sortie de l'automate, à travers les contacts d'un relais (qui ont une capacité de courant très faible), fournit la tension à la bobine du contacteur.

6.7 Éléments de contrôle final (FCE en anglais).

Ces éléments sont des dispositifs qui reçoivent le signal de commande de l'automate ou des éléments d'interface et exécutent l'action souhaitée en termes de connexion, déconnexion, ouverture, fermeture, mouvement, rejet ou notification. Son activation reflète en elle-même la partie finale de l'action de contrôle.

Moteur à courant alternatif

Le moteur est un élément de contrôle final très courant. Sa fonction est de produire la rotation ou le déplacement de la pièce mécanique à laquelle il est couplé. Un moteur peut être piloté directement par un contacteur ou par un autre dispositif appelé « **variateur de fréquence** ». Ce composant sera expliqué plus loin car il fait partie des dispositifs d'automatisation.

D'autres éléments finaux très populaires sont les vannes. Ce sont des dispositifs qui limitent le débit de tout fluide. Il existe des vannes manuelles, électriques ou pneumatiques. En automatisation, ceux qui peuvent être activés par un signal électrique de l'automate sont principalement utilisés.

Électrovanne

Le principe de fonctionnement étant basé sur l'électricité, on les appelle des électrovannes. Ils deviennent des FCE (éléments de contrôle final) lorsqu'ils ne nécessitent aucun dispositif supplémentaire pour effectuer une action sur le procédé. Par exemple, les vannes d'eau qui s'ouvrent ou se ferment pour l'écoulement de l'eau sont des éléments de contrôle finaux.

Les électrovannes qui envoient des signaux pneumatiques à un autre appareil ne sont pas considérées comme des éléments de contrôle final .

Cylindre pneumatique

Les cylindres ou pistons pneumatiques sont des éléments de contrôle final très populaires. Ils ont deux chambres, qui peuvent être remplies d'air (pneumatique) ou d'huile (hydraulique) pour produire un déplacement de la tige centrale appelée **piston** . Des vannes dirigent l'air ou le fluide dans l'une des chambres.

Supposons que nous ayons besoin de contrôler un piston éjecteur dans une machine. L'automate enverra le signal de commande à un relais, puis le relais excitera la bobine d'une électrovanne et la vanne fera passer l'air à la chambre du piston.

À partir de cet exemple, vous pouvez voir que l'automate est un appareil électrique qui est la source du signal. D'autre part, on voit que le piston est un dispositif pneumatique qui nécessite de l'air pour fonctionner et constitue l'élément de contrôle final.

Vanne avec actionneur pneumatique

Lors de l'utilisation de vannes industrielles, il existe des

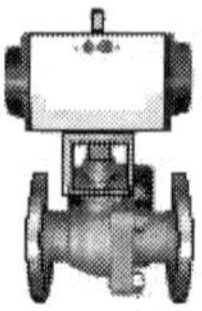

situations où le couple doit être "amplifié" d'une certaine manière pour effectuer une action d'ouverture ou de fermeture. Pour cela, il existe **des actionneurs** qui sont des dispositifs mécaniques situés dans la partie supérieure de la vanne ; Selon la direction de l'air, ils ouvrent ou ferment les grosses vannes.

6.8 Dispositifs de communication

Aujourd'hui, chaque projet d'automatisation inclut la communication avec d'autres appareils. En plus des capacités de communication de l'automate, certains dispositifs de communication supplémentaires peuvent fournir une meilleure intégration.

Cette liste pourrait avoir :

Modems
Modems sans fil
GSM/GPS/GPR
Ports Ethernet
Ports série
Serveurs Web

Modem sans fil

Nous n'avons pas l'intention d'entrer dans les détails de chaque appareil, car ces informations dépassent le cadre de ce livre. Bien qu'il soit bon de savoir que la communication est la clé pour avoir un très bon système de contrôle, car la plupart des automates devront s'interfacer avec un grand nombre d'appareils, allant des simples dispositifs de contrôle aux réseaux informatiques très sophistiqués.

Certains processus se trouvent dans des endroits éloignés, où la connexion Internet/Ethernet n'est pas disponible. Les appareils de communication traditionnels, tels que la radio ou les téléphones portables, permettent une connexion sans fil, permettant la transmission de données. De nouveaux systèmes de communication sans fil tels que Bluetooth, ZigBee, LoRa sont arrivés avec la technologie appelée Internet des objets (IOT).

Certains fabricants d'API ont conçu des modules optionnels pour les cas où davantage de ports de communication sont nécessaires.

6.9 ORDINATEUR ou ORDINATEUR PERSONNEL (PC en anglais).

Les PC pourraient être considérés comme l'outil universel car ils sont nécessaires dans la vie quotidienne. À mon humble avis, la vie normale dans la technologie peut être incomplète sans l'un des deux outils suivants : les PC et Internet.

En automatisation, un PC peut être utilisé pour :

1. Contrôler un processus. Également appelé contrôle basé sur PC. Certains fabricants de PC ont développé ce qu'ils définissent comme des PC industriels, mais leur coût, leur support et leurs outils logiciels n'ont pas suffisamment évolué pour étendre leur utilisation dans les applications industrielles.
2. Programmez l'automate. Le PC est utilisé pour affecter le logiciel qui simule, compile, édite et transfère le programme à l'automate.
3. Surveillez les variables de processus contrôlées par l'automate. Pour cela, un logiciel appelé SCADA (Supervision, Contrôle et Acquisition de Données) est utilisé. Ce logiciel permet une représentation graphique du

processus pour faciliter la visualisation des informations et le fonctionnement des éléments impliqués.

4. Dépanner l'automate ou le processus. Lorsque vous souhaitez diagnostiquer une erreur de programmation ou que vous devez définir ou ajuster des éléments individuels, vous pouvez utiliser un PC avec un logiciel dédié. Pour tout cela, il est important que tous les éléments utilisés dans l'automatisation aient une connectivité avec les PC.
5. Stockez de grandes quantités de données de processus. L'automate a une capacité de stockage de données limitée, qui ne peut être comparée aux disques durs des PC.
6. Collectez toutes les informations de différents processus, automates ou autres appareils, puis partagez ces informations avec d'autres réseaux informatiques.
7. Fournir à l'automate un accès Internet. Dans certains cas, les automates n'ont pas de port Ethernet, ils se connectent donc au PC via des ports série. Une fois que le PC communique avec l'automate, il existe des outils logiciels qui permettent à un PC distant d'accéder à l'automate via cette connexion série.

Les fabricants d'automates utilisent de petits ordinateurs pour assembler de nouveaux dispositifs de contrôle, générant une technologie innovante, qui agit autant comme un automate que comme un PC (avec quelques limitations mineures). Le nouveau nom de ce nouveau produit de contrôle est **PAC** .

Un PAC est un contrôleur d'automatisation programmable et certains fournisseurs simplifient l'explication en utilisant l'équation suivante :

PC + API = PAC

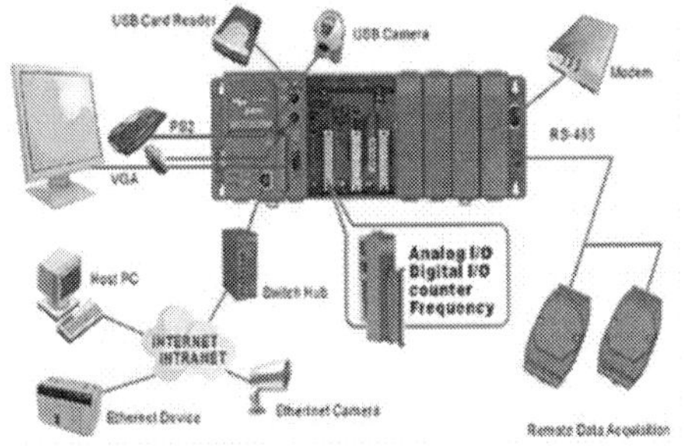

Contrôleur d'automatisation programmable (PAC).

D'après le graphique ci-dessus, vous pouvez conclure qu'un PAC possède des ports de connexion pour presque tous les périphériques connus de l'API ou des PC. Cette caractéristique d'avoir toutes sortes de logiciels de communication et de traitement de données devient la meilleure raison d'utiliser un PAC. Le marché des PAC est en croissance rapide depuis ses débuts en 2007.

Le PAC va changer la façon dont nous procédons à l'automatisation aujourd'hui. Ses fonctionnalités puissantes élargiront les possibilités d'applications, réduisant le nombre de composants impliqués, ce qui, au fil du temps, assure la fiabilité de l'ensemble du projet.

6.10 Modules universels.

Il y a une toute nouvelle tendance à ajouter des modules polyvalents. L'idée principale est d'avoir des modules capables de lire toutes sortes de signaux analogiques ou numériques et qui peuvent être connectés à N'IMPORTE **QUELLE** marque d'automate sur le marché.

L'importance de ces modules est maintenant reconnue. Étant donné que la plupart du temps, avec les technologies plus anciennes, les utilisateurs d'automates doivent acheter différents modules pour différents types de signaux, le coût final de l'automatisation augmentera le budget du projet.

Bien sûr, ces modules sont controversés, car les fabricants d'automates veulent garder leur marché aussi fermé que possible, obligeant l'utilisateur à n'acheter que des modules fabriqués par eux.

Imaginez que vous travaillez pour une industrie qui n'utilise qu'une ou deux marques d'automates programmables. Garder un stock pour tous les modules impliqués est impossible et très coûteux, donc seuls ceux qui sont considérés comme critiques sont sélectionnés et achetés.

Imaginez maintenant que vous avez tous les modules d'E/S (Entrée et Sortie) en standard pour toutes les marques d'API. Il vous suffirait de spécifier, par exemple, des processeurs de n'importe quel fabricant et d'utiliser des modules standard à l'échelle de l'industrie. Vous n'avez besoin que de très peu d'unités de modules de remplacement, ce qui réduit à la fois les stocks et les coûts.

Pensez que vous pourriez mettre à niveau les processeurs vers des modèles meilleurs et plus puissants, sans rien changer au reste du câblage et de l'équipement. Tous les modules d'E/S resteraient intacts, de sorte que vos coûts de mise à niveau seraient presque nuls.

Certains fabricants ont mis sur le marché des modules qui peuvent être configurés pour mesurer des signaux de tension (0-1, 0-5 ou 0-10V), des signaux de courant standard (4-20mA et 0-20mA) ou mesurer la température via un capteur. (Également appelé thermocouple) dans tous les types possibles (S, J, K, T, R, B et autres).

Chaque canal de module peut être configuré pour une variable différente, ce qui réduit les coûts globaux. Par exemple, si le module universel dispose de 8 voies d'entrée, vous pouvez les utiliser à volonté comme suit :

> 2 canaux pour thermocouple K, 1 canal pour thermocouple J, programme 3 canaux pour lire la tension 0-5VDC et 1 canal pour lire les signaux 0-20mA.

Jusqu'à 255 modules universels peuvent être connectés en externe pour former un réseau, via une paire de câbles de communication. Ce câble peut faire tout le tour, de sorte que n'importe quel module peut être ajouté à n'importe quel point des câbles.

Module local ou slot

Si les modules doivent être insérés dans l'un des emplacements disponibles de la base, on dit alors que les modules sont "enfichés localement". Ces modules limitent la croissance des E/S.

Tous les fabricants d'automates ne proposent pas de modules universels et tous ne sont pas intéressés à les produire, car ils ont leurs propres modules pour chaque type de signal.

Le terme "universel" s'applique à la programmabilité des entrées, mais de nos jours, certains fabricants conçoivent qu'il peut être appliqué dans un sens plus large, basé sur le fait que si un protocole de communication général est utilisé (tel que Modbus), ils peuvent être connectés à presque toutes les marques d'API sur le marché. La plupart des fabricants d'automates incluent ce protocole dans leurs automates, ce qui garantit l'universalité.

6.11 Modules distants.

Soutenus par leur connectivité, les modules déportés peuvent agir comme une extension des entrées et sorties de l'automate. La seule différence est que ces modules déportés peuvent être situés sur le même panneau que l'automate, à une centaine de mètres ou, par exemple, dans une petite ville de Paris... s'il y a une connexion internet là-bas.

Il existe plusieurs manières d'utiliser les modules distants :

1. Lorsque l'automate utilise tous les modules et doit ajouter des éléments supplémentaires, un module déporté peut être ajouté, dans une extension locale du rack dans le même panneau de contrôle.
2. Lorsque vous avez une longue machine et que vous devez acheminer de nombreux câbles vers l'automate principal, des modules distants peuvent être utilisés pour collecter tous les signaux, puis un câble blindé à 2 fils sera la seule exigence pour connecter les modules distants à l'automate.
3. Lorsque l'entreprise dispose d'un LAN (Local Area Network) ou d'un LAN sans fil et souhaite connecter des signaux d'entrée et de sortie distants pouvant se trouver à proximité de n'importe quel port LAN, il est préférable de sélectionner un module distant avec port Ethernet.
4. Lorsqu'une entreprise est intéressée par la surveillance d'équipements situés dans des endroits éloignés (cela peut être dans une autre ville ou un autre pays), un module spécial avec un port Ethernet est une excellente solution. La plupart des automates modernes ont un port Ethernet.

6.12 Moyeux.

Si l'automate dispose d'un port Ethernet, en tant que module optionnel ou faisant partie de l'architecture de base, pour des raisons pratiques, il peut être considéré comme un ordinateur.

Un **HUB** est un équipement utilisé pour fournir une connexion Ethernet à divers appareils (principalement des ordinateurs). Cet appareil possède souvent de nombreux ports dits TCP/IP (Ethernet), qui permettent à plusieurs appareils de partager un seul canal de communication physique sur un réseau.

L'appareil contrôle la communication en attribuant des virages rapides, en évitant les conflits de communication.

Étant donné que les automates dotés d'un port Ethernet peuvent se connecter à des réseaux locaux (LAN), ils peuvent envisager de se connecter au concentrateur comme des PC normaux.

Les données en temps réel, obtenues à partir du processus, peuvent être lues directement par le logiciel central de l'entreprise.

Le Hub a longtemps été considéré comme un appareil plus lié aux PC qu'aux automates, mais les besoins récents obligent les fabricants (y compris les fabricants d'automates) à assurer la meilleure communication disponible et à utiliser des appareils fiables et sécurisés.

6.13 Drives

Lorsque les moteurs nécessitent des changements de vitesse, ils doivent être connectés à un variateur. Divers projets d'automatisation nécessitent un variateur et des moteurs. Les moteurs peuvent être AC et DC, par conséquent, il existe des variateurs commerciaux pour fonctionner en AC et DC.

Pour les variateurs AC, il faut différencier le variateur des autres équipements appelés **Démarreur Progressif** (Soft **Starter** en anglais). Les applications peuvent être similaires, vous devez donc savoir quoi faire dans chaque cas, car les prix actuels des variateurs et des démarreurs progressifs sont presque les mêmes.

Lorsque vous avez besoin de démarrer ou d'arrêter un moteur, qui va toujours tourner à pleine révolution par minute (RPM), vous devez utiliser un démarreur progressif. Le contrôle à partir de l'API est limité au fonctionnement marche/arrêt.

Le démarreur progressif alimente le moteur en accélérant la vitesse jusqu'à ce que le moteur atteigne la vitesse maximale autorisée. Si un signal d'arrêt est appliqué, le moteur réduit progressivement (en rampe) la vitesse jusqu'à l'arrêt complet.

Un **Variateur de fréquence,** ou **VFD** en anglais, est un appareil qui permet de contrôler la vitesse et le couple d'un moteur à courant alternatif triphasé de manière très efficace. Le grand avantage d'utiliser un VFD pour commander un moteur est que la vitesse peut être contrôlée à tout moment, en fonction des besoins du processus.

Le variateur dispose d'un circuit spécial pour protéger le moteur pendant le fonctionnement et pour modifier tous les paramètres de fonctionnement tels que la fréquence, les temporisateurs d'accélération/décélération, les modes de fonctionnement, les vitesses préréglées, les vitesses maximales et minimales, etc. Il dispose également d'affichages et de divers signaux de retour, qui peuvent être envoyés à l'automate ou à d'autres appareils pour un meilleur fonctionnement global du processus.

L'API peut contrôler le variateur via des signaux électriques qui peuvent être : des signaux marche/arrêt provenant de contacts, des signaux de tension dans des plages de 0 à 10 Vcc ou des courants dans des plages de 4 à 20 mA.

Si un automate n'est pas disponible, le variateur peut être commandé à partir d'un potentiomètre ou de son panneau de commande avant.

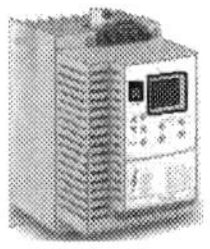

Certains fabricants ajoutent des capacités plus puissantes à leurs unités et ont inclus un petit automate à l'intérieur de l'unité. Cela permet au VFD d'avoir de meilleures capacités de contrôle et une interaction directe avec les signaux de processus, simplifiant le câblage et réduisant les coûts globaux.

Pour les moteurs à courant continu, qui sont maintenant très populaires car ils sont utilisés dans les voitures électriques, un **servo variateur doit être utilisé.** Ces types de moteurs peuvent atteindre des vitesses plus élevées que les variateurs de fréquence. Ils sont principalement utilisés dans les applications de robotique et **de contrôle de mouvement.**
Les **Les moteurs pas à pas** (Step Motors en anglais) sont contrôlés par des variateurs à courant continu. Ces moteurs à courant continu sont spécifiés par le nombre de pas pendant un seul tour. Par exemple, 200 pas par tour. Cela signifie que 360 degrés de rotation (1 tour) peuvent être effectués en 200 micro-mouvements de 2,8 degrés par pas.

6.14 Module de Voix.

C'est l'une des dernières innovations, car vous pouvez littéralement « parler » de votre processus d'automatisation. Imaginez une machine qui avertit l'opérateur des problèmes de processus avec des messages préenregistrés.

Le module vocal est un appareil doté de circuits électroniques spéciaux qui peuvent lire des messages préenregistrés. Il comprend également un amplificateur de son, au cas où vous voudriez reproduire des messages forts dans des environnements bruyants, comme dans le cas de processus industriels.

L'automate peut interagir avec le module Voix de plusieurs façons :

1. Utilisation de sorties discrètes, pour reproduire peu de messages.
2. Grâce à un code binaire, en utilisant diverses sorties pour lire divers messages.
3. A l'aide d'une commande de communication série, informer le module du message à jouer.
4. Arrêtez ou jouez n'importe quel message donné.

Les messages peuvent être enregistrés à l'aide d'un logiciel multimédia normal que l'on trouve sur n'importe quel ordinateur.

Le module vocal ne nécessite qu'une alimentation électrique et des signaux de commande de l'automate. Le son est comme si vous écoutiez un CD car la voix est numérisée à l'aide de techniques de traitement du signal.

Questions.

1. Faites une liste des dispositifs utilisés dans l'automatisation et expliquez le but principal de chacun d'eux.
2. Quels appareils peuvent avoir un automate dans le cadre de la conception ?

3. Comment les alimentations sont-elles classées en fonction de la construction interne ?
4. Quel type d'alimentation est le plus adapté pour fonctionner sous des changements de tension ?
5. Quels autres noms porte le panneau de commande ?
6. Quelle est la fonction d'un écran ?
7. Peut-on utiliser des ordinateurs à la place des pupitres opérateur ?
8. Quelle est la signification du mot « industriel » lorsqu'il est ajouté au mot « capteur » ou à tout autre appareil ?
9. Expliquer le fonctionnement d'un interrupteur de fin de course.
10. Comment détecter les pièces non métalliques ?
11. Quand utilise-t-on une barrière lumineuse (capteur optique) ?
12. Comment fonctionne un émetteur ?
13. Quelle est la différence entre un transmetteur et un transducteur ?
14. Qu'est-ce qu'un relais ?
15. Quels sont tous les types de relais ?
16. Qu'est-ce qu'un contacteur ?
17. Comment reconnaître un élément de contrôle final ?
18. Expliquez l'origine du nom « électrovanne ».
19. Qu'est-ce qu'un actionneur de vanne ?
20. Si vous souhaitez économiser sur le câblage, comment connecter des équipements éloignés ?
21. Comment un PC peut-il être utilisé dans l'automatisation ?
22. Qu'est-ce qu'un CAP ?
23. Qu'est-ce qu'un module Universal et comment fonctionne-t-il ?
24. Quel est l'avantage d'utiliser des modules universels ?
25. Qu'est-ce qu'un module distant ?
26. Dans quels cas peut-on utiliser un module déporté ?

27. Qu'est-ce qu'un hub ?
28. Qu'est-ce qu'une unité ?
29. Que veut dire RPM ?
30. Quelle est la différence entre un démarreur progressif et un VFD ?
31. Comment contrôler un automate depuis un automate ?
32. Qu'est-ce qu'un module vocal ?
33. Quel est l'avantage d'utiliser un module vocal ?

[7. MATÉRIEL APIS.]

Ce chapitre étudie les éléments physiques d'un automate. Cela aide à comprendre la façon dont ils interagissent les uns avec les autres pour effectuer une tâche de contrôle.

7 . Matériel automate.

Pour le matériel CPL, il faut comprendre tous les composants physiques qui le composent et pas seulement l'architecture électronique interne. Ce chapitre couvrira les parties qui pourraient être nécessaires pour développer l'automatisation avec API.

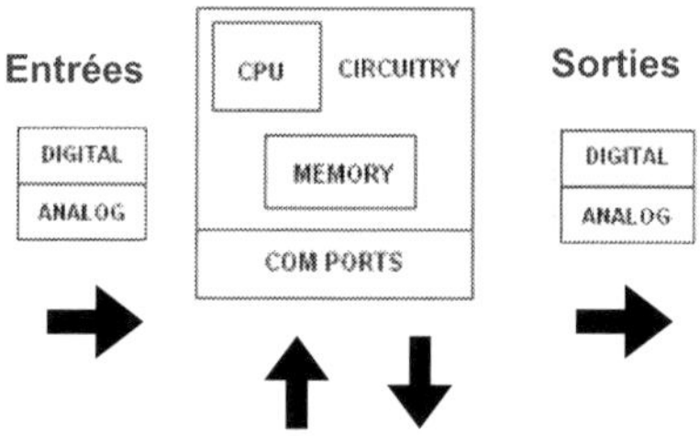

Structure de base d'un API

La figure précédente est une représentation de base des parties de l'API. Les flèches indiquent le sens des informations. Vous remarquerez peut-être que les seules informations bidirectionnelles se font sur les ports de communication. L'automate ne peut pas modifier l'état d'une entrée, ni lire les informations d'un élément connecté à une sortie.

Pour mieux comprendre le fonctionnement de l'automate, regardons le graphique suivant :

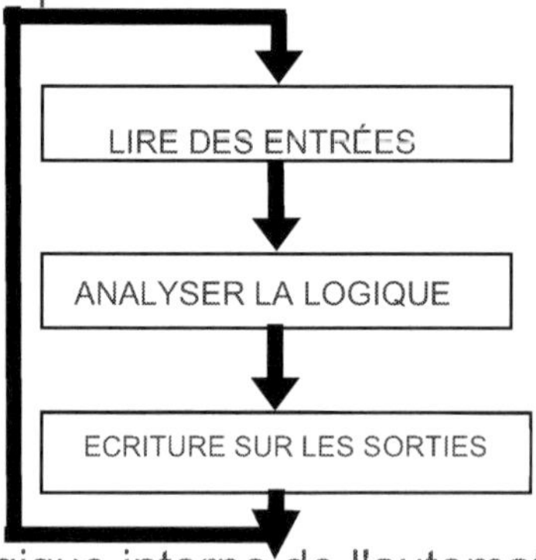

Logique interne de l'automate.

L'automate exécute les actions de manière séquentielle. Le nombre d'étapes a été simplifié à des fins d'illustration. La vitesse de ce scan (Scan en anglais) dépend du CPU lui-même, qui est l'un des principaux paramètres pour mesurer la puissance réelle d'un automate.

Si un interrupteur à bascule est connecté à une entrée, l'automate ne peut lire que s'il est "On" ou "Off", alimenté ou non , actif ou inactif, mais ne peut pas forcer l'état. Vous ne pouvez pas changer l'entrée de Marche à Arrêt ou vice versa.

Une vanne connectée à la sortie de l'automate peut être alimentée par une commande de l'automate, mais si, pour une raison quelconque, elle ne reçoit pas la tension nécessaire à l'activation, l'automate ne peut pas déterminer si l'action finale s'est produite. Cette dernière action pourrait être le déplacement d'un piston.

Un signal de retour pourrait être la solution à ce problème. Dans ce cas, nous pourrions utiliser un interrupteur pour ressentir l'action physique d'amener le piston à atteindre une position spécifique. L'interrupteur fermera son contact, puis ce signal, lorsqu'il sera connecté aux entrées, sera lu par l'automate.

En fait, c'est la meilleure façon pour un automate de contrôler un processus : utiliser des capteurs et une logique pour déterminer si une action de contrôle appropriée est en cours.

Lorsque l'automate lit uniquement les entrées, exécute la logique et active une sortie, le système de contrôle est appelé BOUCLE OUVERTE.

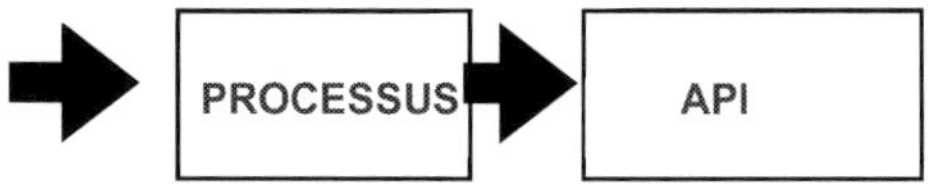

Contrôle API en boucle ouverte.

D'un autre côté, si l'automate envoie la commande de sortie et reçoit d'une manière ou d'une autre un signal de retour indiquant que les effets ne sont pas ceux souhaités, vous pouvez apporter des corrections rapides jusqu'à ce que le système fonctionne dans les conditions attendues. Ce processus de correction, basé sur action-effet-résultat-action, est appelé BOUCLE FERMÉE.

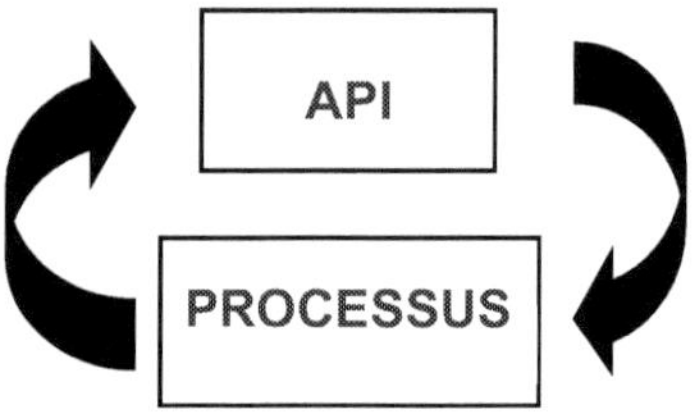

Contrôle API en boucle fermée.

7 .1 Unité centrale de traitement (CPU en anglais)

Le cœur d'un automate est la CPU. Tout comme les ordinateurs, le type de processeur utilisé dans un automate détermine sa puissance. Il existe de nombreux paramètres importants tels que la vitesse, les instructions, les capacités de communication, les ports, etc.

La plupart des fabricants d'API fournissent des informations de base sur la puissance de traitement comme moyen général de comparer leur puissance à d'autres marques :

1. **Temps d'exécution des contacts.**
   Ce paramètre montre à quelle vitesse le processeur peut exécuter certaines commandes. La vitesse est liée au temps qu'il faut pour détecter un changement dans l'une des entrées.

2. **1k d'exécution.**
   Comme le paramètre précédent, un programme qui comprend toutes sortes d'éléments logiques de contrôle, qui occupe une certaine partie de la mémoire (1 kilo-octet), doit être exécuté aussi rapidement que possible. Étant donné que le processeur effectue ces tâches, il s'agit certainement d'un facteur de comparaison très important lorsque l'on examine la logique des processeurs.
3. **Temps de balayage ou de balayage.**
   Le temps utilisé par les processeurs pour lire les entrées, développer la logique de contrôle et mettre à jour les sorties est appelé Scan Time. Plus les temps de scan sont courts, mieux c'est.
4. **Prise en charge maximale des E/S.**
   Lorsqu'un projet d'automatisation nécessite de nombreuses entrées et sorties, la CPU doit avoir suffisamment de capacités pour les gérer toutes sans sacrifier l'efficacité du programme de contrôle. C'est la raison pour laquelle les constructeurs n'autorisent qu'un certain nombre d'entrées et de sorties. Ce nombre est utile pour connaître la croissance maximale des E/S de l'application.

Selon le type de CPU, un automate peut se comporter comme un automate normal ou comme un automate hautement sophistiqué doté de capacités PC.

Les fabricants d'API utilisent des puces très spécialisées appelées microprocesseurs et, plus récemment, des unités plus avancées appelées microcontrôleurs.

De nouveaux appareils électroniques miniatures plus efficaces et plus puissants sont développés chaque année. Ces nouveaux produits génèrent un nouveau monde de technologies, principalement dans les ordinateurs, mais applicables aux automates. Par exemple, de nouveaux mini-ordinateurs, tels que ceux que l'on trouve dans les téléphones portables et les ordinateurs portables, sont utilisés pour développer des s pour les API, qui sont plus avancés et riches en fonctionnalités que les microprocesseurs et les microcontrôleurs.

7.2 Registres ou emplacements mémoire :

Aussi appelés registres, registres de données de mémoire, mémoire programme et mémoire utilisateur.
Les automates utilisent un registre de mémoire pour stocker des paramètres qui peuvent être utilisés ou modifiés de manière simple. En règle générale, le fabricant de l'API vous parlera de la **carte mémoire,** qui correspond à la plage d'emplacements de mémoire disponibles dans l'API.

Il existe deux types de mémoire :

Volatil et Non volatil.

La mémoire volatile sera perdue après la mise hors tension de votre API, tandis que la mémoire non volatile contiendra toutes les données stockées. Vous pouvez utiliser la mémoire pour stocker des données de processus ou pour des calculs.

Dans certains cas, avec du matériel en option, le fabricant de l'automate propose un module de sauvegarde par batterie pour éviter la perte d'informations stockées en mémoire. Par exemple, pour maintenir l'horloge/le calendrier à jour, même si vous n'allumez jamais l'automate.

Le CPU utilise une partie de la mémoire pour effectuer ses propres calculs internes.

Dans les emplacements de mémoire, vous pouvez :

- Enregistrer des données spéciales.
- Mémorisez les valeurs qui servent de réglages (Set Points).
- Enregistrez les valeurs des recettes.
- Enregistrer les informations temporaires utilisées dans les calculs du programme.
- Utiliser comme "pont" ou zone commune, pour partager des informations avec un appareil externe.

Il existe des emplacements de mémoire spécifiques, faisant partie de l'ensemble de la "Carte mémoire", où sont stockés les paramètres associés à l'un des éléments internes de l'automate :

Entrées, Sorties, Mémoire, Minuteries, Compteurs et Séquenceurs.

En général, la mémoire peut être divisée en deux parties :

Mémoire utilisateur et mémoire programme.

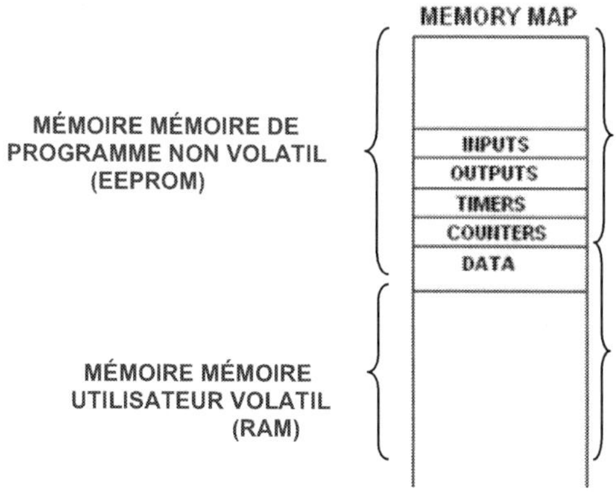

Répartition de la mémoire dans l'automate.

La mémoire utilisateur fait partie de la mémoire totale et est utilisée pour charger ou stocker des valeurs ou des données temporaires et, dans certains cas, permanentes.

Le processeur utilise la mémoire programme pour stocker le programme de contrôle, écrit par le programmeur professionnel, et tous les calculs nécessaires. Il existe un programme avec un système d'exploitation (également appelé programme de surveillance) que le processeur utilise pour ses propres ressources ou opérations.

7.3 Entrées

La plupart des informations d'un processus sont envoyées à l'automate via les entrées de l'automate.

Les capteurs sont chargés de collecter toutes les informations du processus automatisé, de manière fiable, afin que le processeur exécute toute la logique requise et prédéfinie.

Les entrées peuvent être classées en deux catégories :

Numérique et Analogique

7.3.1 Entrées numériques.

Pour tous les API, les entrées numériques sont toutes les entrées qui peuvent être utilisées pour détecter l'un des deux états possibles. Tous les éléments capteurs, connectés aux entrées numériques, ne peuvent être compris que comme :

Zéro ou Un.
Sous tension - Hors tension.
Statut ON ou OFF.
Elément présent ou Elément non présent.
Ouvrir ou Fermer.

Tension (avec tension) ou Absence de tension (sans tension).

À leur tour, les entrées numériques d'un automate peuvent être classées comme :

Entrées de tension CC (DC) ou CA (AC) .

Entrées de tension CC (DC) :

Dans l'automatisation, il est très courant de trouver des tensions continues allant de 0 à 30 Vcc, comme valeurs continues sûres. Par conséquent, les valeurs de zéro à environ 1 volt sont considérées comme « zéro numérique ». Les tensions supérieures à la limite et jusqu'à 30 Vdc se situent dans la plage de « Digital One ».

Les entrées numériques CC peuvent également être NPN ou PNP. Ces termes font référence au type de signal provenant d'un dispositif de détection numérique qui est accepté par les entrées de l'API.

En règle générale, un API avec des entrées **NPN** a besoin d'un **zéro logique** pour détecter l'entrée. Un API avec des entrées **PNP** nécessite un **V+** (ou une source) pour détecter l'entrée et la voir, où V+ est la tension continue de l'alimentation utilisée.

Entrées numériques de tension alternative :

En utilisant le même concept d'avoir ou non une tension AC appliquée aux entrées, on peut dire qu'une entrée numérique AC peut accepter la présence de tensions AC (110 VAC, 220 VAC) comme "Un" logique et l'absence de tension comme logique "Zéro".

En général, il n'y a pas de règle pour l'utilisation de modules d'entrée CC ou CA. Les fabricants d'API les proposent tout.

Les API avec entrées CC sont plus sûrs et moins chers que les unités avec entrées CA, mais nécessitent une source d'alimentation CC.

Certains développeurs d'automatisation préfèrent n'avoir que des signaux AC dans tous leurs projets et processus, car cela permet de gagner du temps et de réduire le câblage.

Différents périphériques externes peuvent être utilisés comme périphériques d'entrée à connecter aux entrées CC physiques de l'automate :

- Interrupteurs de sécurité.
- Démarrer, arrêter, bouton poussoir, interrupteurs.
- Interrupteurs de fin de course
- Commutateurs de niveau

7.3.2 Entrées analogiques (certains disent analogiques).

Les entrées analogiques peuvent mesurer un signal électronique (tension ou courant), qui peut être n'importe quelle valeur dans des limites spécifiques. Ces signaux sortent d'un capteur analogique.

Les entrées analogiques peuvent être classées, selon leur destination, en :

Standard et Spéciaux.

Entrées analogiques de signal standard.
Ce sont des signaux électriques qui ont été normalisés par les automates et les fabricants d'appareils à sorties analogiques. Il peut s'agir de tension ou de courant, qui peuvent être classés dans les plages typiques suivantes :

Tension	Courant
0-1VCC	4-20mA
0-5VCC	0-20mA
0-10 VCC	

Les éléments qui transforment une variable en un signal standard sont appelés **Transmetteurs.** Par exemple, un transmetteur de pression.

Un transmetteur de température enverra un signal entre 0-20mA, qui est une valeur qui représente la température réelle, à l'entrée analogique 0-20mA sur l'API.

Entrées analogiques à usage spécial.
Certains modules d'entrée analogiques sont capables de recevoir directement le signal du capteur, sans avoir besoin d'un transmetteur ou d'électronique externe.

Par exemple, certains modules d'entrées analogiques peuvent mesurer la température à l'aide de thermocouples ou de capteurs RTD. Les fils du capteur de température peuvent être connectés directement aux bornes du module. Plus encore, le type d'entrée que vous prévoyez d'utiliser peut-être programmé pour adapter le canal d'entrée analogique à un capteur différent.

Capteur de thermocouple K mais que, pour une raison quelconque, il s'est cassé et que vous n'avez qu'un thermocouple de type J en remplacement rapide. Tout ce que vous avez à faire est de brancher le nouveau capteur et, via un logiciel (parfois matériel), d'attribuer les nouveaux paramètres à ce canal particulier.

Le même cas s'applique aux **cellules de pesée** où les microvolts fournis par la cellule de pesée sont transmis à un module qui gère le signal, l'amplifie et le numérise.

7.4 Sorties

Un automate peut disposer de plusieurs types de sorties disponibles, soit dans des terminaux, soit dans des modules (Modules de Sortie).

Nous parlons des sorties physiques de l'automate (car un automate possède également des sorties internes) qui sont utilisées pour envoyer des commandes d'activation à des dispositifs externes tels que des moteurs, des contacteurs, des lumières, des vannes, etc.

Les sorties peuvent également être de deux types :

Numérique ou Analogique

7.4.1 Sorties numériques.

Comme les entrées numériques, tous les types de signaux pouvant fournir une condition vrai/faux ou un état marche/arrêt peuvent être considérés comme des sorties numériques.

Les sorties numériques peuvent être de trois types :

CC, CA ou Relais

Sorties numériques CC (DC en anglais) : 0 - 24 VDC.

Les sorties numériques DC peuvent être :

PNP (Sourcing) ou NPN (Sinking)

Dans une sortie numérique PNP, la sortie utilise la source de l'API via le circuit interne de l'équipement, pour fournir du courant à l'équipement connecté à la sortie.

Dans une sortie numérique NPN, la sortie API fournit un chemin pour que le courant circule vers la terre, à travers un transistor NPN. L'avantage de ce type de sortie est qu'une alimentation externe et des tensions continues plus élevées peuvent être utilisées. Ceci est utile lorsque vous avez des appareils connectés à des tensions autres que les normes d'automatisation.

Sorties numériques CA : 110 VCA, 220 VCA.

Ces sorties sont capables de piloter directement n'importe quelle charge connectée à une source de tension alternative. Le courant maximum qu'ils peuvent supporter est d'environ et pas plus de 1 ampère, mais ce niveau est plus que suffisant pour la plupart des charges CA typiques.

Dans le cas où une charge nécessite des courants plus élevés, mais toujours inférieurs à 10 ampères, un autre type de sortie (type relais) est requis. Si des courants plus élevés doivent être gérés, vous devez utiliser un autre dispositif d'interface : un relais ou un contacteur à haute intensité. Le contacteur est très utile lorsque vous avez des charges triphasées.

Sorties numériques Relais :
Le Relai (Relay en anglais) est un appareil utilisé comme isolateur entre les systèmes à courant faible et fort. Le relais est composé de deux parties :

Bobine et **Bloc de contact.**

En général, un relais peut être considéré comme un interrupteur qui se ferme lorsque la bobine est alimentée.

Lorsque la sortie relais est activée par le programme dans l'API, la bobine est alimentée pour fermer ses contacts, ce qui permet à son tour la connexion de n'importe quelle charge.

Les modules de sortie relais sont fabriqués avec une variété de types de relais, avec un ou deux contacts.

L'un des avantages de l'utilisation de relais est que les sorties de l'automate peuvent être directement connectées à n'importe quel élément de contrôle réel, tel que des moteurs, des contacteurs, des vannes, des lampes, etc. sans aucun autre dispositif intermédiaire.

L'autre grand avantage est que les contacts de relais peuvent connecter/déconnecter n'importe quelle charge, quelle que soit la tension AC ou DC.

7.4.2 Sorties analogiques

Les sorties analogiques d'un API peuvent être classées en :

Tension et Courant

Sorties de signal standard.
Les sorties analogiques peuvent fournir un signal standard (tension ou courant) selon les spécifications du produit.

Les valeurs typiques de tension sont :

-10 à +10 Vcc
0-1Vdc
0-5 VCC
0-10 VCC

Dans les sorties courant standard, les sorties disponibles sont :

4-20mA
0-20mA

Certains fabricants ajoutent d'autres plages de sortie de tension analogique, de l'ordre du millivolt, pour des applications spécifiques.

Les valeurs typiques sont :

0-100mV
0-500mV
-500 à 500mV

Deux facteurs sont importants pour décider du type de sortie analogique à utiliser :

a) Type d'appareil connecté à la sortie.
b) Distance entre l'élément de contrôle final et le point de connexion de la sortie analogique.

Pour **les courtes distances,** il est préférable d'utiliser **la tension** et pour **les équipements distants,** il est préférable d'utiliser **le courant** car ils sont plus insensibles au bruit électrique.

7.5 Modules spéciaux

En plus des entrées et sorties standard, certains fabricants ont développé des modules spéciaux pour mieux gérer les signaux externes.

Entrées/compteurs rapides

Ce type d'entrée nécessite un circuit spécial pour répondre aux changements rapides de l'état de l'entrée. Dans de nombreux cas, ce module d'entrée possède son propre processeur, pour décharger l'UC principale de la tâche exigeante de surveillance ou de détection de tout changement soudain.

Les impulsions d'entrée sont comptées et stockées dans un emplacement de mémoire spécial sur le module. De temps en temps (scan), le CPU lit les emplacements. Dans ce cas, l'UC principale collecte uniquement les valeurs fournies par les communications de l'UC ou du processeur du module rapide.

Les entrées rapides sont principalement utilisées pour connecter des capteurs et des codeurs. Les premiers ne sont que des capteurs ou des transducteurs qui détectent les changements à grande vitesse et les convertissent en impulsions électriques dont le niveau de tension est compatible avec les entrées de l'API.

Les encodeurs sont des dispositifs couplés mécaniquement à tout mécanisme ou pièce en rotation. Ils génèrent un nombre défini d'impulsions de sortie par tour, qui sont transmises aux entrées à grande vitesse.

Modules de température :

La température est l'une des variables les plus courantes à surveiller ou à contrôler dans tout processus d'automatisation. On pourrait dire que la température est liée à n'importe quel processus de plusieurs manières : faisant partie du système lui-même, utilisée pour contrôler les produits ou due à un dysfonctionnement.

Généralement, le capteur est connecté à un émetteur qui, à son tour, transforme la variable en un signal standard (comme le courant). C'était, et c'est toujours, très cher.

Les fabricants d'automates programmables ont conçu de nouveaux modules spécialisés pour mesurer la température, qui prennent le signal directement du capteur, pour surmonter cette situation.

Trois types de capteurs sont largement utilisés :

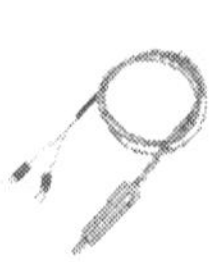

Thermocouples - Utilisés pour les applications à haute température et lorsque le coût est un problème.

RTD : Ce sont des résistances qui changent avec la température. Il est utilisé pour des mesures de haute précision.

Thermistor : Il s'agit d'un capteur peu coûteux qui est principalement utilisé pour mesurer la température ambiante.

Dans le passé, les fabricants proposaient des modules séparés pour chaque type de température, mais ensuite, avec les nouvelles technologies dans les circuits électroniques, de nouvelles conceptions sont apparues sur le marché : des modules capables de détecter n'importe quel type de thermocouple où le changement de type n'était qu'un pont.

Pour les modules RTD plus précis et coûteux, les mêmes options sont disponibles, couvrant de nombreux types.

Jauges de poids (Strain Gauge en anglais).

Le poids est une variable industrielle très importante. Les systèmes de pesage sont devenus une toute nouvelle option de mise en œuvre avec API. Les fabricants ont ajouté ce type de module à leur gamme de produits actuelle. Le circuit se compose d'amplificateurs spéciaux qui reçoivent des millivolts de la cellule de charge (dans ce cas, le capteur) et génèrent des signaux de tension analogiques appropriés qui peuvent être traités par la CPU sur le module.

Sorties PWM.

La modulation de largeur d'impulsion est un processus dans lequel la synchronisation d'activation et de désactivation d'un signal est contrôlée de manière à ce que l'appareil connecté à la sortie change en conséquence. Par exemple, il existe des vannes proportionnelles qui nécessitent un signal PWM pour moduler la sortie. Pour chaque valeur de fréquence il y a une certaine ouverture de la vanne.

Les temps de marche et d'arrêt sont liés dans un paramètre appelé Cycle de Travail (**Duty Cycle**), qui est défini par une formule simple :

Cycle de Travail = T on/(T on + T off)

Si les temps Ton et Toff sont égaux, alors le rapport cyclique est de 50 %.

Ports de communication.

L'un des besoins les plus importants de la vie moderne est la connectivité. Les automates ne font pas exception et nécessitent différentes manières de se connecter à différents appareils : des périphériques tels que d'autres modules, des équipements tels que d'autres automates, des panneaux de commande et des ordinateurs de programmation ou de surveillance.

Normalement, l'automate possède au moins un port de communication, mais lorsqu'une plus grande capacité de communication est nécessaire, des ports supplémentaires sont nécessaires. Certains fabricants proposent des modules complémentaires dotés de plusieurs ports du type requis : série, USB ou Ethernet. Le fonctionnement des communications sera analysé dans le sujet suivant.

7.6 Ports.

L'une des caractéristiques les plus importantes de la technologie actuelle est la connectivité. La possibilité d'échanger des informations avec tous les types d'appareils gagne en importance.

Un port de communication est utilisé pour programmer l'automate, pour se connecter à un périphérique externe tel que des écrans tactiles, des ordinateurs, des lecteurs de codes à barres, des modems, etc.

Avec un PC normal, il est possible de programmer, surveiller, contrôler l'exécution d'un automate ou, grâce au logiciel SCADA, le processus lui-même. Tout ce qui précède doit être effectué via un port de communication.

Les premiers modèles d'API ne comprenaient qu'un seul port de communication. Il servait à presque tout : programmer l'automate ou se connecter au pupitre opérateur. Mais comme le port ne pouvait avoir qu'une seule fonction, toutes ces connexions et déconnexions pour faire un simple changement obligeaient les constructeurs à chercher un autre moyen de communication.

De nouveaux processeurs ont été conçus et construits, avec des fonctionnalités matérielles plus puissantes. De nouvelles options de programmation sont apparues. Au lieu d'arrêter la machine pour transférer un nouveau programme, le concept de programmation EN LIGNE est apparu. Où des modifications du programme peuvent être apportées, même lorsque la machine est en marche. Bien que cela puisse être risqué, c'est maintenant tout à fait possible.

Plus de ports de communication sur un API vous permettent d'effectuer plusieurs tâches simultanément. Par exemple, un API peut se connecter à un panneau de commande, enregistrer des données à partir d'un module de température série, recevoir une transmission de données à partir d'un lecteur de codes-barres et être surveillé par un PC exécutant une application logicielle de supervision, tout cela en même temps.

Les ports typiques sont :

Série

RS232 :

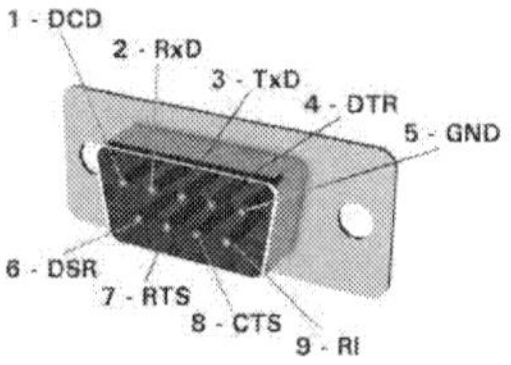

Il s'agit d'un port de communication très courant et peu coûteux. Fondamentalement, vous pouvez utiliser trois lignes pour effectuer l'échange de données :
TX, Rx et Terre.
La distance maximale autorisée est de 9 mètres.

RS485 :

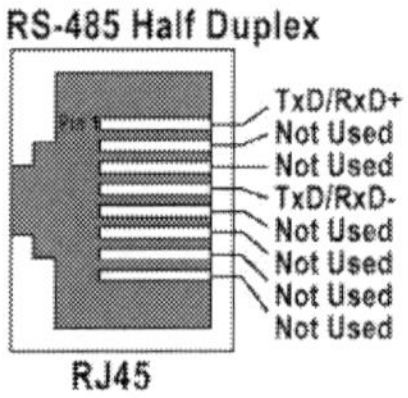

Ce port de communication est plus fiable pour les longues distances. Il peut être atteint avec succès jusqu'à un kilomètre de distance.

Normalement, seules deux lignes (ou quatre) sont nécessaires pour établir la connexion :
Émission (Tx) et Réception (Rx)

Le blindage du câble est toujours mis à la terre à une extrémité.

La connexion RS485 est également utilisée pour les réseaux, vous pouvez donc connecter plusieurs appareils aux deux mêmes lignes, mais vous devez d'abord attribuer une adresse différente à chaque appareil connecté au réseau.

USB

(Bus série universel). Le port USB a remplacé le port série RS232 sur la plupart des PC et ordinateurs portables. Aujourd'hui, seuls quelques automates ont évolué pour inclure un port USB et résoudre le problème. Les fabricants vendent un convertisseur série vers USB, qui peut fonctionner de manière bidirectionnelle.

Ethernet

Les ordinateurs sont partout. La connectivité réseau est indispensable. La plupart des applications industrielles nécessitent de partager toutes sortes de données de production avec des logiciels de gestion.

Dans les premières années, les gens devaient collecter manuellement des informations pour intégrer des progiciels de production dans des ordinateurs. Grâce aux nouvelles technologies et aux ports Ethernet, toutes les données peuvent être collectées directement à partir du processus sans aucun problème ni délai.

De meilleures évolutions sont à prévoir, et tous les périphériques nécessaires peuvent ressembler à ceux utilisés pour les réseaux informatiques : hubs, routeurs, LAN sans fil, câblage structuré, etc.

Protocoles :

Parler des ports sans dire un mot des protocoles reviendrait à parler des gens et de la communication, sans dire un mot.

Un **protocole** est le "langage" qu'un appareil utilise pour communiquer avec un autre.

Chaque équipe doit utiliser certains types de codes d'une manière "logique" que l'autre équipe peut "comprendre" pour envoyer une commande ou pour envoyer des données,

Lorsque le protocole est connu et implémenté dans une grande variété d'appareils, il est appelé **"STANDARD".**

En revanche, lorsque le protocole n'est utilisé que par le fabricant, il est appelé « **OWNER** » et dans ce cas, il est en mesure de fournir le fonctionnement du protocole ou de le maintenir uniquement pour ses propres produits. ´

Certains protocoles standards sont largement utilisés et connus :

Modbus :
Développé par Modicon en 1979, il a survécu et est toujours très populaire aujourd'hui. Il a deux variantes :

ASCII et RTU.

Le premier utilise des commandes standard pour le code ASCII et le second utilise une série de commandes appliquées dans les soi-disant unités terminales distantes (RTU).

Habituellement, le moyen de transport est un port RS232 ou RS485, mais comme l'utilisation d'un port Ethernet est très courante de nos jours, le protocole utilisé par cette connexion

TCP/IP s'appelle Modbus TCP. Certains autres protocoles célèbres sont les suivants :

Bus de terrain (bus de terrain)
Profibus
Cerf
deviceNET
Bus CAN

Questions

1. Sur la base du schéma matériel de base de l'API, quelle partie peut gérer les informations bidirectionnelles ? Parce que?
2. Mentionnez les types d'entrées et de sorties.
3. Quelles étapes générales le CPU passe-t-il pendant un cycle de scrutation ?
4. Expliquer le concept de contrôle en boucle ouverte.
5. Expliquer le concept de contrôle en boucle fermée.
6. Quels sont les paramètres les plus importants à prendre en compte lors de la sélection d'un processeur ?
7. Nommez trois utilisations différentes de la mémoire.
8. Quels sont les types de mémoire ?
9. Qu'est-ce qu'une carte mémoire ?
10. Quelle est la différence entre la mémoire utilisateur et la mémoire programme ?
11. Qu'est-ce qu'un programme de surveillance ?
12. Quel est le sens de "volatile" lorsqu'il est associé à une mémoire ?
13. Comment classer les entrées de l'automate ?
14. Expliquez la différence entre les entrées numériques et analogiques. Veuillez fournir des exemples.

15. Comment les entrées numériques sont-elles classées ?
16. Comment les entrées analogiques sont-elles classées ?
17. Quels sont les différents types de sorties numériques qui existent ?
18. Identifiez les ports de communication série possibles qu'un automate peut avoir.
19. Quels autres ports peut-on trouver sur les automates modernes ?
20. Qu'est-ce qu'un protocole ?
21. Énumérez quelques protocoles populaires.

[8. COMPOSANTS LOGICIELS DE L'AUTOMATE]

Ce chapitre couvre toutes les instructions de base communes à la plupart des automates du marché. Les sujets étudient tous les paramètres impliqués lors de l'utilisation du jeu d'instructions.

8. Composants logiciels de l'automate.

Plus que les capacités matérielles, les instructions et fonctionnalités logicielles sont les paramètres les plus précieux à prendre en compte lors de l'utilisation d'un API. Ce n'est que dans de rares cas que le matériel est un facteur prédominant, car le matériel API est très similaire d'un fabricant à l'autre.

Les fonctionnalités du logiciel dépendent de nombreux paramètres tels que : processeur, jeu d'instructions, programme de surveillance, méthodes de programmation, outils de débogage, etc.

En général, tous les automates programmables sur le marché peuvent effectuer n'importe quel travail requis, mais la façon de le faire varie d'une marque à l'autre. Certains automates peuvent faire les choses mieux que d'autres, peut-être plus rapidement ou, dans d'autres cas, plus précis.

Le temps, consommé par le traitement interne et l'exécution des instructions, est transparent ou non important pour la plupart des utilisateurs. Seule l'action finale retient l'attention et pour beaucoup d'entre eux, compte tenu des faits, c'est ce qui compte vraiment.

Ce n'est pas le cas avec l'outil de programmation logiciel. Si vous disposez d'une interface conviviale et d'une technique de programmation très puissante, la conception d'un programme de contrôle peut être plus facile pour le programmeur.

Actuellement, il existe plusieurs techniques et méthodologies de programmation, mais elles utilisent toutes approximativement le même type d'éléments :

Contacts
Bobines
Minuteries
Comptables
Séquenceurs

Selon le modèle ou la technologie, certaines autres fonctionnalités peuvent être disponibles :

Opérations logico-mathématiques
Manipulation de données
Fonctionne avec un langage de script.

En raison de l'évolution de la vitesse et de la puissance des processeurs, des opérations plus complexes ont été ajoutées du point de vue du concepteur, pour simplifier la tâche du programmeur.

Par exemple, une variable de données obtenue à partir d'un appareil externe peut être multipliée ou divisée par une constante, comparée à un point de consigne, et le résultat stocké n'importe où dans la mémoire de données interne. Tout cela peut être réalisé en utilisant une seule instruction qui permet l'insertion de données en tant que paramètre.

Sans l'existence de ce type d'instructions, le programmeur devait s'occuper de toutes les manipulations de données à l'aide de ressources internes, fournies par le concepteur de l'automate, ce qui générait souvent des problèmes de contrôle.

Lorsque vous souhaitez développer un logiciel de programmation d'automate, vous avez deux options prédominantes : Peu d'instructions (mais très puissantes) ou beaucoup d'instructions (mais très simples à utiliser). Avoir un jeu d'instructions plus puissant ou avec un plus grand nombre, avait une acceptation relative parmi les utilisateurs du logiciel de programmation. Certains d'entre eux estiment que le fait d'avoir autant d'options pour effectuer une tâche les oblige à passer beaucoup de temps à apprendre le jeu d'instructions et rend difficile pour un nouveau programmeur de comprendre le contenu du programme de contrôle.

D'autres, soucieux de gagner un temps de programmation précieux, acceptent la possibilité d'utiliser une instruction spécialisée ou de pouvoir choisir, parmi plusieurs instructions, celle qui correspond à l'objectif et simplifie la tâche.

Si vous êtes déjà familier avec une marque d'automate et que vous maîtrisez assez bien les concepts, l'idée de passer d'un fabricant à un autre ne devrait pas être difficile.

Certains fabricants ont décidé qu'un nombre d'instructions plus petit, mais puissant, est la meilleure option pour quiconque souhaite commencer à programmer un automate, ils fabriquent donc des kits à faible coût avec un ensemble d'instructions très basiques, pour faciliter la programmation de l'automate. décision d'utiliser vos produits. L'utilisateur n'a besoin d'apprendre que quelques instructions.

Ce livre veut couvrir les instructions de base qui sont quelque peu communes à la plupart des marques d'API. Les futurs livres, avec les prochains niveaux à l'esprit, comprendront des instructions importantes qui n'ont pas été prises en compte ici.
Mais ne vous inquiétez pas, avec les instructions actuelles, il est possible de faire un nombre infini de projets. Il faut comprendre que c'est la première étape.

8.1 Contacts.

Les projets d'automatisation impliquent l'utilisation d'un relais, avec tous ses contacts.
Dans ce cas, le contact n'est pas physique, mais une représentation graphique dans le logiciel de programmation, qui peut être facilement copiée, supprimée, renommée, déplacée, collée, documentée, etc. En général, tous les avantages que le logiciel peut offrir aujourd'hui. Auparavant, si un utilisateur souhaitait modifier la logique de l'application

de contrôle, il devait surmonter de nombreuses difficultés telles que le recâblage, la numérotation, l'ajout de relais, etc.

Certains contacts sont généralement liés aux entrées de l'automate, mais ils peuvent être associés à tout autre élément.

Si le contact représente un appareil (par exemple un interrupteur de sécurité) au moment où il est sur "ON", il changera d'état : s'il est normalement ouvert, il passera à l'état opposé, alors le contact sera fermé, ou s'il est normalement fermé, puis il s'ouvrira.

Les contacts sont principalement associés à l'entrée physique de l'automate, mais les contacts peuvent également être utilisés pour d'autres éléments tels que des bobines de sortie, des bits spéciaux, des temporisateurs ou des compteurs. Ces contacts peuvent apparaître plus d'une fois dans l'ensemble du programme de contrôle. Vous pouvez utiliser autant de contacts, du même élément, que vous le souhaitez.

Tous les éléments logiciels tels que les entrées, les sorties, les temporisateurs et les compteurs peuvent avoir des contacts affectés.

Un contact suit la même idée d'un contact réel que l'on trouve dans les relais électromécaniques, mais dans Logique à Relais, il s'agit simplement d'une représentation graphique.

8.1.1 Types de contact :

En général, il existe deux types de contacts à usage général :

Normalement ouvert (NO) et Normalement fermé (NC)

Ils font référence à l'état actuel de l'élément auquel ils sont associés.

Il existe d'autres types de contacts qui sont considérés comme "spéciaux" car ils ajoutent une caractéristique de fonctionnement spéciale. Certains fabricants définissent leurs propres contacts spéciaux ou spécifient une catégorie pour eux.

Vous pouvez utiliser autant de contacts NO (NO) ou NC que vous le souhaitez. Le nombre n'est limité que par la taille du programme.

8.1.1.1 Normalement ouvert (NO) :

De l'anglais **Normally Open**. Un contact normalement ouvert est un contact qui reste ouvert alors que l'élément associé n'est pas actif ou alimenté (dans le cas d'une bobine, d'une minuterie ou d'un compteur) ou une entrée qui n'est pas active ou en détection, le contact est dit normalement ouvert. (NO).

Un contact normalement ouvert peut être dessiné à l'aide de deux petites lignes parallèles.

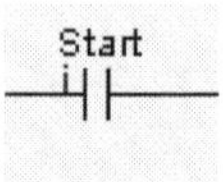

Contact NO qui n'est pas activé.
C'est ouvert.

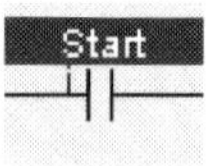

Contact NO activé.
C'est fermé

Ce contact est, comme son nom l'indique, normalement ouvert et ne se ferme que lorsque l'élément qu'il représente ou auquel il est affecté entre dans l'état d'activation.

La plupart des logiciels placent une couleur différente sur le dessus du contact, ou une bande colorée sur l'étiquette, pour indiquer que le contact a été activé.

8.1.1.2 Normalement Fermé (NC).

De l'anglais **Normally Closed.** Un contact normalement fermé est un contact qui est fermé alors que l'élément associé n'est pas alimenté ou actif. (Dans le cas de bobine, temporisateur ou compteur). Si le contact appartient à une entrée non connectée ou ne détecte rien, il reste fermé.

Un contact normalement fermé peut être tracé à l'aide de deux petites lignes parallèles, traversées d'une ligne oblique, comme illustré ci-dessous.

Lorsque les éléments ne sont pas activés, déconnectés (ou ne détectent rien, mais sont représentés par un contact normalement fermé), ils peuvent être considérés comme un fil (cavalier) qui permet la circulation du courant.

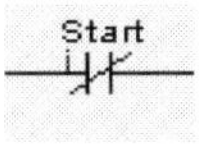

Contact NC qui n'est pas activé.
C'est fermé.

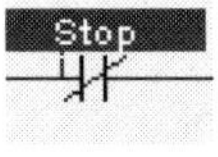

Contact NF activé.
C'est ouvert.

Une bande de couleur est placée sur l'étiquette ou directement sur le contact,
pour indiquer qu'un contact normalement fermé a été activé.

8.1.1.3 Contacts selon les marques

- **Siemens**

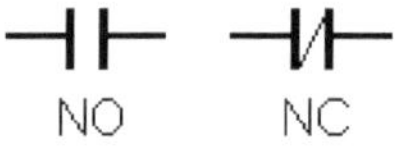

- **Allen Bradley :**

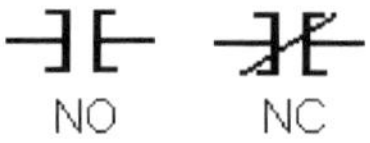

- **General Electric**

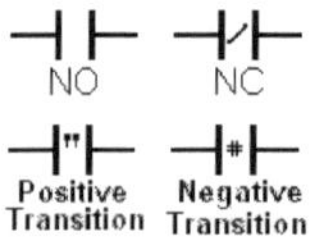

- **AutomationDirect**

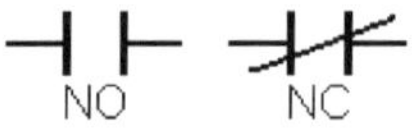

- **Triangle Research**

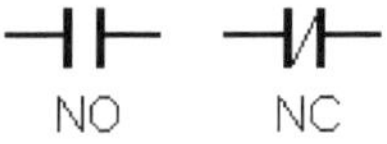

8 .1.2 Contacts spéciaux

Il existe d'autres contacts privilégiés, que certains constructeurs ont ajoutés à leurs automates :

8.1.2.1 Contacts Immédiats.

Ces contacts sont utilisés dans les cas où les signaux d'entrée doivent être traités immédiatement. Par exemple, lorsque vous sélectionnez ce type de contact pour une entrée donnée et qu'il devient actif, quoi que fasse l'automate, il suivra la logique liée à ce contact, sans attendre que l'automate ait fini de scanner son programme (également connu sous le nom de temps SCAN). En interne, la CPU génère une "interruption", enregistre les informations de base, exécute la logique requise pour ces entrées immédiates spécifiques, puis récupère les données et revient à la procédure qu'elle effectuait avant l'interruption. Le symbole peut avoir de petites variations selon le fabricant, mais le concept général est le même :

—|I|—

Contact Immédiat

Dans ce cas, vous reconnaissez qu'il s'agit d'un contact immédiat car il y a une lettre "I" entre les deux barres verticales.

8.1.2.2 Contacts différentiels ou actionnés par front ou flanc.

Le contact différentiel est une caractéristique qui reflète la transition de contact :

Si la transition passe de Low à High, Off à On ou "OFF" à "ON", alors il s'agit d'un contact différentiel déclenché UP ou il fonctionnera sur le front positif. Si la transition passe de High à Low, On à Off ou "ON" à "OFF", cela est considéré comme un contact de déclenchement vers le bas, alors on dit qu'il fonctionne sur le front ou le front négatif.

Pour une meilleure illustration de ce concept, supposons que nous ayons un bouton-poussoir connecté à une entrée de l'automate et que nous utilisions en interne dans le programme un contact à front positif immédiat.

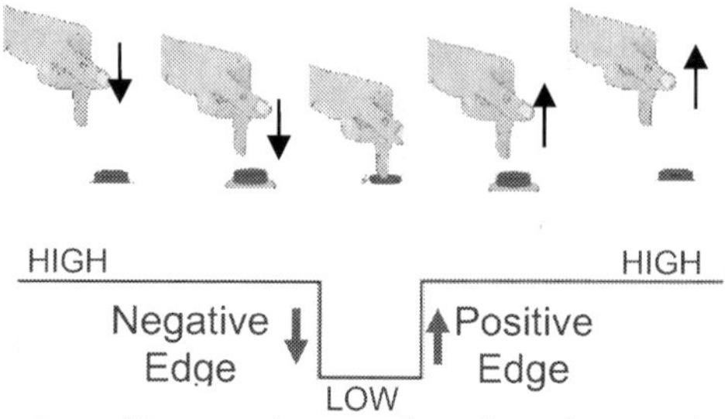

Différentes étapes lorsqu'un bouton est enfoncé.

L'entrée ne fonctionnera ou ne sera prise en compte qu'au moment où nous relâcherons le bouton. Si nous le maintenons enfoncé pendant une heure, seulement une heure plus tard, lorsque nous retirons notre doigt du bouton, la logique associée fonctionnera.

Ces contacts sont utilisés pour empêcher un fonctionnement incorrect, dans les cas où l'appareil connecté à l'entrée a un signal qui "rebondit" (appelé instable), ou parce que la vitesse de traitement du processeur est trop rapide, en référence à l'entrée et peut exécuter par inadvertance la fonction logique plusieurs fois.

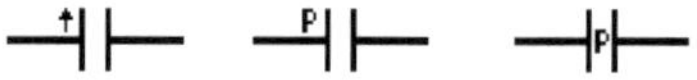

Différents symboles pour les contacts front positifs.

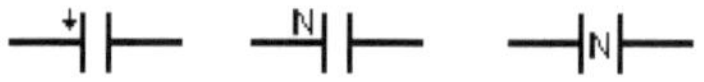

Symboles différents pour contacts de bord négatif.

Certains fabricants n'utilisent pas la détection des contours sur un contact, mais plutôt sur le résultat final, ce qui correspond généralement à ce que vous souhaitez. Pour cette raison, vous devez utiliser un nouveau type de déclaration comme ceux ci-dessous :

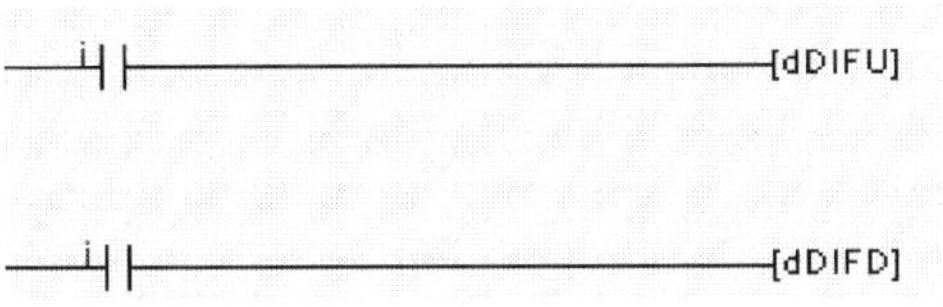

Bord différentiel haut (positif) et bas (négatif).

Notez que la dernière lettre est soit un "U" soit un "D". Ces lettres représentent respectivement Differential Up ou Differential Down.

8.1.2.3 Bits Spéciaux.

Les bits spéciaux sont également appelés relais spéciaux, horloges et contacts spéciaux.

Les bits spéciaux sont des contacts indépendants qui ne sont associés à aucune entrée. Ils peuvent être fermés ou ouverts selon certaines caractéristiques internes préprogrammées.

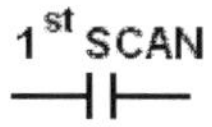

Premier scan : Lorsque l'API est sous tension et que l'UC termine la première scrutation, le contact se ferme. De nombreux programmeurs utilisent ce contact pour s'assurer que certaines conditions sont remplies avant d'exécuter un programme complet.

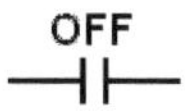

Contact toujours OFF. Le contact est toujours OFF. Il sert à aider l'interface graphique à séparer les lignes (Rungs en anglais), à éviter d'avoir une ligne sans logique de contrôle (certains programmes ne le permettent pas) ou à bloquer momentanément la logique de contrôle.

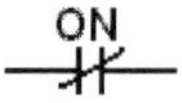

Contact toujours ON (Activé).
Ce contact est fermé en permanence et n'étant associé à aucun élément, il n'y a aucune possibilité de changement d'état. Vous pouvez l'utiliser pour séparer les échelons afin de rendre le programme plus compréhensible ou pour contourner temporairement la logique de contrôle.

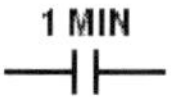

1 minute d'horloge.
Une horloge de 1 minute est un signal continu qui s'ouvre et se ferme une fois par minute. Normalement, il reste allumé pendant 30 secondes et éteint les 30 autres secondes.

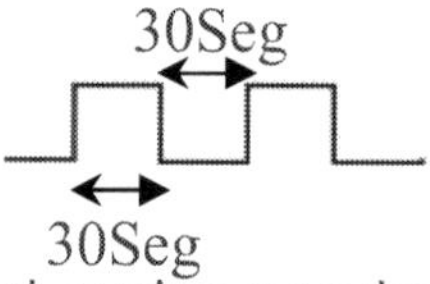

Durée des demi-cycles pendant 1 min Horloge

1 seconde horloge.
Une minuterie de 1 seconde est un signal continu qui ouvre et ferme le contact une fois par seconde. Il reste normalement allumé pendant une demi-seconde et éteint pendant l'autre demi-seconde.

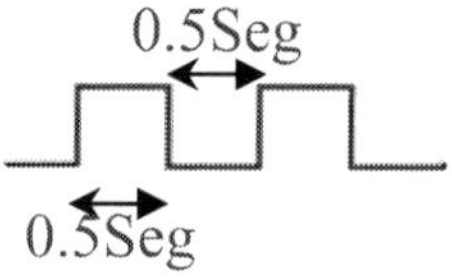

Durée des demi-cycles pour 1 Sec Clock

Les fabricants d'automates proposent d'autres horloges avec des vitesses plus élevées, en fonction de la puissance du processeur.

En termes généraux, les bits spéciaux sont utilisés pour séparer les étapes, pour générer des temps exacts en comptant les impulsions ou simplement comme déclencheurs pour d'autres actions du programme.

8.1.3 Étiquetage et documentation des contacts.

La plupart des fabricants vous proposent plusieurs niveaux de documentation qui peuvent être masqués à tout moment pour vous aider à identifier l'élément de contact.

1. Nom du contact
2. Numéro d'élément attribué.
3. L'élément auquel ils appartiennent
4. Le câblage et le marquage que vous avez utilisés.
5. Le but du contact.

Par exemple:

Bleu, 0037
Détecter que la porte est ouverte
DoorSens
Entrée 5

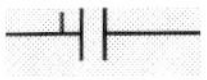

Niveaux d'information pour les contacts.

Seul le numéro d'élément attribué est enregistré dans la mémoire de l'automate, le reste de la documentation n'est stocké que dans le fichier informatique, utilisé pour développer l'application.

8.1.4 Entrées selon fabricants

- **Siemens**

I0.1 Entrée #1
I0.7 Entrée #7
I1.10 Entrée #8
I1.15 Entrée #13

- **Allen Bradley :**

  I1:1 Entrée #1
  I1:7 Entrée #7
  I1:8 Entrée #8
  I1:13 Entrée #13
- **General Electric**

  I0001 Entrée #1
  I0007 Entrée #7
  I0008 Entrée #8
  I0013 Entrée #13
- **AutomationDirect**

  X0 Entrée #1
  X7 Entrée #8
  X10 Entrée #9
  X14 Entrée #13
- **Triangle Research**

  Les entrées sont d'abord spécifiées dans un tableau de numéros consécutifs, afin que l'utilisateur puisse les appeler par leur nom attribué
  Entrée 1.Démarrer
  Entrée 2.Stop
  Entrée 3. Capteur1
  Entrée 10. PiecePos

8.2 Bobines .

Les bobines sont considérées comme les sorties d'un API. Il existe deux types de bobines :

Interne et Externe

Les bobines internes sont des sorties internes, elles sont également appelées **marquages internes** ou **relais** par d'autres fabricants.

Les bobines de sortie externes sont des points de sortie physiques, qui sont associés aux sorties physiques réelles de l'API.

8.2.1 Bobines ou Sorties internes

Les bobines internes sont généralement utilisées pour maintenir le contrôle des fonctions internes, telles que les verrous ou les verrous, et comme elles sont uniquement destinées au contrôle du programme, elles restent dans la CPU.

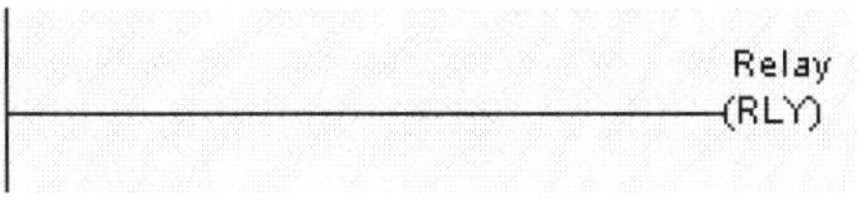

Représentation d'une sortie relais interne

8.2.1.1 Sorties internes selon les constructeurs

- **Siemens**

  0.1 Sortie #1
  0.7 Sortie #7
  1.10 Sortie #8
  1.15 Sortie #13

- **Allen Bradley :**

  B3:1 Marque 1
  B3:3 Marc 3

- **General Electric**

  CXXXX

Où **X** est un nombre : 0. 1, 2, etc.

- **AutomationDirect**

  C0 Relais 1

C1 Relais 2
C7 Relais 7
C10 Relais 8

- **Triangle Research**
  Les relais sont d'abord spécifiés dans un tableau de numéros consécutifs, afin que l'utilisateur puisse les appeler par leur nom attribué
    Relais 1. Auxiliaire
    Relais 2. Maintenez
    Relais 3. Alarme
    Relais 10. Position1

8.2.2 Bobines ou sorties internes

Les bobines externes activeront (alimenteront) un dispositif externe, qui est en fait connecté aux bornes de l'API. Ils nécessitent un câblage physique pour contrôler les appareils externes avec des tensions CA ou CC, selon le type de sortie.

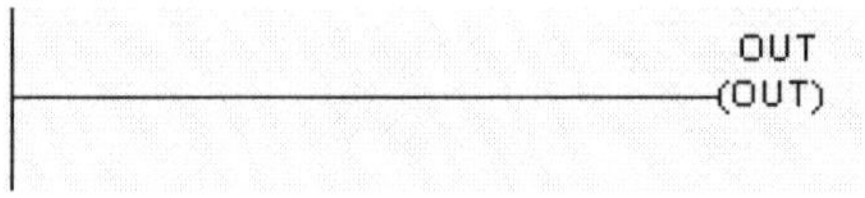

Représentation d'une sortie externe.

Si la bobine ou la sortie est connectée dans la ligne (échelon) sans aucun élément de restriction, le API l'activera immédiatement. Si nous ajoutons une logique de contrôle, seulement lorsque toute cette logique de contact précédente est activée, la bobine ou la sortie sera activée.

L'image ci-dessous montre que la sortie n'est activée que lorsque le capteur est fermé. Cette même analyse peut être effectuée pour la sortie du relais interne.

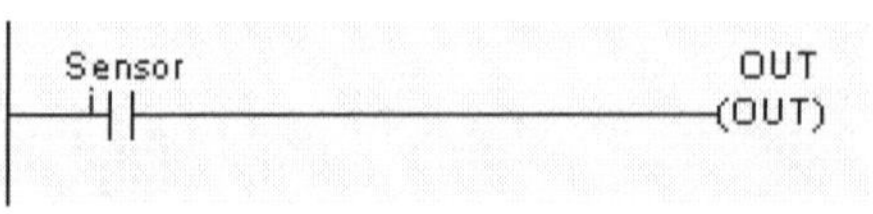

Sortie OUT (sortie) en fonction de l'entrée du capteur (entrée).

8.2.1.1 Sorties externes selon fabricants.

- **Siemens**

  0.1 Sortie #1
  0.7 Sortie #7
  1.10 Sortie #8
  1.15 Sortie #13

- **Allen Bradley :**

Ou 0.1	ou aussi	OU:1 Sortie #1
Ou 0.7	ou aussi	O:7 Sortie #7
Ou 0:10	ou aussi	OU:10 Sortie #10
Ou 0:15	ou aussi	Ou:15 Sortie #15

- **General Electric**

  O0001 Sortie #1
  O0007 Sortie #7
  O0008 Sortie #8
  O0013 Sortie #13

- **AutomationDirect**

  Y0 Sortie #1
  Y6 Sortie #7
  Y7 Sortie #8
  Y14 Sortie #13

- **Triangle Research**

Les sorties doivent d'abord être créées dans la table des sorties de la table des E/S. Ils peuvent avoir un nom de 8 caractères pour le rendre plus compréhensible. Le nombre de sorties dépend du modèle d'automate.

de sortie 1
Sortie 2 Lampe
Sortie 3 Alarme
Sortie 4 Éjecteur

8.3 Minuteries.

Les minuteries sont toujours nécessaires. Chaque processus nécessite au moins une opération de temporisation, même si l'application n'est pas si critique.

La plupart des fabricants d'automates affichent la "puissance" de leur automate par le nombre et/ou la précision des temporisateurs dont dispose un utilisateur.

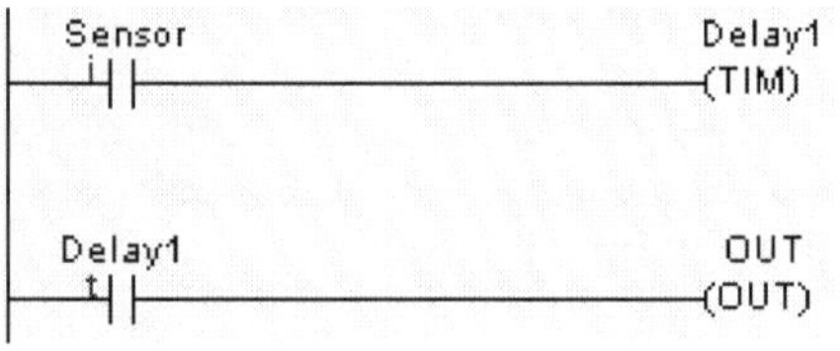

Logique à relais typique pour l'utilisation de temporisateurs .

Chaque temporisateur a les paramètres suivants :

a) Valeur de réglage ou valeur de consigne (également point de consigne)
b) Valeur actuelle ou actuelle.
c) Les contacts affectés à la minuterie particulière.

Lorsqu'une minuterie est activée, la synchronisation dynamique (la façon dont le temps compte) est stockée dans un registre ou une mémoire accessible au programmeur. Cette mémoire est connue sous le nom **de valeur actuelle,** valeur actuelle de la minuterie ou simplement **horodatage** .

Toute temporisation peut être activée par un contact qui doit rester actif pendant tout le processus de temporisation, sinon l'action de temporisation ne fonctionnera pas et sera redémarrée à chaque fermeture du contact.

Vous pouvez avoir une minuterie directement connectée, sans aucun contact contrôlant l'action d'activation. Dans ce dernier cas, la minuterie démarrera immédiatement, car aucun contact (conditions) n'est nécessaire pour activer le processus.

Il existe trois types de minuteurs, selon l'action qui se produit, une fois avec le temps écoulé :

Délai ON, Délai OFF et Rémanent.

- **Délai de mise sous tension (ON Delay)**

  Si l'entrée est active, la temporisation démarre immédiatement et le temporisateur ferme son contact une fois terminé.

- **Délai de mise hous tension (OFF Delay)**

  Lorsque l'entrée est activée, le contact du temporisateur se ferme presque simultanément. Lorsque l'entrée disparaît ou devient inactive, la temporisation démarre, mais le contact de temporisation ne s'ouvre qu'à la fin de l'action de temporisation.

- **Minuteries rémanentes :**

  Après une action d'activation, pour un contact donné, l'opération de temporisation commence. Si le contact n'est pas actif pendant un certain instant, le temporisateur conserve la valeur actuelle et continuera à compter le temps restant, uniquement lorsque l'entrée sera à nouveau activée. Cette minuterie ne perd jamais les informations de temps écoulé. Au lieu de cela, il garde une trace jusqu'à ce que le chronométrage soit terminé.

L'entrée de déclenchement peut être n'importe quelle entrée interne ou externe.

La minuterie a quelques concepts importants :

- Chaque temporisateur a également un numéro ou un nom pour le différencier des autres.
- La base de temps est également une caractéristique liée à la précision du temporisateur. En règle générale, un multiplicateur est utilisé pour définir le temps afin d'obtenir des temps plus précis. Par exemple, si le temporisateur est réglé sur k50 et que la base de temps est 0,1, le temps réel sera :

  50*0,1 s = 5 s.

- Généralement, les fabricants proposent deux bases d'heure différente :

  0,1 ou 0,01 s.

- Dans certains automates, la valeur actuelle du temporisateur peut être utilisée pour prendre des décisions de contrôle pendant que le temporisateur est toujours en cours d'exécution, comme l'activation d'une sortie entre un intervalle de temps spécifique ou à n'importe quel moment précis.

  Exemple :

  Si un PresentValue (Timer1) > 25 **Alors** ...

8.3.1 Minuteries selon les fabricants.

- **Siemens**

  Les automates Siemens ont trois types de temporisateurs différents : TON, TONR et TOF.

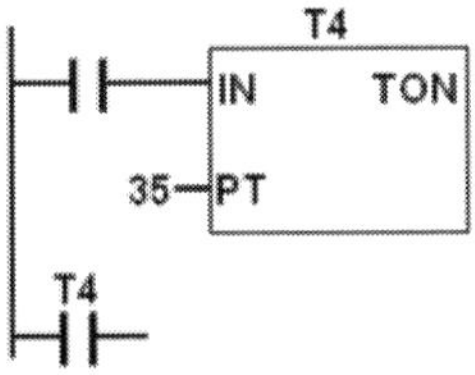

  L'entrée IN est utilisée pour activer ou activer les temporisateurs. À l'entrée PT, l'utilisateur peut définir la valeur prédéfinie.
  La base de temps dépend du numéro de temporisateur sélectionné et doit être consultée dans le manuel de l'automate utilisé. Par exemple, T0 est de 1 ms, T1 est de 10 ms et T5 est précis à 100 ms.

- **Allen Bradley :**

  Les automates Allen Bradley ont trois types différents de temporisateurs : retard à l'activation (TON), retard au déclenchement (TOF) et temporisateur rémanent (RTO).

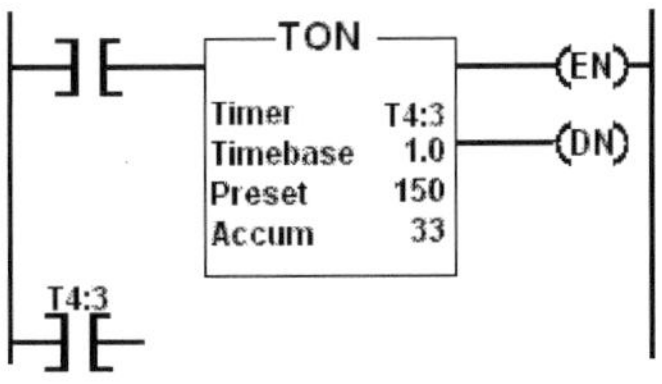

- **General Electric**

  Les API GE ont deux types de temporisateurs : ONtimer et OffTimer .

Les minuteries sont activées avec le signal de gauche . La base de temps est précise à 1 ms.

- **AutomationDirect**

  Les automates Automation Direct disposent de quatre types de temporisateurs différents : TMR, TMRF, TMRA, TMRAF. Les premiers ont une base de temps de 0,1 seconde, ceux avec F à la fin ont une base de temps de 0,01 seconde.

La valeur Preset dans les exemples à gauche est une constante, mais elle peut être remplacée par un registre de mémoire qui permet de programmer cette valeur à partir d'un autre appareil, tel qu'un panneau de commande.

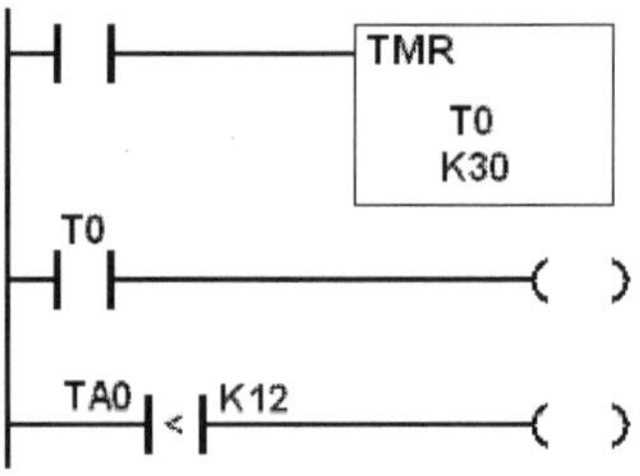

La valeur actuelle d'un temporisateur donné est accessible en demandant la TAXE, où X est le numéro du temporisateur. Par exemple, une minuterie de 10 secondes nommée T3 aura la synchronisation en temps réel stockée dans le registre TA3.

- **Triangle Research**

Les temporisateurs Triangle Research sont préalablement définis dans un tableau, où le nom et la valeur à temporiser sont attribués. La base de temps est 0,1.
Pour les modèles avancés, appelés Super automates, les temporisateurs peuvent être utilisés de plusieurs manières, via des instructions paramétriques en langage de base.

SetTimerSV :
Pour définir la SETVALUE d'une minuterie donnée à tout moment.

GetTimerSV :
Pour demander la valeur SET d'un temporisateur donné à tout moment pendant l'exécution du programme.

Temporisateur PV [n] : Pour demander la VALEUR COURANTE d'un temporisateur spécifique à tout moment.

RETARD:
Pour créer un petit délai lors de l'exécution d'un petit programme de base dans une fonction CusFn

Exemples:

SetTimerSV 1.2000.
Réglez la minuterie 1 sur 200 secondes
SetSV 2, GetSVTimer (1)+10.
Réglez la minuterie 2 sur la valeur d'une autre minuterie (numéro 1) et ajoutez la valeur de 10 (1 sec).

8.4 Comptables.

Comme les temporisateurs, les compteurs représentent une caractéristique très importante pour déterminer les capacités technologiques d'un automate.

Les compteurs permettent de compter des actions de multiples possibilités : cycles machine, tours, pièces produites, rebuts, temps d'arrêt, positions, puissance, énergie, etc.

À de nombreuses occasions, ils peuvent compter les impulsions d'un encodeur pour déterminer une position.

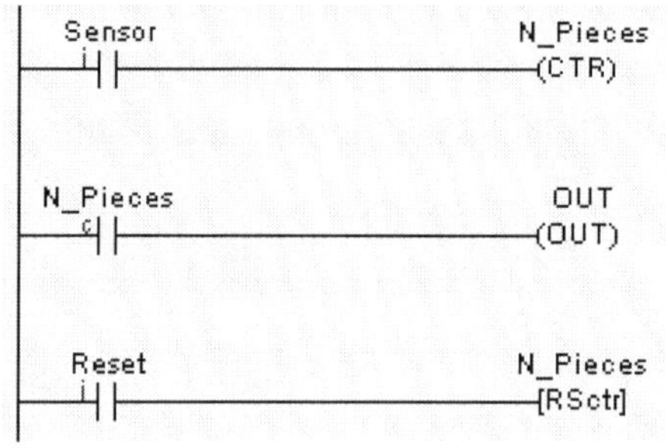

Logique à relais typique pour l'utilisation de compteurs.

Le compteur a les paramètres suivants :

1. Numéro ou nom du compteur.
2. Valeur de comptage (SetValue).
3. Enregistrement de la valeur actuelle ou actuelle.
4. Entrées ascendantes/descendantes (Haut/Bas).
5. Entrée de réinitialisation (Reset).
6. Les contacts affectés au compteur.

Les compteurs peuvent être classés en :

Croissant (Incremental), Décroissant (Decremental) et Réversible.

Les compteurs incrémentiels peuvent compter de zéro à une certaine valeur ou à une valeur définie (SetValue).

Les décompteurs comptent d'une valeur donnée (Set Value) à zéro.

Les compteurs réversibles ont deux entrées :

un pour compter et un pour décompter.

Les entrées Up et Down ou les deux sont utilisées pour envoyer les impulsions de comptage. Lorsqu'un compteur atteint sa valeur de consigne, il active ses contacts pour notifier que le comptage est terminé. Parfois, il se réinitialise et recommence à compter.

Certains fabricants n'ont pas d'entrée RESET pour le compteur et vous devez utiliser une autre instruction pour réinitialiser le compteur.

Compteurs à grande vitesse.

Il y a des cas où les actions de comptage doivent être à grande vitesse, et puisque l'automate comprend déjà des entrées qui répondent rapidement aux changements, les compteurs normaux trouvés dans l'automate ne fonctionneront pas correctement. Cela est dû au fait que l'API prend un certain temps pour exécuter toutes les instructions de contrôle dans le programme et plusieurs millisecondes s'écouleront avant d'exécuter l'instruction d'état d'entrée de comptage de lecture.

Une combinaison d'entrées à grande vitesse, d'interruptions et d'instructions spéciales est utilisée pour éviter de perdre des comptes.

les compteurs logiciels ne peuvent pas être utilisés et des modules avec un matériel spécifique doivent être utilisés. Ces modules ont une circuiterie spéciale, avec des processeurs autonomes, qui n'occupent pas le temps de traitement de la CPU du contrôleur qui enregistre les données.

8.4.1. Compteurs selon les fabricants.

- **Siemens**

  Dans certains automates comme le S7-200, il y a 256 compteurs qui peuvent être nommés C0 à C255. Une fois que vous avez sélectionné un compteur, vous devez utiliser un numéro différent pour tous les autres types de compteurs que vous prévoyez d'utiliser dans le reste de votre programme.

  Selon la CPU, vous pouvez avoir jusqu'à 6 compteurs rapides allant de HSC0 à HSC5.

- **Allen Bradley:**

  Dans certains automates, tels que Micrologix , il existe 256 compteurs qui peuvent être nommés C0 à C255. Une fois que vous avez sélectionné un compteur, vous devez utiliser un numéro différent pour tous les autres types de compteurs que vous prévoyez d'utiliser dans le reste de votre programme.

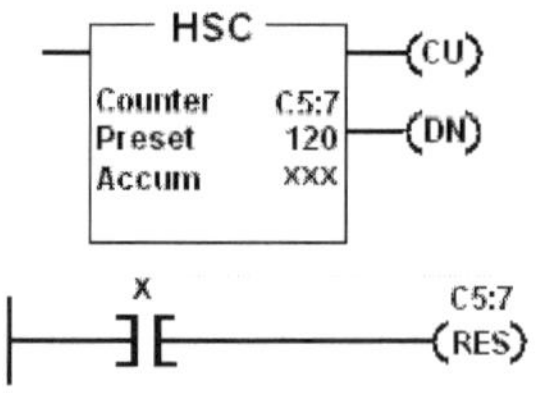

X peut être l'un des suivants :

- Un contact NO d'une entrée, pour réinitialiser le compteur manuellement
- Un bit correspondant au numéro du compteur, tel que :

C 5:# /13 Notification Prêt . Ce bit est défini lorsque le compteur atteint la valeur prédéfinie. Vous pouvez également utiliser la notation suivante : C 5:# /DN

Certains autres bits peuvent être utiles lorsque vous travaillez avec des compteurs, en voici quelques-uns :

C 5:# /10 Mise à jour du bit d'accumulateur.
Ce bit est défini lorsque l'accumulateur du compteur a été mis à jour. (Aussi C 5:# /AU)
C 5:# /11 Bit de débordement bas.
Ce bit est activé tant que l'accumulateur du compteur est en dessous de la valeur prédéfinie . (Aussi C 5:# /ONU)

C 5:# /12 Bit de débordement.
Ce bit est activé tant que l'accumulateur du compteur est au-dessus de la valeur prédéfinie . (Aussi C 5:# /OV)

- **General Electric**
  Compteurs pouvant être nommés de C0 à C255. Une fois que vous avez sélectionné un compteur, vous devez utiliser un numéro différent pour tous les autres types de compteurs que vous prévoyez d'utiliser dans le reste de votre programme.

Le compteur compte de zéro à une valeur donnée, définie par XXXX. La valeur courante est stockée dans un registre d'entrée R###

XXX peut également être un enregistrement. Les registres peuvent être sélectionnés de R1 à R500.

- **AutomationDirect**

  Les compteurs des automates Automation Direct sont définis comme CTX. Où X est un nombre avec une numérotation octale (0-7, 10-17, 20-27, etc). Une fois que vous avez sélectionné un compteur, vous devez utiliser un numéro différent pour tous les autres types de compteurs que vous prévoyez d'utiliser dans le reste de votre programme. Il existe deux types de compteurs. Les normales et le compteur haut/bas.

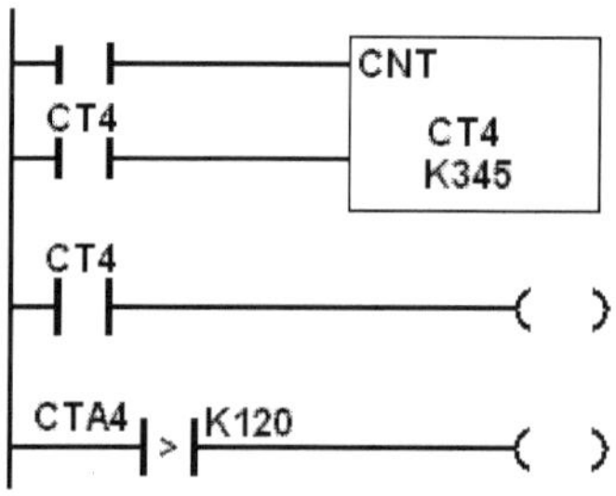

- **Triangle Research**

Les compteurs sont préalablement créés dans la table Compteurs, dans les tables d'E/S. Les séries E10 et H ont moins de compteurs que les séries plus sophistiquées comme M et F.

Il est possible d'exploiter les informations des compteurs, grâce à des instructions écrites en langage Basic.

SetCtrSV :
Pour programmer à tout moment la SETVALUE d'un compteur donné.

GetCtrSV ( )
Pour demander la SETVALUE d'un compteur donné à tout moment pendant l'exécution du programme.

CtrPV [n]
Pour demander à tout moment la VALEUR ACTUELLE d'un compteur donné.

Exemples:

SetCtrSV 3.2489.
Réglez le compteur 3 pour compter jusqu'à 2489.

SetCtrSV 4, GetCtrSV (1)+15.
Réglez le compteur 4 sur la valeur d'un autre compteur (le nombre 1) et ajoutez la valeur de 15.

8.5 Séquenceurs.

Dans certains cas, il est nécessaire de développer des programmes de contrôle où aucune logique complexe n'est nécessaire autre que l'activation des sorties sur demande spéciale. Cela peut être facilement compris si vous avez observé le fonctionnement des boîtes à musique.

Une boîte à musique est en fait un séquenceur. Il est composé d'un tambour avec un grand nombre de goupilles qui peuvent être espacées sur toute la surface du cylindre comme le montre l'image ci-dessous.

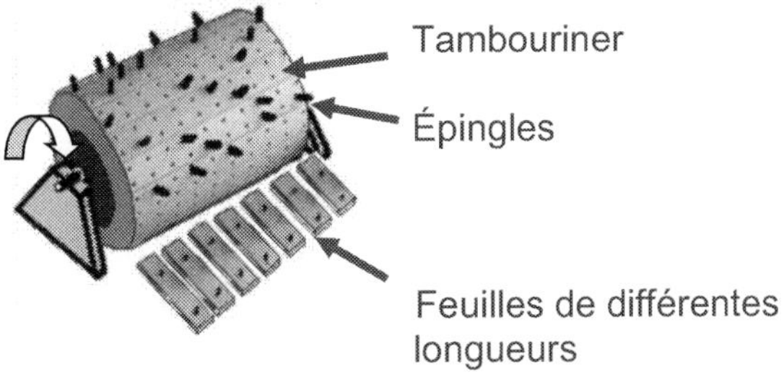

Boîte à musique mécanique

À côté du tambour, il y a des plaques ou des feuilles vibrantes, de différentes longueurs, qui sont touchées par les broches. Leur longueur différente signifie qu'ils peuvent vibrer à des fréquences différentes, pour produire un son différent.

La mélodie est créée par la combinaison de sons et, dans ce cas, par la combinaison de broches qui jouent une feuille spécifique.

Vous remarquerez qu'à tout moment, vous pouvez avoir des combinaisons de broches touchant une, aucune ou toutes les cartes. C'est votre décision : la façon dont vous combinez les broches pour produire une mélodie.

Le tambour peut tourner à une vitesse fixe pour s'assurer que la mélodie suit un rythme.

Le séquenceur est le tambour, les rangées de broches qui touchent les plaques peuvent être supposées être la sélection de pas et enfin, les anches peuvent être supposées être les sorties de l'automate.

Par exemple, supposons que nous voulions activer les sorties une par une jusqu'à atteindre la dernière, alors nous devons recommencer le cycle de la première sortie à la dernière. Il s'agit d'une séquence qui suit les étapes :

1ère étape ...Allumer la sortie 1
2ème étape ... Éteignez la sortie 1 et allumez la sortie 2
3ème étape .... Désactiver la sortie 2 et activer la sortie 3
4ème étape .... Éteignez la sortie 3 et allumez la sortie 4
5ème étape .... Désactivez la sortie 4 et revenez à 1ère étape

Ce serait un séquenceur à 4 pas puisque le 5ème pas est égal au 1er pas .

Si nous utilisons une lampe pour chaque sortie, vous pouvez voir l'effet visuel de la séquence comme ci-dessous :

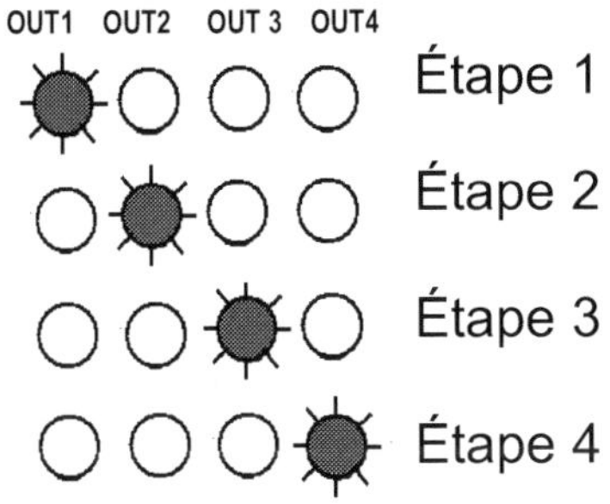

La vitesse de saut, d'une étape à l'autre, est déterminée par un signal interne qui, selon l'implémentation et la technologie de l'automate, peut être l'une des suivantes :

- Un bit spécial ou un signal d'horloge.
- Un signal de contact d'un capteur.
- Un signal de contact d'une minuterie ou d'un compteur.

Sur certains séquenceurs puissants, vous pouvez sélectionner pour chaque pas le type de signal pour activer le saut au pas suivant.

Vous devez d'abord considérer les concepts suivants pour spécifier un séquenceur :

1. Numéro ou nom du séquenceur.
2. Nombre d'étapes.
3. Passer à une étape spécifique.
4. Réinitialisation du séquenceur.

Bien sûr, il est possible de créer des séquenceurs avec d'autres instructions comme des temporisateurs et des compteurs, mais le grand avantage de les avoir prêts comme une seule instruction est que vous n'avez pas à vous soucier de la programmation.

8.5.1 Numéro ou nom du séquenceur.

L'implémentation d'un séquenceur nécessite beaucoup de ressources CPU internes. Le nombre de séquenceurs au sein d'un automate est toujours limité. Si le processeur API est très puissant, 5 à 10 séquenceurs peuvent être un bon nombre.

La plupart des grands constructeurs d'automates permettent d'avoir plus d'un séquenceur et pour identifier le séquenceur utilisé, on peut y apposer un numéro ou une étiquette, comme on peut le voir sur le graphique ci-dessous :

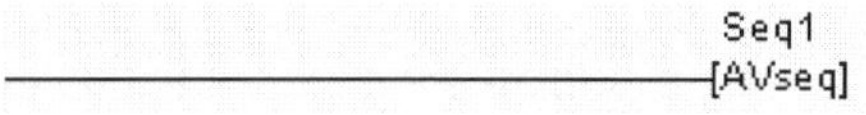

Représentation d'un séquenceur.

Le séquenceur peut être considéré comme une instruction distincte. Dans le graphique l'instruction est « AVseq ». Le nom du séquenceur est "Seq1", mais il pourrait avoir un nom différent comme " SpecialSeq ".

8.5.2 Nombre de pas d'un séquenceur

Le nombre d'étapes, comme le nombre de séquenceurs, dans un automate est limité.

Le nombre maximal d'étapes varie d'un fabricant à l'autre, mais il est généralement d'environ 30 étapes.

Chaque étape peut avoir un contact comme celui illustré dans la figure suivante :

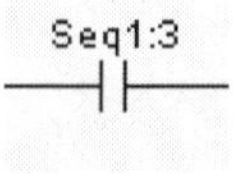

Contact pour l'étape 3 (étape 3) du séquenceur 1

La notation est la suivante :

SéqX :Y

où « X » peut être remplacé par le numéro de séquenceur (si autorisé) et « Y » est le pas de séquenceur. Dans ce cas, nous parlons de la troisième étape du séquenceur 1.

8.5.3 Passer à une étape spécifique.

Parfois, vous ne souhaitez pas continuer avec la séquence normale, mais souhaitez passer à une étape spécifique de la séquence. Il peut s'agir d'étapes avant ou après l'étape de séquence actuelle. Ces sauts doivent toujours être dans le même séquenceur. Pour Ces cas, il est nécessaire d'utiliser une instruction spéciale qui, après avoir rempli une certaine logique, vous permettra de passer à l'étape souhaitée.

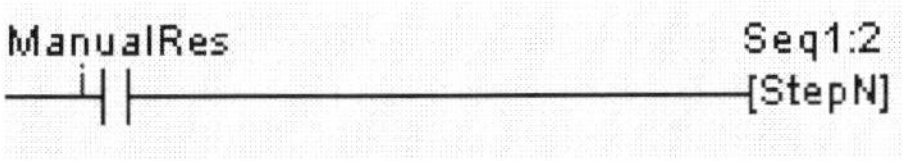

Instruction pour sauter une étape.

Dans le graphique ci-dessus, une entrée appelée ManualRes , qui peut être un interrupteur, est utilisée pour sauter à l'étape 2. Cela signifie que quel que soit l'étape actuelle du séquenceur, appuyer sur l' interrupteur ManualRes fera passer la séquence à l'étape 2.

8.5.4 Réinitialisation du séquenceur.

Comme il n'est pas toujours nécessaire d'utiliser le nombre maximum d'étapes, mais celles strictement nécessaires à la séquence de contrôle, il existe un moyen de relancer la séquence à tout moment. Ceci peut être accompli en utilisant l'instruction de réinitialisation de la séquence. La plupart des séquenceurs utilisent un compteur pour compter les pas, ce signal est donc similaire à ceux utilisés sur les compteurs pour réinitialiser le compteur.

Généralement, la logique utilisée pour réinitialiser le séquenceur est un numéro d'étape (pour avoir une réinitialisation automatique) ou un autre signal d'entrée externe, comme une entrée push, pour réinitialiser manuellement le séquenceur, à tout moment.

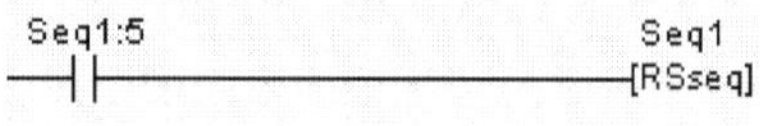

Instruction pour redémarrer le séquenceur.

Le graphique ci-dessus montre que le pas numéro 5 réinitialisera le séquenceur un.

En bref, un programme complet utilisant un séquenceur ressemblerait à ceci :

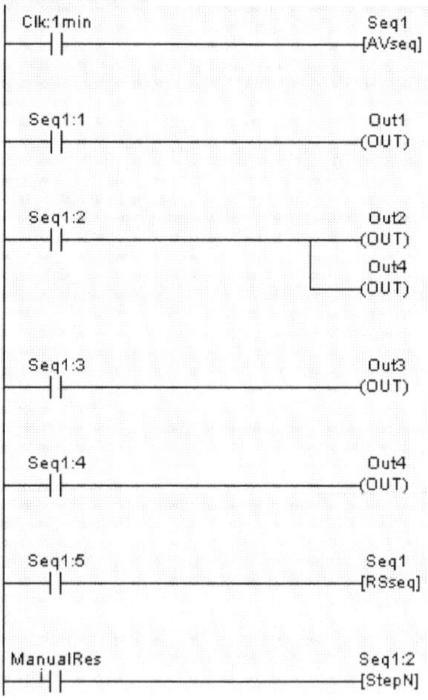

Programme de séquenceur complet

Il est important de noter qu'à chaque étape, nous pouvons activer les sorties souhaitées. Dans la deuxième étape, les sorties 2 et 4 sont activées en même temps.

Certains constructeurs offrent la possibilité d'avoir un séquenceur sous forme d'instruction graphique unique. C'est comme avoir un tableau à remplir, où l'on peut sélectionner toutes les fonctions du séquenceur : comment et quand sauter, quoi activer à un certain pas, quand relancer la séquence, etc.

8.6 Opérations logiques et mathématiques

Bien que ces instructions ne soient pas l'objet de ce livre, car elles seront couvertes dans certains des futurs livres, il est utile d'avoir une brève explication.

Les informations à l'intérieur de l'automate peuvent provenir de différentes sources : l'heure courante d'une temporisation, la valeur de consigne d'un compteur, le pas courant d'un séquenceur, la vitesse d'un moteur commandé par l'automate, etc. Toutes ces informations sont traitées comme un groupe de 0 et de 1 (0 et 1 sont les nombres d'un code binaire) dans les registres et la mémoire de l'automate.

Pour certains automates, il est possible d'exploiter ces données via un ensemble d'instructions nouvellement disponibles.

Pour prendre des décisions et des calculs, vous devez utiliser des opérateurs :

Décision : $<$, $>$,= ,≠, ≥
Mathématiques : SOMME, SOUSTRAIRE, MUL, DIV, MOD.
Logique : AND, OR, XOR, EXOR, SHIFT, ROT.

Par exemple, vous pourriez dire :
Si la température est supérieure à 30 ^{0}C activer la sortie 3.
Dans Logique à Relais, cela pourrait être :

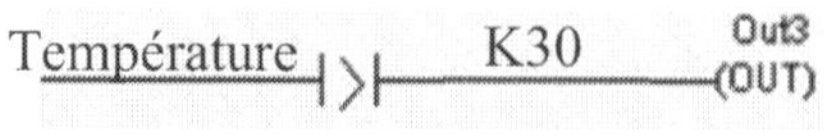

Exemple avec des opérateurs logiques

Le symbole de contact a une donnée de chaque côté : Température et K30. Vous remarquez également que le contact a un symbole interne "Supérieur à", ce qui signifie que le contact comparera les deux données.

Dans ce cas, la variable Température est calculée quelque part dans le programme de l'automate et stockée dans une mémoire, un registre ou une variable. La constante 30 correspondant à 30 degrés est accompagnée d'une lettre K, pour indiquer qu'il s'agit d'une constante et qu'elle diffère d'un code de caractère.

La plupart des API ont des instructions pour représenter n'importe laquelle des opérations mathématiques, cependant, si vous devez effectuer des calculs complexes, cela devient une tâche difficile. À cette fin, certains autres fournisseurs d'automates ont implémenté des langages de haut niveau comme C ou Basic. Il permet à l'utilisateur d'écrire un calcul très complexe en utilisant des instructions de programmation standard.

La combinaison de Logique à Relais et d'un langage de programmation est une combinaison puissante et riche.

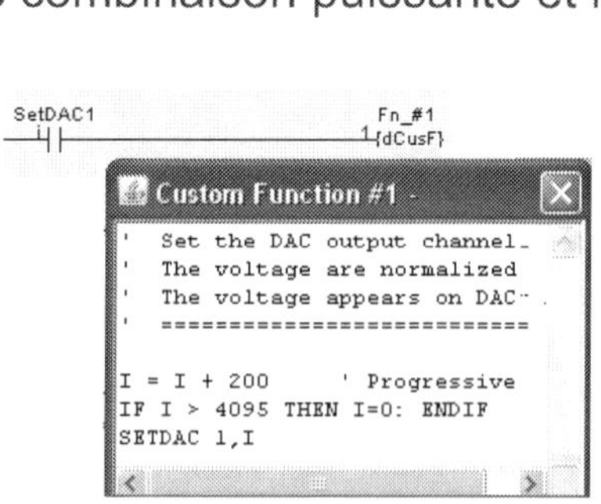

Un signal à l'entrée exécutera un programme en langage Basic.

Dans le graphe, si l'entrée setDAC1 est active, un nouveau programme écrit en langage BASIC sera exécuté.

Caractéristiques : Plus un automate peut offrir de fonctionnalités logicielles, plus l'utilisateur peut écrire un programme rapidement ou facilement.
Certains fabricants proposent l'un des deux types de fonctions :

1. Fonctions prédéfinies pour exécuter des instructions répétitives ou longues, telles que le déplacement d'un tableau de données de la mémoire d'un emplacement à un autre.
2. Fonctions définissables par l'utilisateur où le programmeur peut écrire ses propres formules et programmes et les exécuter comme un appel de routine, qui peut se produire à tout moment, à partir d'autres parties du programme.

La dernière option est très importante car elle permettra de gagner beaucoup de temps lors de la programmation des automates.

Encore une fois, vous n'avez pas à vous soucier de ces instructions car nous les apprendrons et les mettrons en pratique dans notre deuxième livre.

Questions

1. Quels éléments logiciels sont utilisés pour écrire un programme Logique à Relais ?
3. Qu'est-ce qui est mieux ? Instructions de base simples ou plusieurs instructions puissantes ?
4. Comment représenter un contact NC ?
5. Quand un contact NO est-il connu pour être fermé ?

6. Quand les contacts sont-ils utilisés dans un programme à contacts ?
7. Dans un logiciel, comment un contact est-il représenté lorsqu'il est passé à l'état opposé ?
8. Qu'est-ce qu'un contact immédiat ?
9. Qu'est-ce qu'un contact commandé par les bords ?
10. Quand avez-vous la détection des fronts positifs et négatifs ?
11. Que sont les relais spéciaux ?
12. Quel est le but d'utiliser un First Scan Relay ?
13. Qu'est-ce qu'un contact "toujours actif" ?
14. Expliquez pourquoi les bobines sont internes ou externes.
15. Une bobine peut-elle apparaître plus d'une fois dans un programme à contacts ?
16. Quand dit-on qu'une bobine est excitée ou activée ?
17. Expliquer le fonctionnement de tous les types de minuteries disponibles dans Logique à Relais.
18. Quelle est la base de temps ?
19. Quelle est la valeur actuelle dans une minuterie ?
20. Qu'advient-il du temps, si via Logique à Relais, nous désactivons le minuteur à tout moment ?
21. Combien de contacts pouvons-nous utiliser à partir d'une minuterie donnée ?
22. Comment pouvez-vous dire à propos de l'exactitude du temps ?
23. Quel est le temps minimum que nous pouvons atteindre avec une minuterie ?
24. Expliquer les paramètres à considérer lors de l'utilisation d'un compteur.
25. Que se passe-t-il si après quelques comptages, un compteur n'obtient plus d'impulsions ?
26. Que se passe-t-il si le compteur RESET est toujours activé ?
27. Qu'est-ce qu'un compteur incrémental (compteur) ?
28. Comment fonctionne un décompteur ?
29. Pourriez-vous nous expliquer le fonctionnement d'un compteur réversible ?

30. Quand utilise-t-on un compteur rapide externe ou un module compteur rapide ?
31. Pourriez-vous expliquer comment fonctionne un séquenceur ?

[9. PROGRAMMATION EN LOGIQUE À RELAIS]

Ce chapitre est une étude complète de la programmation Logique à Relais. Présente les règles pour faire un programme de contrôle avec API.

9. Programmation en logique à relais.

L'utilisation de Logique à Relais est répandue et même s'il existe de nouveaux développements dans les méthodologies de programmation, il est toujours très populaire. Entre autres raisons, parce que c'est vraiment lié aux personnes ayant une formation en électricité et c'étaient les professionnels qui s'occupaient de programmer les automates dans les industries. Cette affirmation n'est plus valable, puisque certaines autres disciplines de la connaissance humaine ont appris à développer des programmes de contrôle, en utilisant une méthodologie proche de leurs propres intérêts.

Actuellement, on pourrait dire que la programmation Logique à Relais est applicable à tous les types de projets. Cependant, nous devons préciser qu'il existe des situations où une autre méthodologie produit de meilleurs résultats en termes de temps de programmation, de facilité, de résolution de problèmes ou de simplicité.

9.1 Transformation d'un schéma électrique en circuit en échelle.

Si vous souhaitez apprendre les bases de l'électricité, nous avons inclus une section à la fin du livre. Si vous avez besoin de rafraîchir vos connaissances ou si vous n'êtes pas familier avec le jargon électrique, lisez d'abord cette annexe.

Pour mieux comprendre les concepts d'un programme en échelle, considérons d'abord quatre éléments physiques :

Une **ampoule (lamp)** , un **interrupteur (interruptor)** , une **prise secteur (AC Outlet)** et le **connecteur mâle** .

Dans le dessin suivant, vous pouvez voir la manière dont nous avons interconnecté les différents appareils pour avoir un circuit électrique fonctionnel.

Pour des raisons pratiques, nous avons omis le fusible, qui est le dispositif de sécurité pour protéger le circuit contre les dommages électriques.

Une borne de chaque appareil est reliée à l'une des bornes de l'autre. La prise secteur est la source d'alimentation utilisée pour alimenter la lampe une fois que nous fermons l'interrupteur.

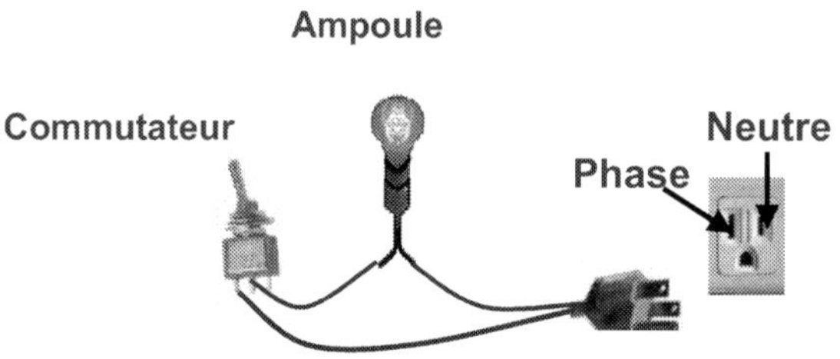

Véritable circuit électrique pour allumer ou éteindre une ampoule.

La représentation électrique du circuit ci-dessus est la suivante.

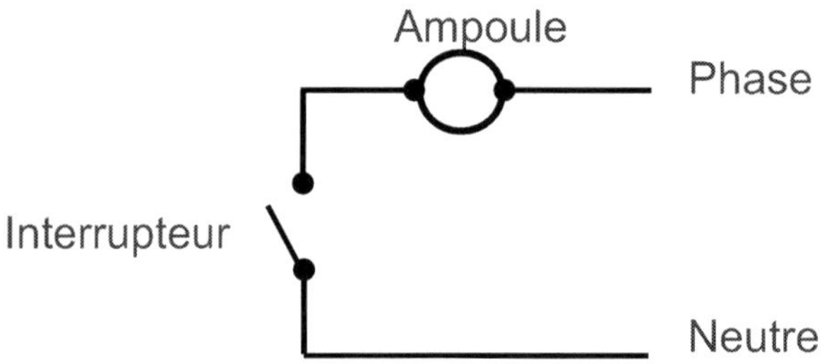

Schéma électrique pour contrôler une ampoule.

Chaque appareil a été remplacé par un symbole qui vous permet d'avoir une compréhension aisée du fonctionnement.

Tant que l'interrupteur est ouvert, aucun courant ne circule dans le circuit. Pour allumer la lampe, il faut que toutes les bornes de la lampe soient connectées à celles de l'alimentation.

Lorsque vous fermez l'interrupteur, il peut être considéré comme un fil normal permettant au courant de circuler sans restriction.

Dans ce cas, nous avons une source CA qui fournit un courant qui circule d'abord dans un sens (de la phase (chaud) au neutre (neutre)) puis dans le sens opposé (du neutre à la phase) à une fréquence de 50 fois par seconde (50 Hertz). Dans certains pays, cette fréquence est de 60Hz.

En remplaçant la prise CA (alimentation) et en utilisant une source CC à la place, le courant circulera dans une seule direction.

Notez que les bornes d'alimentation sous tension et neutre ont été dessinées sous la forme de deux lignes verticales qui s'étendent vers le bas lorsque davantage de circuits ou de dispositifs parallèles sont nécessaires. La représentation électrique peut être redessinée comme indiqué ci-dessous.

En général, vous pouvez supposer que les deux lignes verticales sont la source d'alimentation, qu'elles proviennent d'une source CA ou CC. Tous les éléments du circuit peuvent être dessinés horizontalement.

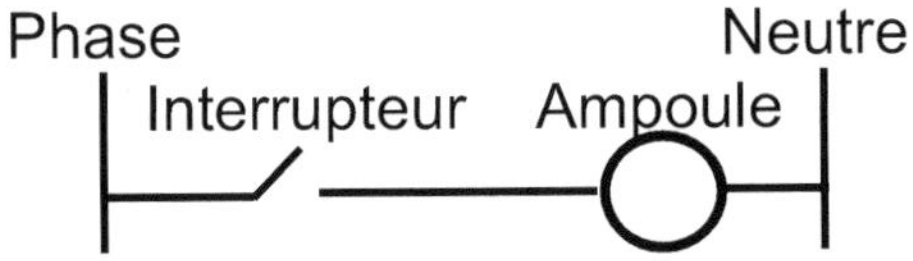

Re-dessiner le schéma électrique de l'ampoule.

La représentation en échelle utilise la même analogie que le schéma électrique. Cependant, dans le graphique ci-dessous, vous pouvez remarquer que la borne verticale de droite, de l'alimentation, a été retirée. Chaque symbole électrique est maintenant remplacé par une représentation graphique qui doit suivre certaines règles.

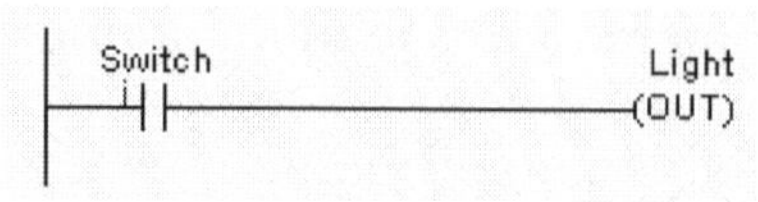

Programme Logique à Relais pour contrôler l'état de l'ampoule.

9.2 Un programme en échelle.

Un programme à relais est basé sur la combinaison des éléments logiciels que vous connaissez déjà, plus d'autres pour les automates plus avancés, pour développer un système de contrôle.

Les programmes à contacts sont constitués de lignes ou **de lignes de commande (échelons)** , qui peuvent être aussi nombreuses que le permet la mémoire du programme de l'automate. En général, une ligne de contrôle est constituée d'une logique et d'actions.

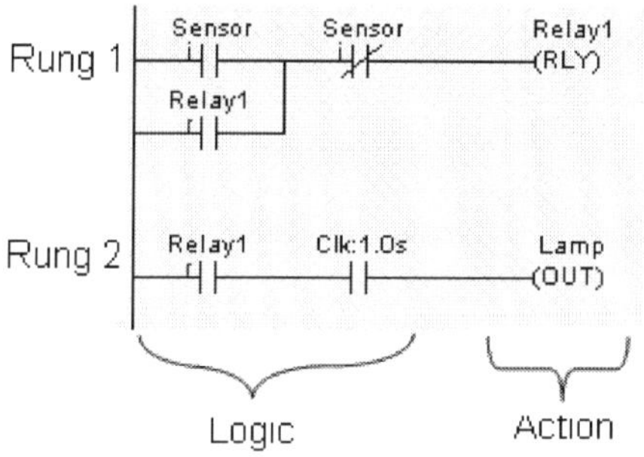

Notions de Ligne, de logique et d'action.

Juste en dessous de la dernière ligne, certains fabricants utilisent une action ou une bobine END pour notifier que le programme de l'automate est terminé.

Dans chaque ligne, une combinaison de contacts (logique) détermine l'activation d'une sortie (action).

Considérez le programme à contacts suivant :

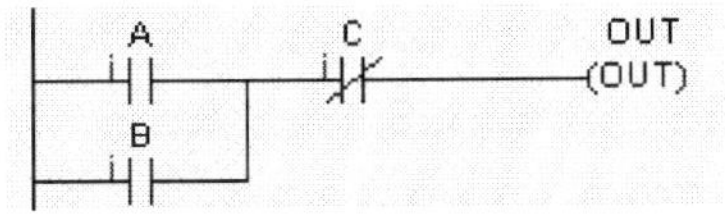

Logique à relais pour activer une sortie.

Dans la première ligne pour activer la sortie OUT, au moins un des chemins électriques doit avoir tous les contacts fermés. Dans le graphique, vous pouvez voir qu'il y a deux chemins possibles.

Chemin 1

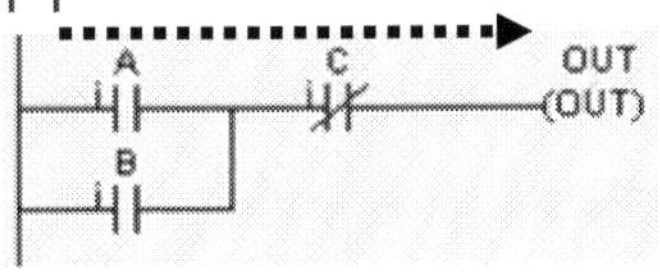

Premier chemin pour activer une sortie.

Pour activer la sortie, le contact A, qui est ouvert, doit se fermer. Le contact C est déjà fermé. Pour la Route 1, il vous suffit d'activer ou de fermer le contact A.

Chemin 2

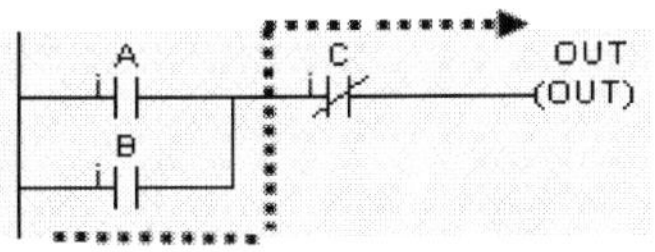

Deuxième route pour activer une sortie.

Pour activer la SORTIE, le contact B, qui est ouvert, doit être fermé. Le contact C est déjà fermé. Pour la voie 2, il vous suffit d'activer ou de fermer le contact B.

La sortie OUT restera "on" ou "sous tension" tant qu'un ou les deux contacts (A ou B) sur l'un ou l'autre chemin sont fermés.

Pour **la logique,** vous pouvez avoir des connexions de contact série ou parallèle, provenant de :

> Entrées, sorties, relais, temporisateurs et compteurs. Moins fréquemment à partir de séquenceurs et de certaines instructions logiques ou mathématiques.

Pour **les actions** , vous ne pouvez avoir que :

> Sorties, relais internes, compteurs, temporisateurs, logique de niveau de bit, opérations mathématiques et instructions de fonction pour gérer les données.

9.3 Relais de contrôle maître

L'une des applications les plus courantes des circuits électriques, qui est appliquée en logique câblée, est le **relais de commande maître** (MCR). Ce circuit a également une représentation dans les diagrammes Logique à Relais.

Il existe deux manières d'utiliser un relais de contrôle maître :

Un relais réel et un **relais logiciel.**

Le relais réel est un relais externe avec plusieurs contacts. La bobine de relais est alimentée par certains éléments de sécurité physiques tels que les boutons-poussoirs, les arrêts d'urgence et les interrupteurs de sécurité.

Le but du MCR est d'éviter l'opération de contrôle et l'activation des sorties, en cas d'urgence produit d'un fonctionnement incorrect ou dangereux. Les différents contacts de relais permettent de bloquer l'alimentation des modules de sortie ou de tout autre appareil externe.

Le bouton Arrêt représente tous les dispositifs de sécurité ou d'urgence qui mettront le MCR hors tension.

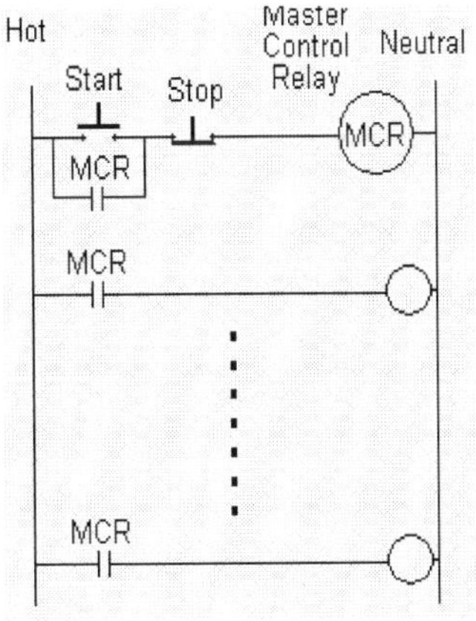

Utilisation d'un MCR dans un programme
de Logique à Relais.

L'API lui-même peut rester alimenté et actif, mais comme la tension peut être supprimée des sorties de l'API, tous les éléments de contrôle finaux connectés à l'API sont forcés dans un état sûr, comme lorsque la machine est éteinte.

La principale raison de maintenir l'API sous tension, même si les sorties sont hors tension, est que le processus peut continuer à partir du même point où il se trouvait, avant l'arrêt soudain, une fois l'urgence résolue.

Si nécessaire, l'une des entrées de l'API peut être utilisée comme signal de retour pour informer l'API que le MCR a été désactivé et qu'il doit prendre des mesures de contrôle spécifiques et appropriées liées à l'arrêt d'urgence.

La version Logique à Relais du Master Control Relay (MCR) est un élément logiciel, disponible sur certains automates, qui permet de désactiver une ou un groupe de lignes de commande. Leur fonction est similaire aux relais physiques utilisés pour déconnecter un circuit.

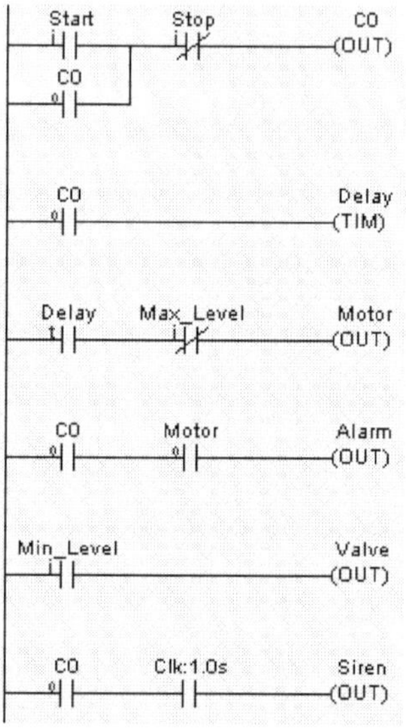

Remplacement du MCR par des instructions API normales.

Lorsque la CPU détecte qu'un MCR est actif, toutes les sorties des échelons suivants sont désactivées. Le processus est répété à chaque balayage jusqu'à ce que le MCR redevienne actif.

Certains fabricants d'API ont préféré ne pas utiliser une instruction MCR elle-même, car elle peut être implémentée à l'aide d'autres éléments logiciels courants.

Regardez le programme d'échelle. Vous remarquerez peut-être que C0 apparaît plusieurs fois dans le programme. Cela signifie que la sortie C0 (notre MCR) doit être active pour permettre le fonctionnement de chaque ligne de contrôle là où elle apparaît.

Quel que soit le programme de contrôle, tous les contacts qui appartiennent au même élément et qui n'ont rien en parallèle (comme les contacts C0) ou les **contacts** de n'importe quel MCR, sont appelés contacts « **à verrouillage** » .

L'interverrouillage est un moyen "d'autoriser" le fonctionnement d'une ligne de commande, puisque si le contact est ouvert, quel que soit l'état des autres éléments, la ligne ne fonctionnera pas.

Le programme suivant a le même fonctionnement que précédemment, mais introduit deux nouvelles instructions, spécifiques à un seul fabricant d'automate, appelées ILock et ILoff . Ils isolent clairement une partie d'un programme donné.

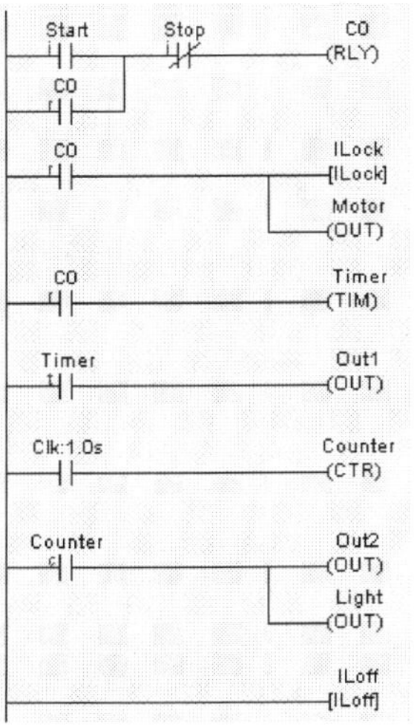

Utilisation des instructions de verrouillage.

A l'exception de la première ligne, le reste du programme est situé entre les instructions ILock et ILoff , ce qui signifie qu'il ne fonctionnera que lorsque l'instruction de verrouillage est active, elle-même dépendante de C0.

Lorsque C0 est activé, le programme sera exécuté ; sinon, il s'arrêtera car les instructions de verrouillage ne sont pas actives. Lorsque des instructions de verrouillage sont utilisées, le temps de scrutation est considérablement réduit car le CPU ne vérifie pas la logique impliquée et ignore pratiquement cette partie du programme.

9.4 Programmes Ladder Typiques.

Il existe plusieurs configurations typiques normalement utilisées dans un programme à relais.

9.4.1 Démarrer /Arrêter. (Start-Stop)

Vous pouvez utiliser ces lignes de contrôle dans la plupart des programmes que vous écrivez. Il vous donnera un moyen de démarrer ou d'arrêter l'exécution du programme. Ceci est également appelé MCR mais il est implémenté à l'intérieur de l'automate.

Il utilise deux boutons physiques (normalement ouverts) appelés Start et Stop. Dans le cas où l'un des boutons poussoirs externes et physiques est NC, il faut changer la consigne dans le programme et utiliser le symbole inverse : un contact NC pour Start (Start) ou un contact NO pour Stop (Stop).

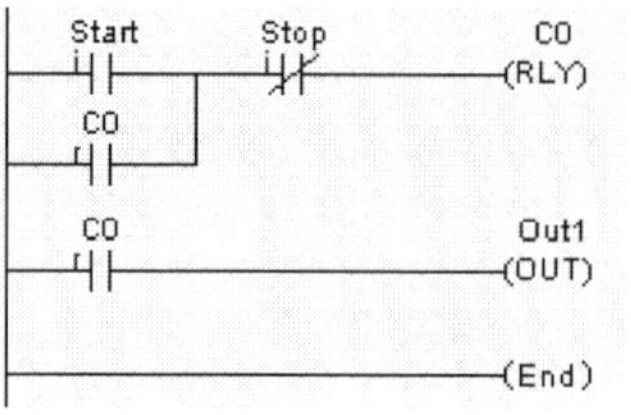

Programme pour contrôler une sortie.

Notez que la dernière ligne contient une commande **END** . Ceci est à titre indicatif car, comme mentionné ci-dessus, certains programmes de programmation l'exigeront.

Cette dernière ligne avec son instruction doit être à la fin de tout le programme, et c'est juste une méthode, utilisée par le

CPU, pour se rendre compte que le programme est stocké et doit y être exécuté.

Programme à contacts Start /Stop peut utiliser une sortie interne ou externe. Dans ce cas, nous utilisons une sortie relais interne, appelée C0. Pour l'instant, un seul contact est utilisé, mais c'est parce que le programme n'a que trois lignes de contrôle.

Vous pouvez utiliser autant de contacts que vous le souhaitez dans d'autres parties ou dans des programmes plus longs.

9.4.2 Utilisation des minuteries et de leurs contacts.

L'utilisation de minuteries dans les programmes Logique à Relais est très courante. À tout moment vous devrez temporiser (Delay) ou attendre un moment avant de commencer une nouvelle action.

Il vous suffit de définir la manière d'activer la minuterie pour l'utiliser. Dans le programme ci-dessous, un contact C0 est utilisé pour activer la minuterie.

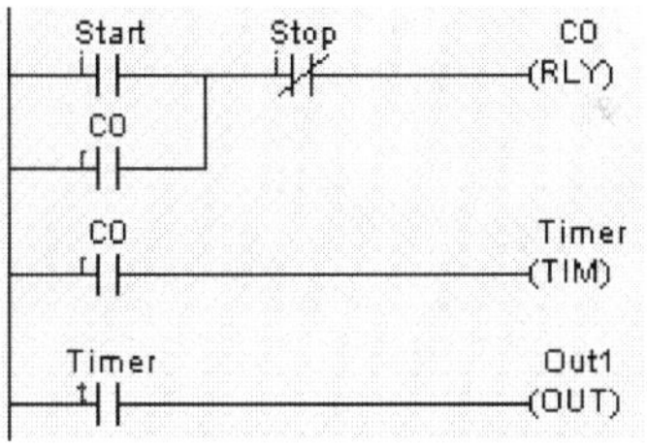

Programme simple pour utiliser une minuterie.

Si, pour une raison quelconque, vous n'utilisez aucune logique de contrôle pour activer le temporisateur et que le temporisateur a une connexion directe à la barre de bus gauche, le temporisateur commencera à chronométrer dès que l'automate est sous tension.

L'utilisation d'un chronomètre implique l'utilisation de l'information qu'il fournit : le temps total ou la valeur du temps qui s'est écoulé, jusqu'à un instant donné, pendant le processus de chronométrage.

Le temps écoulé est suivi de la fermeture de tout contact associé à la minuterie. Ces contacts adoptent le même nom.

CurrentValue ou PresentValue de la minuterie est un registre de mémoire qui peut être utilisé pour faire des comparaisons avec des valeurs spécifiques qui pourraient fournir une sortie ou un résultat utile.

Vous pouvez utiliser autant de contacts de minuterie que vous le souhaitez et les placer sur différentes lignes de programme pour générer des signaux de validation spécifiques.

Les lignes de contrôle contenant des contacts de minuterie peuvent être situées avant ou après la ligne où se trouve la minuterie. Mais cette situation, avec certains fournisseurs d'automates programmables, conduira à des résultats erronés.

9.4.3Utilisation des comptables et de leurs contacts.

Les compteurs sont des éléments qui peuvent également fonctionner avec ou sans signal de validation externe à l'automate. Cependant, ils nécessitent un signal de déclenchement qui doit être ouvert et fermé pour alimenter l'action de comptage. Un comptable ne compte pas par lui-même ; il nécessite des impulsions d'entrée qui agissent comme une horloge d'entrée.

Dans le programme illustré ci-dessous, le signal de validation est C0 et, comme mentionné ci-dessus, il peut être omis de la ligne d'échelle.

Les impulsions sont générées automatiquement par une "horloge" interne où le contact s'ouvre et se ferme en continu une fois par seconde. Le compteur étant alimenté par ces impulsions, l'action exercée par ce compteur 14 est notamment de compter les secondes.

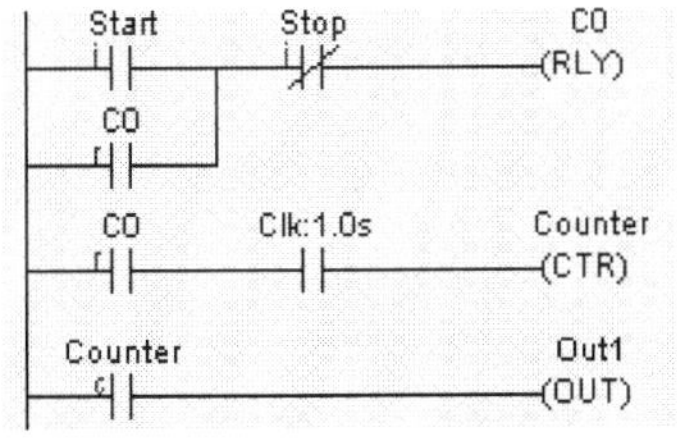

Programme simple pour compter les impulsions.

Dans ce cas, nous avons délibérément omis le signal Reset . Mais vous devez toujours garder à l'esprit que si le compteur n'a aucun moyen d'être effacé, il ne fonctionnera pas comme il se doit ; uniquement dans les conditions initiales, lors de la mise sous tension de l'automate.

Certains fournisseurs utilisent des symboles pour les compteurs qui obligent le programmeur à définir et à établir toutes les connexions appropriées avant de pouvoir les utiliser. Toutes les entrées de compteur doivent être préalablement connectées.

Dans d'autres cas, comme celui-ci, où le signal de réinitialisation est séparé du compteur, il est parfois nécessaire de réinitialiser le compteur directement sur la ligne de contrôle avant que le compteur ne soit localisé. Cela est dû au balayage du programme et à la nature du comptage/décomptage.

Quelque part dans le logiciel de programmation, vous devez spécifier la valeur que le compteur utilisera comme paramètre (Set Value). Par exemple, si vous prévoyez de compter jusqu'à

34, vous écrivez ce nombre comme paramètre du compteur. La plupart des fabricants d'automates utilisent un emplacement mémoire qui n'est pas visible dans la représentation à relais. Certains autres vous permettent de le voir juste au-dessus du symbole.

Les informations qui peuvent être obtenues à partir d'un compteur sont la valeur à compter et la valeur courante ou actuelle que le compteur a, à un moment donné, pendant le processus de comptage.

Lorsque le compteur atteint sa valeur programmée, il alimente tous les contacts qui lui sont associés.
La valeur actuelle ou la valeur actuelle du compteur est un registre de mémoire qui peut être comparé à d'autres valeurs pour générer une sortie, sans qu'il soit nécessaire d'attendre que le compteur atteigne la valeur de comptage finale.

Vous pouvez utiliser autant de contacts de compteur que vous le souhaitez, et les placer n'importe où sur les lignes du programme, pour déclencher des actions spécifiques.

9.4.4Utilisation des valeurs actuelles des minuteries et des compteurs.

Ce n'est que si l'automate dispose d'instructions de comparaison qu'il est possible d'améliorer les performances du programme à relais en utilisant toutes les valeurs actuelles des registres changeants, telles que les valeurs actuelles des temporisateurs et des compteurs.

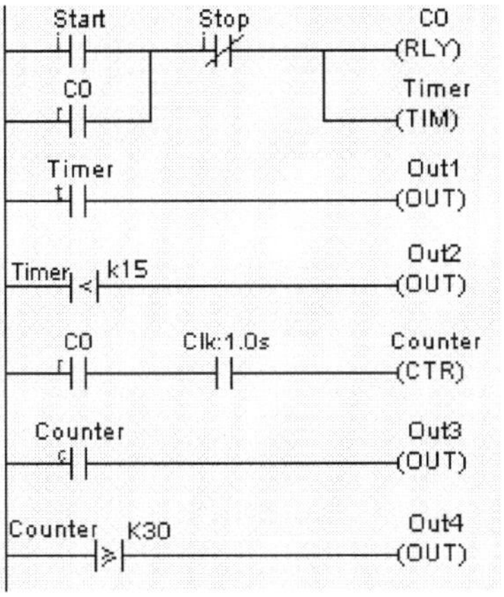

Utilisation de comparateurs avec des temporisateurs et des compteurs.

En examinant ce programme Logique à Relais, vous remarquerez peut-être que certaines des lignes de contrôle ont de nouvelles instructions, qui n'ont jamais été utilisées ou expliquées ici.

Ces nouvelles instructions sont appelées "Comparateurs" et utilisent deux valeurs ou registres. Ils agissent comme un contact, qui se ferme dès que leur comparaison est valide.

Par exemple, la consigne du comparateur restera fermée tant que la valeur courante du temporisateur est inférieure à 15. Lorsque la valeur courante dépasse 15, le contact s'ouvrira car la consigne n'est plus valide.

En regardant l'échelon de contrôle et en supposant que la temporisation dure jusqu'à 50 (indépendamment des unités), la sortie « Out2 » sera activée tant que la temporisation (ou la valeur réelle de la minuterie) est inférieure à 15. Le reste du temps, le la sortie sera désactivée.

Certains fabricants d'automates utilisent un emplacement mémoire, qui peut être adressé comme une variable pour la valeur actuelle ou actuelle. Par exemple, alors que le contact de minuterie est simplement nommé Timer, sa valeur actuelle pourrait être étiquetée TimerCV . La même analyse peut être effectuée pour le compteur, comme pour le reste des lignes de contrôle.

Les contacts de comparaison peuvent être : Égal, Inférieur à, Supérieur à et Égal ou Supérieur à.

Chaque comparateur nécessite deux opérandes qui peuvent être deux registres, un registre et une valeur fixe ou constante, et un registre avec un emplacement mémoire.

Au lieu d'utiliser plusieurs temporisateurs et compteurs, vous pouvez utiliser des comparateurs logiques pour activer la logique de contrôle qui dépendrait d'un seul temporisateur ou compteur. Uniquement si le programme de commande le permet et si l'automate prend en charge ces instructions.

9.4.5 Combinaison de minuteries et de compteurs.
Les programmes avec des minuteries et des compteurs sont très courants.

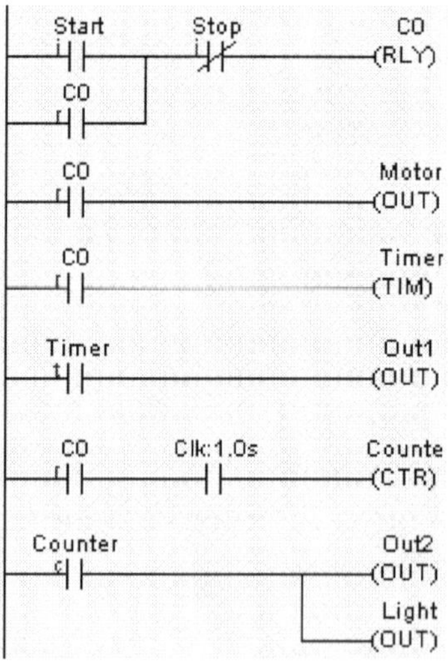

Combinaison d'une minuterie et d'un compteur.

Vous pouvez utiliser une minuterie pour retarder une certaine action, pour activer une ligne de contrôle ou simplement pour empêcher l'activation.

Par exemple, ce programme, une fois lancé en appuyant sur Start, attendra un moment avant d'autoriser le décompte. En d'autres termes, le compteur ne commencera pas à compter tant que le temporisateur n'aura pas terminé et que son contact ne sera pas fermé.

Encore une fois, ce programme est à des fins d'illustration et nous avons omis la ligne de réinitialisation du compteur.

9.4.6 Vous pouvez utiliser les contacts des appareils ou des éléments activés.

Il n'y a pas beaucoup de différence entre l'utilisation d'un contact d'activation ou d'un contact d'action résultant. Si le contact est activé, disons une sortie, nous pouvons utiliser le contact de la sortie comme signal d'activation équivalent au premier contact d'origine qui s'est fermé. Pour clarifier ce concept, examinons le programme à contacts suivant.

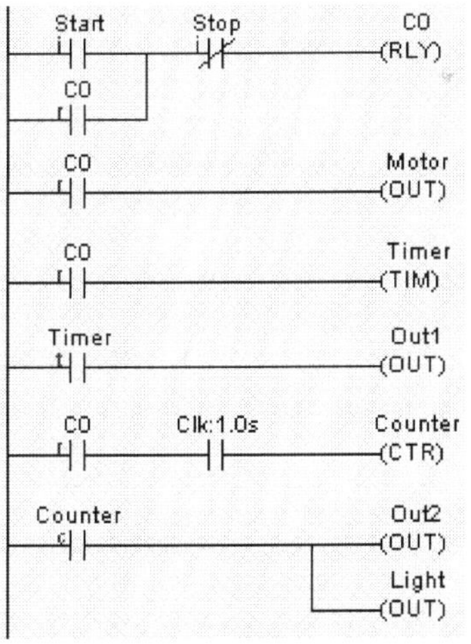

Contact dans différentes parties du programme.

Sur la deuxième ligne de commande, un contact C0 active une sortie appelée Moteur. Sur la ligne de commande suivante, le même contact C0 active une minuterie.

Il en va de même pour utiliser un contact moteur au lieu de C0, pour activer le temporisateur. En effet, la différence de temps entre l'activation de C0 et Motor n'est que de quelques millisecondes et ne serait pas perceptible à l'œil humain, ni au fonctionnement du programme.

Ainsi, en termes pratiques, nous pourrions considérer que les deux activations se produisent "simultanément".

Que vous utilisiez des contacts C0 ou Moteur, il appartient au programmeur d'avoir une logique plus claire ou de rendre le programme plus compréhensible pour le dépannage.

Dans certains cas, avec le contact C0, il est facile de comprendre que cela dépend de l'allumage de la machine. Dans d'autres cas, lorsqu'un contact moteur active la minuterie, il est très facile de comprendre que le moteur doit être allumé avant que la minuterie puisse commencer à compter à tout moment.

Dans le schéma à contacts ci-dessous, vous remarquerez que la dernière ligne de commande utilise un contact de Out3, et cette sortie est activée par la ligne de commande juste avant.

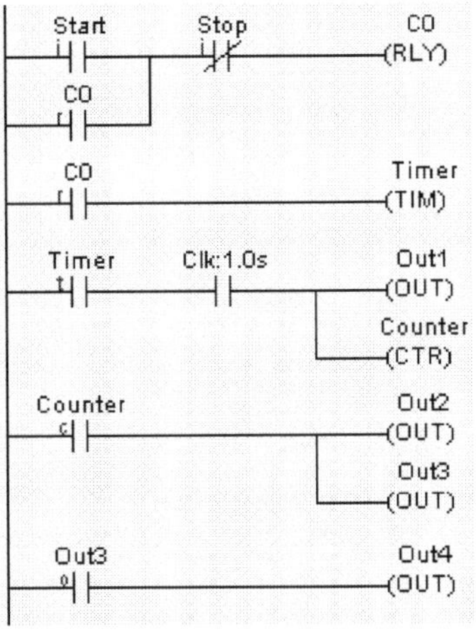

Simplification des lignes de commande en échelle.

On pourrait supprimer la dernière ligne de contrôle et ajouter la sortie de Out4, juste en dessous de la sortie Out3 (en Parallèle).

Dans ce cas, toutes les sorties Out2, Out3 et Out4 seraient activées par le contact Counter.

9.4.7 Utilisation de Séquenceurs.

Les séquenceurs, comme mentionné ci-dessus, sont très utiles lorsque l'activation des sorties suit un certain "modèle". Aussi, lorsqu'il se fait par étapes qui sont commandées par une entrée ou une horloge interne. Dans ces cas, il est préférable d'utiliser un séquenceur au lieu d'un programme en échelle. En fait, le séquenceur remplace de nombreuses lignes de contrôle dans Logique à Relais.

Vous pouvez utiliser les paramètres suivants pour utiliser des séquenceurs dans un programme de contrôle :

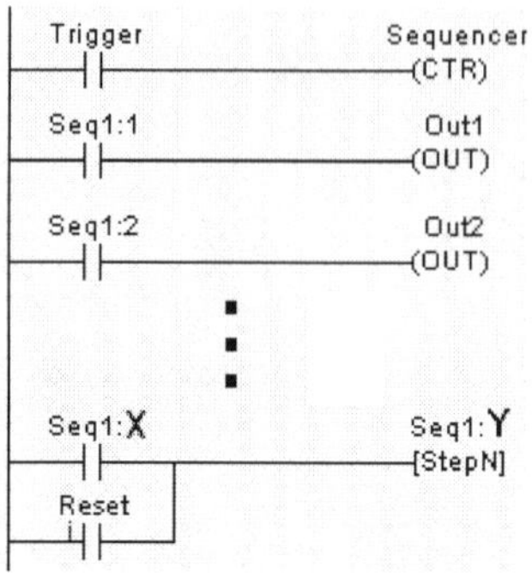

Programme typique avec séquenceurs.

Le signal de déclenchement peut être n'importe quel contact de l'un des autres éléments d'entrée, de sortie, de minuterie, de compteur ou de bit interne.

La lettre X représente le pas maximum que le séquenceur atteindra (dans ce cas c'est la SetValue du compteur).

La lettre Y est la valeur que nous voulons utiliser pour la réinitialisation du séquenceur. Notez que nous avons ajouté une entrée de réinitialisation facultative appelée Reset, qui nous aidera à réinitialiser le séquenceur à tout moment.

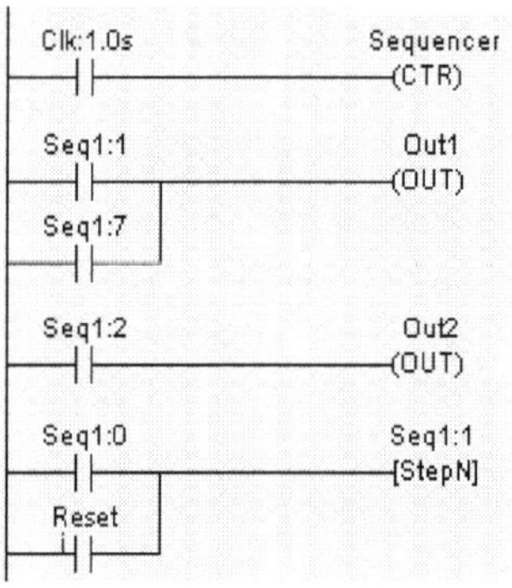

Séquenceur pour deux sorties.

En règle générale, vous pouvez combiner tous les contacts d'étape pour activer une sortie. Par exemple, nous pourrions ajouter un contact parallèle de Seq1:7 à celui que nous avons déjà en tant que Seq1:1.

Selon le nombre d'étapes, vous pouvez développer de nombreuses combinaisons de contacts.

9.4.8 Événements déclenchés par le bord.

L'utilisation de cette fonction varie d'un fabricant à l'autre. Certains des programmes typiques peuvent être appliqués à la détection des fronts des contacts, d'autres des sorties.
La manière d'appliquer une transition différentielle vers le haut ou vers le bas est la suivante :

Pour différentiel UP :

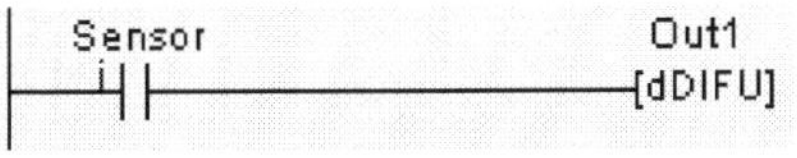

Activation de la sortie en Différentiel haut ou front montant. La sortie Out1 sera excitée au moment précis où l'entrée du capteur passe de "OFF" à "ON".

Pour différentiel DOWN :

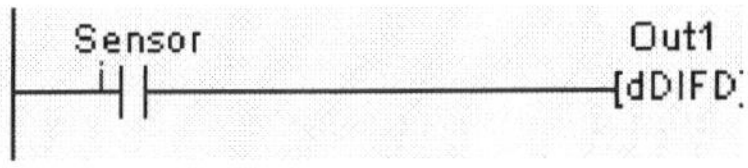

Activation de la sortie en Différentiel bas ou front négatif.

Si vous utilisez l'autre fonction de sortie Différentiel vers le bas, la sortie Out1 sera activée au moment où le capteur passe de l'état de détection à l'état de non-détection. Cela signifie que le capteur ne détecte pas, puis détecte, puis repasse en non-détection.

Dans les deux cas, les actions ne se produisent que pendant un cycle de temps de scrutation, elles ne sont donc pas facilement perçues.

Questions.

1. Définir les termes " Rung ", " Logique " et " Action ".
2. Quels éléments peuvent apparaître dans la Logique d'une ligne de commande d'escalier ?
3. Quels éléments peuvent apparaître dans l'Action d'une ligne de commande d'escalier ?
4. Dans un programme à contacts, qu'est-ce qu'un chemin ou un chemin électrique ?
5. Expliquez pourquoi un relais de contrôle principal est important.
6. Qu'est-ce que l'enclenchement ?
7. Quels éléments pouvez-vous utiliser pour un circuit start-stop ?
8. Pouvez-vous implémenter des séquenceurs via Logique à Relais ?

[10. AUTRES MÉTHODES DE PROGRAMMATION]

La logique à relais n'est pas la seule méthodologie de programmation des API. Ce chapitre explore d'autres méthodes de programmation, mais uniquement pour des connaissances ou des informations de base.

10. Autres méthodologies de programmation.

Les fabricants ont développé leur propre façon de programmer leurs équipements. Auparavant, si vous vouliez changer votre marque actuelle d'automate, vous deviez reconstruire l'ensemble du programme, la standardisation devenait donc importante.

La première norme est IEC-1131 et a été développée en Europe. Au cours des dernières années, cette norme a connu des variations et est devenue IEC61131-3

L'idée d'avoir une manière commune de programmer les équipements CPL a conduit à l'élaboration de cinq méthodes possibles :

Liste d'instructions
Texte structuré
Diagramme à échelle
Schéma fonctionnel
Organigramme séquentiel

10.1. Liste d'instructions (IL).

Également connue sous le nom de mnémoniques, cette méthode utilise des commandes en trois lettres. Bien qu'il s'agisse d'une méthode de travail lourde, la vitesse de traitement est meilleure que les autres techniques.

```
STA (*Enregistrer la variable*)
DR
MOV
DEHORS
```

Il s'agit de la même méthode de programmation utilisée dans le langage d'assemblage, qui est très populaire auprès des microcontrôleurs.

Pour ajouter des commentaires, il suffit d'entourer l'expression d'astérisques (* et *).

10.2. Texte structuré.

C'est un langage de haut niveau comme la programmation BASIC ou C.
Le programmeur peut utiliser de nombreuses instructions puissantes pour développer un algorithme de contrôle :

Si… Alors… Sinon
cas
Pour …. Pour
Alors que ….

Chaque programme peut être enregistré et utilisé dans d'autres applications. Il peut également être appelé en tant que procédure ou sous-programme.

10.3 Schéma à contacts (LD).

Il s'agit de la méthode la plus populaire pour programmer les automates, car la plupart des fabricants d'automates l'ont incluse en standard.

Il suit les règles électriques des connexions, c'est donc un type de programmation électrique. Étant donné que cette méthodologie est le domaine d'application de ce livre, aucune autre explication ne sera donnée ici.

10.4 Diagrammes de blocs fonctionnels (FBD).

Il existe deux types différents d'unités de programme :

Fonctions et fonctions de bloc

Les fonctions sont appelées "procédures" qui peuvent avoir plusieurs entrées et n'avoir qu'une seule sortie.

Un bloc fonction peut avoir plusieurs entrées et produire plusieurs sorties lorsqu'il est exécuté.

L'utilisateur peut disposer des bibliothèques du fournisseur du logiciel, créer ses propres fonctions ou blocs fonctionnels à l'aide des outils du logiciel. Comme il s'agit d'une forme graphique de programmation, différents blocs peuvent être liés entre eux.

Les blocs peuvent être dans n'importe quelle position sur la feuille de calcul.

10.5 Organigrammes séquentiels (SFC)

Cette méthode devient très populaire parmi les programmeurs débutants et avancés. La plupart des fabricants ont inclus certaines des fonctionnalités de cette technique dans leur propre logiciel de programmation.

Bon nombre de machines de contrôle de processus ou de production fonctionnent en mode séquentiel. Seuls quelques processus s'exécutent simultanément (en parallèle), donc les organigrammes séquentiels peuvent être une bonne approche, avec les avantages suivants :

1. Facile pour les disciplines autres que l'électricité et l'électronique.
2. Facile à déboguer car le programme affiche le point d'exécution actuel.
3. Utilisation plus efficace des ressources CPU ou processeur
4. La minuterie et les compteurs peuvent être utilisés plus d'une fois s'ils ne sont pas

utilisés à différents endroits en même temps.
5. Les diagnostics et le dépannage sont assez faciles.

Suivez certaines règles de base :

1. Le fonctionnement de la machine doit être divisé en plusieurs étapes.
2. Il y a des "étapes", des "transitions", des sorties, SET et RST comme éléments.
3. Les ÉTAPES peuvent être « Initiales » (c'est vérifié lorsque l'automate est sous tension) ou « Normales » (le reste des étapes). L'automate ne vérifie (Sweep ou SCAN) que les étages actifs, c'est-à-dire les étages actifs à un instant donné.
4. Le saut de STAGE à STAGE se fait avec des transitions. Ce sont des conditions logiques à atteindre. Par exemple, un temps, un contact, un comptage, une fin de course, etc. Il y a toujours une transition d'une étape d'origine à une étape de destination. Après la transition, l'étape source est désactivée et l'étape de destination est activée.
5. Dans chaque STAGE, les sorties peuvent être activées (avec ou sans condition). Après une transition, il n'est pas nécessaire de désactiver les sorties car, au moment où le STEP est désactivé, les sorties s'éteignent automatiquement.

6. Les instructions SET et RST sont utilisées à deux fins principales : si SET est utilisé avec des sorties, elles resteront actives, que l'étape soit désactivée après une transition et que la condition ne soit plus vraie ou non.

Si SET est utilisé avec STAGES, l'étape est activée à partir d'une partie différente du programme comme si elle était passée à cette étape.

Certains auteurs peuvent l'appeler GSTART (SET) ou Gkill (RST) pour les procédures ou les étapes.

10.6 Diagrammes de flux (FD).

Il existe une autre méthode de programmation, moins populaire, appelée organigrammes, où vous pouvez créer le programme en utilisant les mêmes graphiques que ceux utilisés dans l'ingénierie des systèmes.

En général, un programme de contrôle complet peut être écrit en utilisant n'importe quel nombre de méthodes. Chaque fabricant essaie de développer des outils pour faciliter le travail de programmation et essaie d'inclure autant de bibliothèques que possibles, afin que le programmeur puisse gagner du temps lorsqu'il effectue des tâches plus difficiles.

D'autres méthodes utilisent la même méthodologie que pour écrire des programmes dans des langages de haut niveau comme BASIC ou C++. Il existe des commandes, créées uniquement dans le but d'effectuer des contrôles tels que l'activation ou la désactivation des minuteries, le réglage ou la réinitialisation des bobines internes ou externes.

En général, un ensemble complet de commandes logicielles permet à l'utilisateur de remplacer une partie ou la totalité des instructions à relais.

Peu de techniciens et d'ingénieurs connaissent ce type de programmation et semblent réticents à intégrer des fonctions dans leurs programmes. D'autre part, il a ouvert une porte à de nouvelles disciplines, autres qu'électriques, pour développer des programmes de contrôle. La nouvelle automatisation industrielle est plus universelle pour tous les types de professionnels.

Questions.

1. Qu'est-ce que la norme IEC61131-3 ?
2. Quel est l'autre nom de la liste d'instructions ?
3. Comment fonctionne le texte structuré ?
4. Quel type d'unités de travail peut être utilisé dans les diagrammes de blocs fonctionnels ?
5. Quels sont les avantages de la programmation via les diagrammes de flux séquentiels ?

Important:

N'oubliez pas que vous pouvez nous contacter par e-mail. À plusieurs de ces occasions, l'auteur du livre aime contacter directement les gens, pour les guider sur la façon de tirer le meilleur parti de ce livre et de sa pratique.

Nous avons un logiciel DEMO disponible pour pratiquer les leçons suivantes de Logique à Relais.

Pour l'obtenir, veuillez envoyer un courriel à sales@latin-tech.net, CCed à PLCtraining@hotmail.com, y compris vos informations et le numéro de reçu de votre fournisseur.

En option, vous pouvez visiter www.lt-automation.com au cas où vous souhaiteriez acheter un API à faible coût pour une pratique réelle, des cours «rapides» ou questions.

[11. LOGICIEL PROGRAMMATION ET SIMULATION]

Ce logiciel est un outil très important pour vous permettre de maîtriser les concepts appris dans ce livre. Il vous donnera une expérience pratique comme aucun autre livre d'automatisation.

11 Wintrilogi® . Logiciel de programmation et de simulation.

Ce logiciel vous permet de pratiquer la programmation en échelle sur votre propre ordinateur. Une autre version payante permet, en plus de la simulation, de transférer des programmes vers un véritable automate.

Le logiciel Wintrilogi ® a été développé par Triangle Research Limited dans le cadre de sa gamme de produits.

Ce logiciel est utilisé par de nombreux établissements d'enseignement à travers le monde. De plus, certains ingénieurs testent leurs programmes avec ce progiciel avant de l'écrire pour une autre marque.

Pour écrire un programme API réussi, vous devez effectuer les étapes suivantes :

1. Ayez une description claire du programme que vous souhaitez développer. Lisez d'abord la leçon.
2. Ecrire le programme en utilisant tous les éléments et outils de programmation. Toutes les fois.
3. Compilez le programme.
4. Résolvez toutes les erreurs de programmation et passez à l'étape 3 et recompilez.
5. Modifiez et ajoutez les lignes de contrôle requises, jusqu'à ce que le programme fonctionne réellement comme requis.
6. Simulez votre programme.
7. Si possible, téléchargez le programme dans l'automate réel.

8. Effectuez les connexions d'appareil appropriées sur l'automate.
9. Testez le fonctionnement du programme en analysant les performances générales.

11.1 Installation du logiciel.

Vous recevrez deux packs logiciels :

JRE et Wintrilogi®

Pour installer le logiciel, il faut être très prudent avec deux étapes principales :

Installez d'abord le JRE (Java Run-time Environment) puis le logiciel Wintrilogi ® .

C'est l'un des problèmes majeurs lors de l'exécution du logiciel, car une installation incorrecte entraînera un dysfonctionnement du logiciel.

Utilisez la version du logiciel JRE que nous fournissons. Avant de continuer, vérifiez si une version est déjà installée. Si tel est le cas, désinstallez-le à l'aide de l'outil "Ajout/Suppression de programmes" du Panneau de configuration de votre PC ou ordinateur portable.

Une fois que vous avez supprimé toutes les autres versions plus anciennes du JRE, installez le nouveau JRE, puis le logiciel Wintrilogi ®.

11.2 Exécution du Programme.

Une fois que vous avez installé le logiciel avec succès, sélectionnez l'application Wintrilogi en suivant le chemin indiqué ci-dessous :

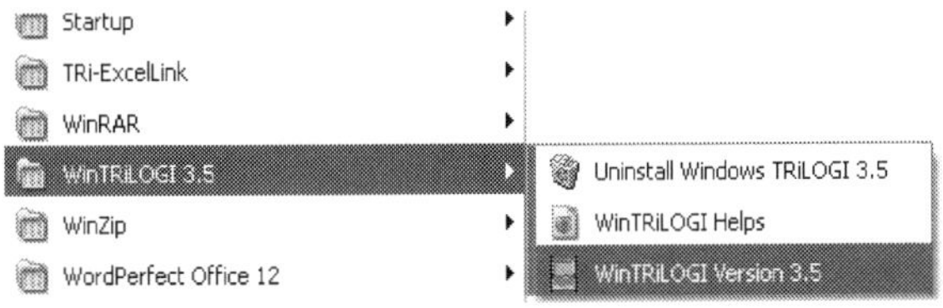

Sélection du programme.

Assurez-vous de sélectionner la série **E10.** Si vous sélectionnez la série **H,** votre programme ne fonctionnera pas sur l'automate nommé E10. Cependant, cela fonctionnera pour n'importe quel programme que vous écrivez : La série H est une famille d'automates avec plus d'entrées/sorties.

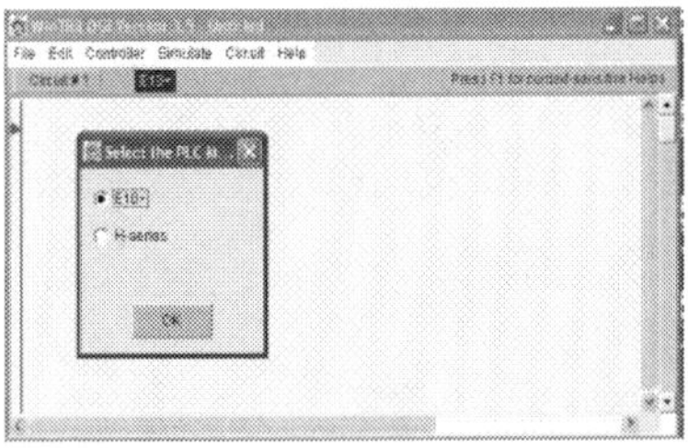

Sélection du modèle d'automate.

11.3 Communication avec l'automate didactique.

Si vous n'avez pas d'automate réel et que vous ne prévoyez que de simuler les leçons sur votre ordinateur, vous pouvez ignorer cette partie.

Dans le menu "Controller", sélectionnez Serial Port Configuration pour vérifier que les paramètres de communication du PC correspondent à ceux de l'automate.

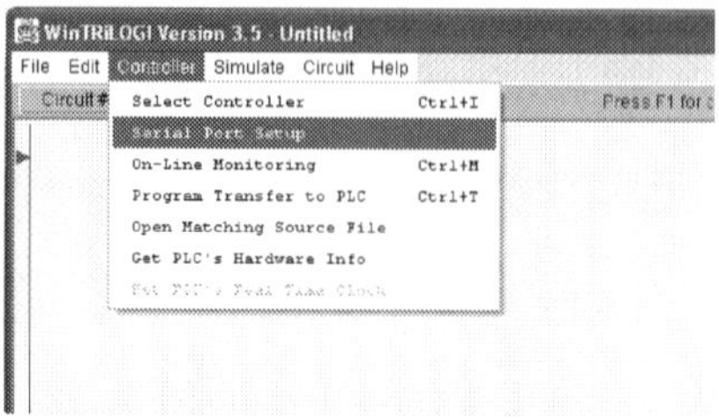

Programmation du port série de votre PC.

Aux commandes Type de chaîne :

IR*

Si tout va bien, vous devriez obtenir une réponse IR01* ou IRXX*, où XX est le numéro d'identification de l'automate que vous utilisez, dans le cas où vous programmez l'un des automates sur un réseau.

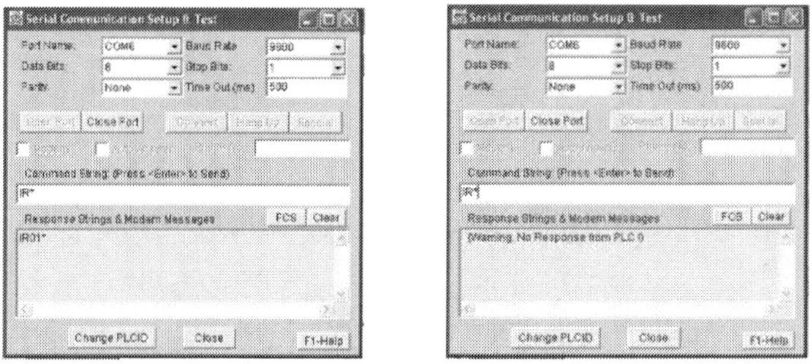

Vérification de la connexion entre le PC et l'automate.

Si vous recevez le message suivant :

"Warning : N response from PLC !"
« Attention : aucune réponse de l'automate ! »

Alors vous devez vérifier s'il y a des problèmes liés à:

1. **Port de communication.**
   Vérifiez si vous sélectionnez le bon port. Ceci est très important lors de l'utilisation d'un convertisseur USB vers série. Tous ne fonctionnent pas bien et attribuent un numéro de port série différent.
2. **Paramètres de communication.**
   Assurez-vous que vos paramètres de communication sont exactement les mêmes que ceux de l'automate. Pour apporter des modifications, vous devez d'abord cliquer sur "Fermer le port", apporter vos modifications, puis cliquer sur " Ouvrir le port".
3. **Voyant d'alimentation.**
   Si l'adaptateur mural est connecté, vous devriez voir que la LED verte sur l'automate est allumée. Si ce n'est pas le cas, vérifiez le fusible principal et la connexion de l'adaptateur mural. Une fois que vous êtes connecté, vous pouvez fermer l'écran "Configuration et test des communications série".

11.4 Menus disponibles.

Les menus sont très similaires à ceux que vous trouvez dans n'importe quelle application Windows. Si vous êtes familier avec un autre progiciel, vous n'aurez aucun problème à utiliser Wintrilogi ®.

Une fois que vous ouvrez l'application, vous verrez les menus suivants :

Fichier, Modifier, Contrôleur, Simuler, Circuit et Aide .

File, Modify, Controller, Simulate, Circuit et Help.

11.4.1 Menu Fichier- File.

Cette option vous permet de gérer tous les fichiers du programme.

- **Nouveau - New (Ctrl +N)**
  Cette option vous permet de créer un nouveau programme. Si vous n'utilisez aucun nom, il utilisera "sans titre" par défaut.
- **Enregistrer - Save (Ctrl +S).**
  Enregistrez toutes les modifications apportées au fichier d'origine. Veillez à conserver le programme d'origine intact ; Mieux vaut utiliser l'option Enregistrer sous.
- **Ouvert- Open (Unité Locale – Local Unit).**

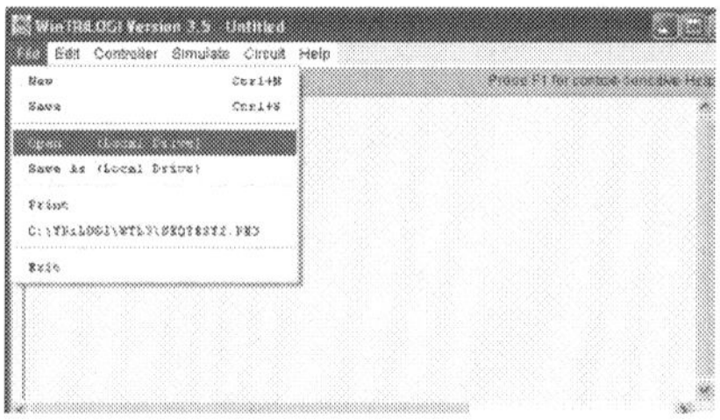

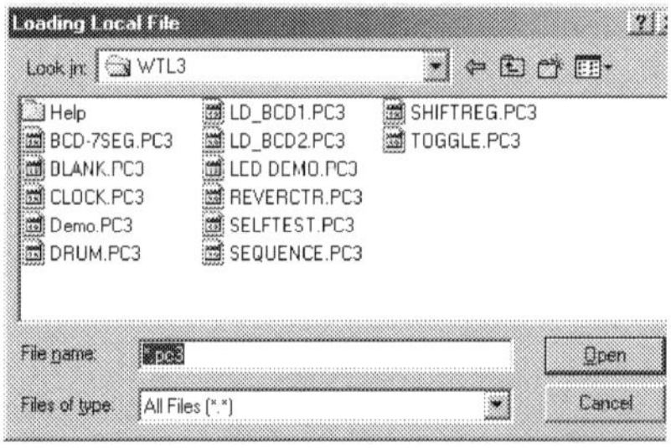

Répertoire où le programme sera enregistré.

Ouvrez n'importe quel programme API disponible sur votre ordinateur. Le simulateur peut utiliser des exemples ou des programmes réels avec l'extension .PE3 ou .PC 3. Ceux liés à l'automate sont .PE3.

- **Enregistrer sous – Save as (Unité locale – Local Unit)**
  Enregistrez les fichiers de programme à relais modifiés sous un nom différent. Ceci est très utile pour générer différentes versions basées sur un programme en échelle original. Bien que le nom du programme puisse comporter de nombreux caractères, le téléchargement du fichier dans l'automate réduira le nom à seulement six caractères.

- **Imprimer - Print.**
  Cette commande vous permet d'imprimer les informations de votre programme selon vos besoins :

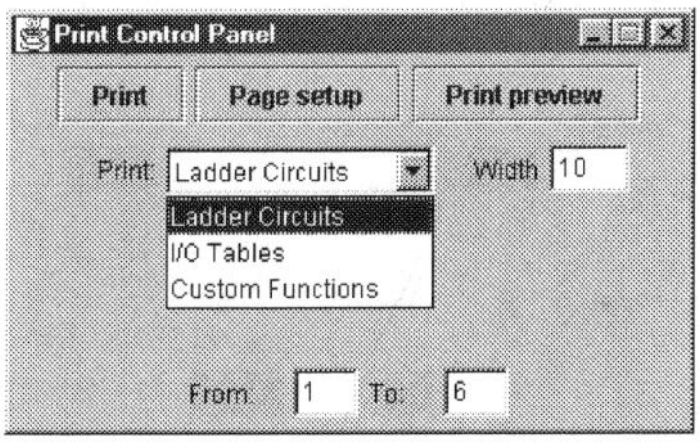

Options d'impression du logiciel.

Le menu Configuration de la page vous permettra d'ajuster la taille et la largeur de la page. Le menu Aperçu avant impression montrera à quoi ressemblerait le document avant de l'imprimer.

- **Sortie - Sort.**
  Fermer le programme. Il vous sera demandé de décider si vous souhaitez enregistrer le programme ou non.

10.4.2 Menu Modifier- Edit .

Cette option vous permet de créer des programmes originaux ou de modifier des programmes existants.

- **Abandonner - Abandonner le circuit d'édition.**
  Cela laisse la ligne inchangée si certaines modifications ont été apportées et que vous n'avez pas encore appuyé sur ENTER.
- **Annuler - Undo (Ctrl+Z).**
  Chaque fois que vous utiliserez cette commande, le circuit d'escalier reviendra à sa modification précédente (maximum 10 marches).
- **Couper le circuit -Cut (Ctrl+X).**
  Les circuits ou lignes de commande indésirables. Tous les circuits, sélectionnés par la case d'option en haut à droite, sont coupés et placés dans le Presse-papiers. Vous pouvez les coller ailleurs dans le programme.

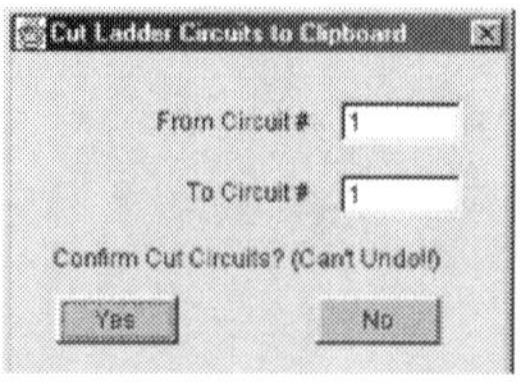

Sea cuidadoso con este comando. Una vez CORTE un circuito, no podrá deshacer los cambios.

Suppression de lignes dans un programme en logique à relais .

- **Copier - Copier le circuit- Copy (Ctrl+C).**
  Cette commande crée une copie des lignes de contrôle que vous avez sélectionnées dans la boîte de dialogue, en laissant le circuit d'origine intact. Les lignes de contrôle copiées sont placées dans le Presse-papiers.
- **Coller - Coller (Ctrl+V).**

Après "Couper" ou "Copier", vous pouvez coller tous les circuits avant le circuit actuel qui a été sélectionné.

- **Rechercher - Search (Ctrl+F).**
  Vous pouvez rechercher n'importe quel élément particulier avec un nom de balise à l'aide de la boîte de dialogue suivante :

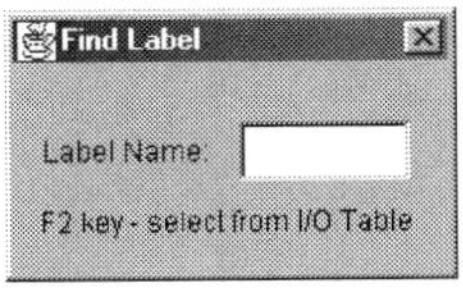

Rechercher un élément particulier.

- **Aller à – Go to (Ctrl+G).**
  Cette commande vous permet de déplacer le curseur, dans un programme à contacts comportant de nombreuses boucles, vers la boucle de votre choix.
- **Tableau E/S - Table I/O (F2).**
  Ce tableau contient tous les éléments que vous pouvez utiliser lors de l'écriture d'un programme à contacts.

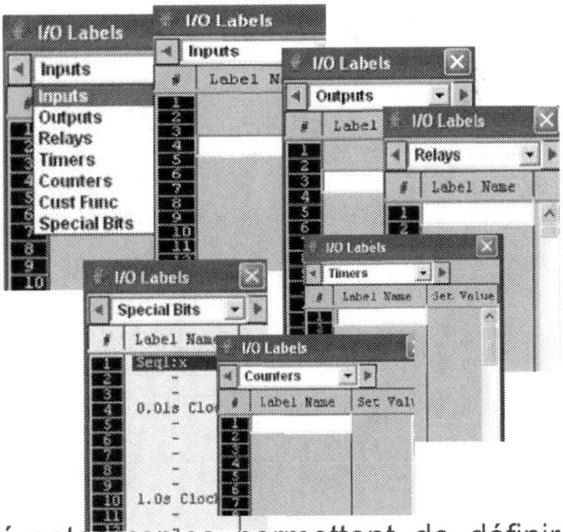

Différentes tables permettent de définir les éléments logiciels.

Notez que pour les entrées, les sorties et les relais, vous ne devez entrer que le nom de l'élément. Pour les compteurs et les temporisateurs, en plus du nom, il est nécessaire de fournir la SetValue afin qu'ils puissent fonctionner correctement.

Table Special Bits - Special Bits, permet à l'utilisateur d'accéder aux horloges internes et au séquenceur.
Les fonctions client (CustFunc) ne s'appliquent qu'à nos automates les plus sophistiqués. Il n'est pas nécessaire de les utiliser dans ce livre.

- **Identification letter - Lettre d'identification de l'élément I/0 (F3).**

  Il s'agit d'une lettre en petits caractères qui apparaît à côté de n'importe quel contact et permet d'identifier à quel élément il appartient :

  i=entrée, o=sortie, r=relais, t=minuterie et c=compteur.

  Avec F3, vous pouvez basculer entre l'affichage et le masquage de ces lettres.

- **11.4.3 Menu Contrôleur- Controller**

  Ce menu ne peut être utilisé que si vous disposez de l'automate. Il vous permettra de connecter le PC à l'automate.

  Si vous souhaitez vous connecter à l'automate, vérifiez d'abord le type de port de communication de votre ordinateur de bureau ou portable. S'il s'agit d'un port RS232, connectez simplement le câble de communication directement. Sinon, si le port est de type USB, vous devriez vous procurer un convertisseur USB vers série. Soyez prudent lorsque vous commandez cet appareil et vérifiez le logiciel du pilote, car certains d'entre eux peuvent ne pas fonctionner correctement.

- **Sélectionner Contrôleur - Sélect Controller (Ctrl - I)**

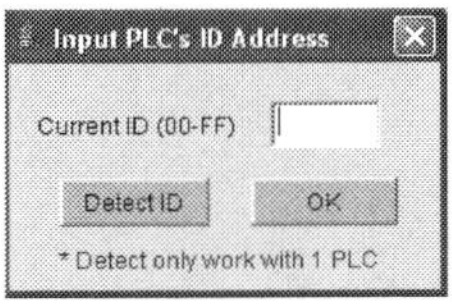

Sélection de l'ID API

Normalement, vous connectez votre ordinateur à un seul automate. À moins que vous n'ayez changé l'ID API auparavant, ce sera 01. Cliquer sur Détecter l'ID vous permettra de connaître l'ID API actuel, mais cela ne fonctionnera que si vous avez déjà communiqué avec l'API. L'ID peut être différent si vous avez plusieurs ordinateurs sur un réseau.

Port série - Configuration du port série

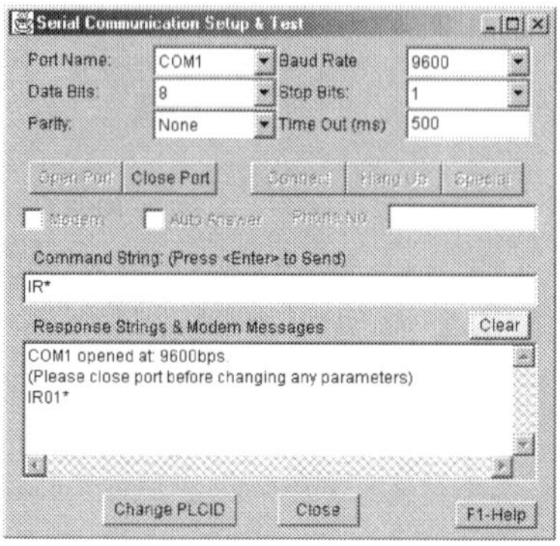

Programmation des paramètres du port série de votre PC.

Vous pouvez configurer tous les paramètres de communication du port série de votre PC, afin qu'ils correspondent à ceux de l'automate. Fermez d'abord le port, en utilisant le bouton poussoir prévu à cet effet. Une fois que vous avez effectué toutes les modifications, vous devez rouvrir le port.

Chaîne Commande – Command String.

C'est un champ qui sert à tester si vous avez une communication entre le PC et l'automate. Si vous envoyez IR*, l'automate répondra avec IR01* (ou un numéro d'identification différent si vous l'avez modifié).

Vous n'avez qu'à faire cette vérification pour vous assurer que vous avez une bonne connexion.

Dans le cas où vous avez plus d'un automate dans un réseau, vous ne devez pas utiliser la commande IR* car tous les appareils répondront en même temps, ce qui causera un problème de communication.

Pour modifier l'ID API, vous pouvez utiliser le bouton :

"Changer APIID – Change PLC ID".

- **Surveillance en ligne – Online Monitoring (Ctrl+M).**

Cette option de menu permet à l'utilisateur de voir ce qui se passe avec l'état de tous les éléments, lorsqu'un automate réel est connecté. Il existe deux façons : simplement lire l'état des appareils réels connectés à l'automate ou modifier l'état actuel directement depuis l'écran du PC.

La surveillance en ligne ne fonctionne que si vous avez déjà établi une communication avec l'automate.

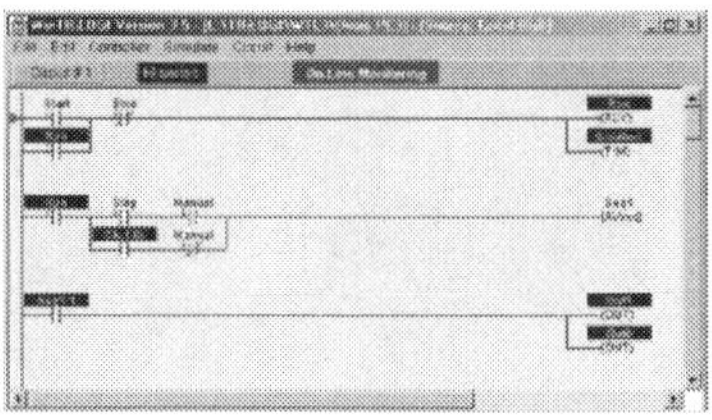

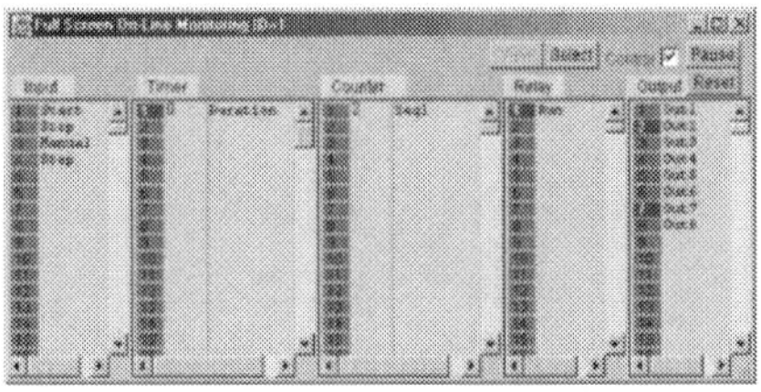

Écrans qui ne sont visibles qu'en cas de connexion à l'automate ou de simulation en ligne.

Il y a cinq colonnes principales qui contiennent tous les éléments utilisés dans le projet. Les chiffres à gauche, pour chaque colonne, correspondent au numéro de connexion spécifique sur l'automate. Par exemple, Start est physiquement connecté à l'entrée #1 de l'automate. Lorsque le numéro est surligné en rouge ou sur fond sombre, cela signifie que l'élément est "actif" ou "activé".

Changer l'état de n'importe quel élément nécessite que vous cochiez d'abord la case appelée "Contrôle" dans le coin supérieur droit.

En cliquant directement sur n'importe quel élément, vous pouvez changer son état. Par exemple, si vous cliquez avec le bouton gauche sur Stop, cette entrée ne sera active que tant que la souris est maintenue enfoncée, une fois que vous relâchez le doigt de la souris, l'entrée reviendra à son état d'origine. En revanche, si vous cliquez avec le bouton droit de la souris, l'entrée passera à l'état opposé : si elle était désactivée, elle s'allumera et restera ainsi. Si vous cliquez une fois de plus, il s'éteindra à nouveau. Il s'agit d'une fonction bascule.

Il y a quatre autres boutons qui sont expliqués ci-dessous :

- **Voir - View** :
  Uniquement actif pour les automates plus sophistiqués utilisés dans notre prochain livre qui va au-delà des bases.
- **Sélectionner - Select**:
  Si vous disposez d'un réseau CPL, celui-ci établira une surveillance en ligne avec un CPL particulier, défini par son ID.
- **Réinitialiser - Restart**
  Réinitialise toutes les données d'E/S et laisse l'automate dans son état d'origine.
- **Pause - Pause** :

Arrête l'automate. L'exécution du programme à contacts est suspendue. La surveillance en ligne peut également être effectuée via le programme à échelle. Les éléments activés sont surlignés en bleu. Un contact NF en surbrillance signifie que le contact est ouvert et un contact NO en surbrillance signifie que le contact est fermé. Soyez très prudent lorsque vous interprétez le statut.

- **Transférer vers l'automate - Transfer program to PLC (Ctrl+T).**

  Lorsque votre programme a été simulé et que la construction ne présente aucun problème signalé, vous pouvez télécharger le programme sur l'automate. Il vous sera demandé de confirmer si vous voulez vraiment télécharger le programme sur l'automate, car cela peut créer des risques.

- **Ouvrir le fichier source correspondant - Open matching source file .**

  L'utilisation de cette commande vous informera sur le programme qui est déjà stocké dans l'automate et ouvrira le fichier programme correspondant enregistré sur votre PC. Il vérifie uniquement le nom et non le contenu.

- **Obtenir Informations sur le matériel de l'automate – Get PLC info.**

  Lorsque l'automate est connecté au PC, l'utilisation de cette commande renverra toutes les fonctionnalités disponibles de l'automate : numéro de modèle, nombre maximum d'entrées, de sorties, de relais, de temporisateurs et de compteurs. Il s'agit des mêmes informations que vous obtenez lorsque vous transférez un programme vers l'automate.

- **Simuler - Simulate.**

  Ce menu sert à tester, déboguer et simuler le programme à contacts. La simulation est un excellent outil pour pratiquer sur l'échelle. WinTRiLOGI ® compile automatiquement un programme à contacts avant d'activer le simulateur. Si une erreur est détectée lors de la compilation, l'erreur sera mise en évidence en mettant l'accent sur la ligne de contrôle et le type d'erreur. Il est clairement signalé afin que vous puissiez apporter une solution rapide.

- **Exécuter réinitialiser les E/S – Run (restart I/O) (Ctrl+F9)**
  Cette option réinitialise toutes les entrées et sorties (état désactivé) et ouvre immédiatement le simulateur. Ceci a pour but de s'assurer qu'il démarre à partir de la condition de mise sous tension de l'automate. Les entrées sont supposées être déconnectées des dispositifs réels.
- **Exécuter sauf i/p – Run (Restart except i/p) (Ctrl+F8)**
  Cette option conserve l'état des entrées que vous aviez précédemment réglé sur ON ou activé. Par exemple, si un capteur doit détecter un périphérique avant d'allumer la machine, au moment où elle redémarre, le signal d'entrée doit être activé. Le reste des données est effacé. Après l'exécution de la commande, la fenêtre de simulation démarre.
- **Continuer l'exécution – Continue run (No reset) (F9)**
  Le but de cette commande est de continuer la simulation depuis la dernière fois qu'elle a été fermée. L' avantage est qu'il conserve tous les états et valeurs des éléments. Si vous avez apporté la moindre modification au programme à contacts, le programme entier sera recompilé pour vérifier les erreurs avant de s'exécuter.

  La première impulsion de balayage (1st.Scan) n'est pas déclenchée à nouveau car le programme est censé continuer à partir d'une simulation précédente. La principale raison d'utiliser cette commande est qu'elle permet de gagner du temps, lorsque vous recherchez un bogue simple, au lieu d'avoir à exécuter tout le programme et à configurer les entrées, vous continuez simplement à partir du point de test sur lequel vous avez travaillé.

- **Compiler uniquement – Compile only (F8)**

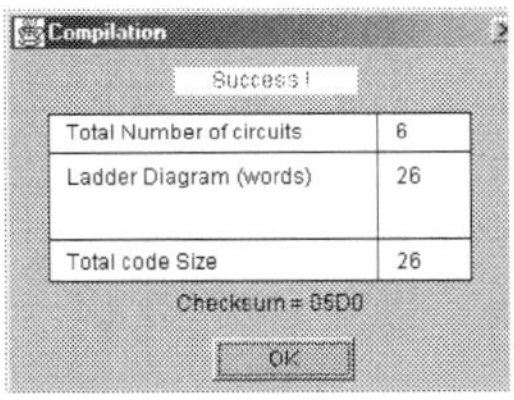

Écran de compilation ou de détection de problèmes dans votre programme.

L'exécution de cette commande entraîne une nouvelle analyse des ressources. Vous pouvez voir la taille de votre programme et s'il contient des erreurs.

- **Réinitialiser les E/S – Reset all I/O (Ctrl -R)**
  Toutes les entrées et sorties sont mises à zéro sans ouvrir le simulateur. Lorsque la commande est exécutée, toutes les surbrillances (état forcé) des éléments sont supprimées afin que vous puissiez les remettre dans leur état d'origine.

10.4.5 Menu Circuit - Circuit.

Ce menu comprend certaines options liées aux lignes de contrôle.

- **Insérer commentaires – Insert comments**
  Vous pouvez ajouter des commentaires pour aider à comprendre le fonctionnement de chaque ligne de contrôle, ou parfois pour aider les autres à comprendre

votre stratégie d'automatisation pour le programme de contrôle. L'éditeur de commentaires vous permet de copier, couper ou coller n'importe quel texte.

Ces commentaires ne sont ni compilés ni téléchargés dans la mémoire de l'automate et sont uniquement stockés dans le fichier sur votre ordinateur. Les commentaires sont facultatifs. En utilisant la barre d'espace de votre clavier, vous pouvez modifier ces commentaires.

Puisqu'ils sont considérés comme une ligne de contrôle, vous pouvez utiliser l'option de circuit pour les supprimer.

- **Insérer circuits – Insert circuits.**
  Cette commande vous aide à insérer un nouveau circuit (ou plusieurs) juste avant le circuit actuellement sélectionné. Il est très utile lorsque vous souhaitez apporter des modifications au programme et que vous souhaitez conserver les éléments associés dans des échelons fermés. Après avoir inséré une ligne de contrôle, les autres sont renumérotées.

- **Déplacer circuit – Move circuit**
  Cela permet de déplacer des lignes de commande individuelles dans le programme à contacts. Sélectionnez d'abord la piste que vous souhaitez déplacer, puis sélectionnez la commande "Déplacer la piste" et enfin sélectionnez l'emplacement de destination.

  Si vous envisagez de déplacer plusieurs pistes, utilisez Couper piste et Coller piste dans le menu Edition.

- **Ajouter circuit - Append circuit.**
  Pour ajouter une nouvelle boucle au programme Logique à Relais exactement après la dernière boucle du programme.

- **Supprimer circuit – Delete circuit.**
  Utilisez cette commande avec précaution car il **n'est pas possible ANNULER** l'action. Si vous souhaitez supprimer une ou plusieurs lignes de contrôle, remplissez simplement les données dans la fenêtre.

10.4.6 Menu Aide - Help.

Cette option de menu contient la plupart des informations contenues dans ce manuel. Cependant, puisqu'il s'agit d'un livre, nous avons ajouté quelques commentaires supplémentaires pour le rendre plus clair et plus utile.

10.5 Chargez un programme que vous avez déjà écrit.

Suivez le chemin comme indiqué dans l'image suivante :

FICHIER>Ouvrir (Unité Locale)>WTL3>Votre fichier
FILE>OPEN (Local Disk)>WTL3>Votre fichier

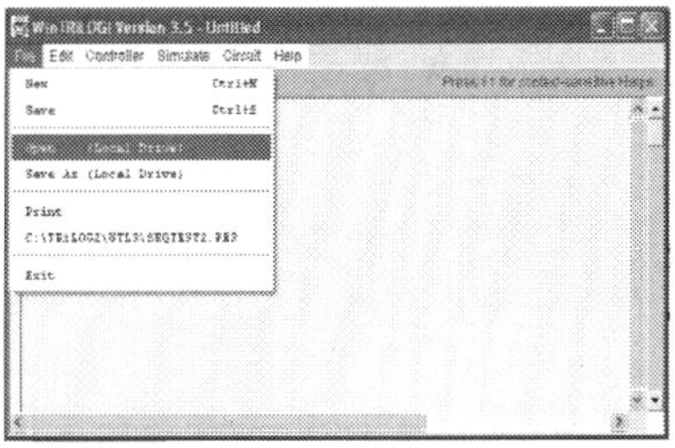

Écran pour ouvrir un programme Logique à Relais existant.

Dans ce cas, nous voulons ouvrir WATERLVL.PE3 donc, une fois mis en surbrillance avec la souris, cliquez sur Open. Le programme API correspondant à WATERLVL.PE3 s'ouvrira.

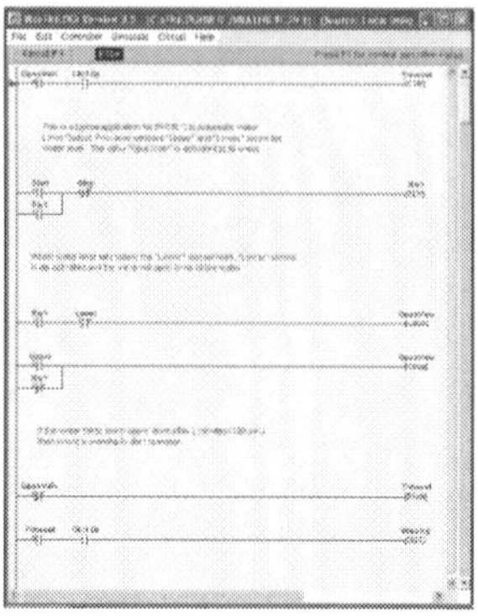

Programme ouvert et prêt à être simulé.

- **11.6 Simulation d'un programme.**

Si vous souhaitez simuler le projet avant de le télécharger dans l'automate, cliquez sur « Simuler – Simulate » puis exécutez-le avec « Exécuter- Run ». N'oubliez pas que pour effectuer une simulation d'un programme à contacts, vous n'avez pas besoin d'être connecté à l'automate. En fait, vous n'avez pas du tout besoin de matériel.

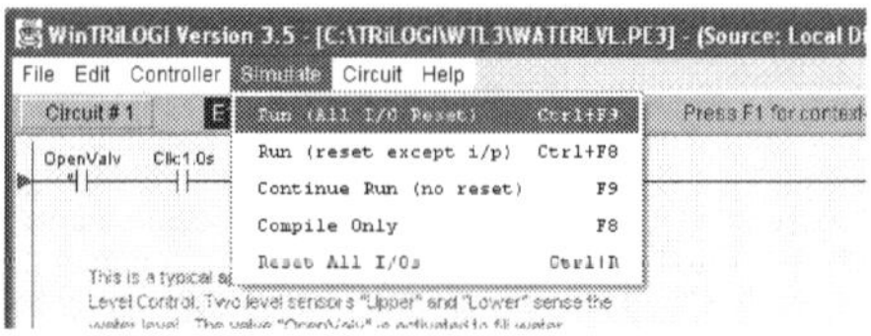

Écran de sélection de la simulation du programme.

Un nouvel écran apparaîtra avec le statut de la plupart des éléments. Si vous souhaitez simuler l'activation de n'importe quelle entrée, cliquez simplement sur cette entrée particulière.

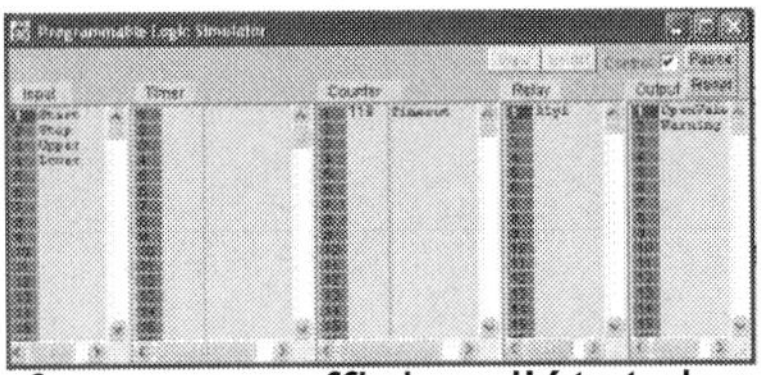

Écran pour forcer ou afficher l'état des éléments.

N'oubliez pas que les boutons gauche et droit de votre souris ont des fonctions différentes. Essayez-les vous-même en cliquant d'abord sur les entrées puis sur les sorties

Si vous ne souhaitez pas exécuter de simulation, ignorez simplement cette étape.

1.7 Transfert d'un programme vers l'automate.

Si vous n'avez pas l'automate, vous pouvez ignorer cette partie.

Pour transférer le programme vers l'automate, sélectionnez " Contrôleur - Controller" puis " Transfert de programme vers l'automate - Transfer program to PLC". Vous pouvez également utiliser les touches « CONTROL » et « T ».

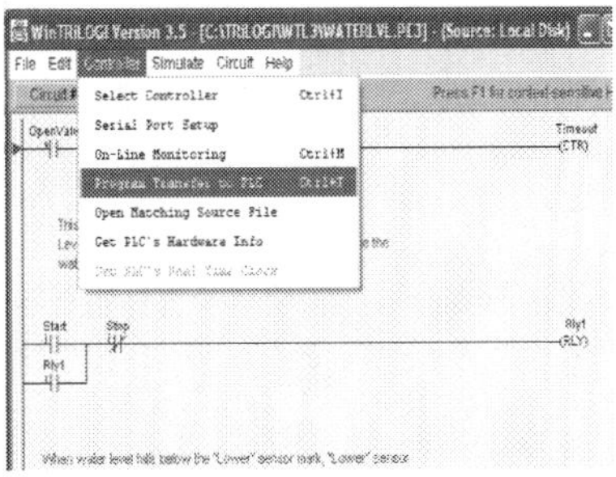

Écran pour transférer le programme de contrôle vers un véritable automate.

Une petite fenêtre apparaîtra vous demandant d'entrer l'ID (si vous le connaissez); sinon, cliquez sur "Détecter l'ID - Detect ID" et le programme trouvera l'ID pour vous.

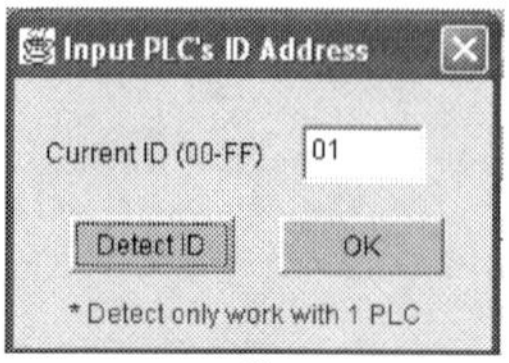

Cliquez sur OK

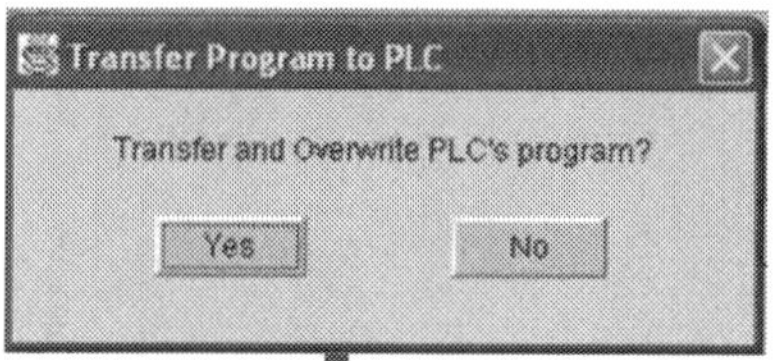

Cliquez sur "Yes"

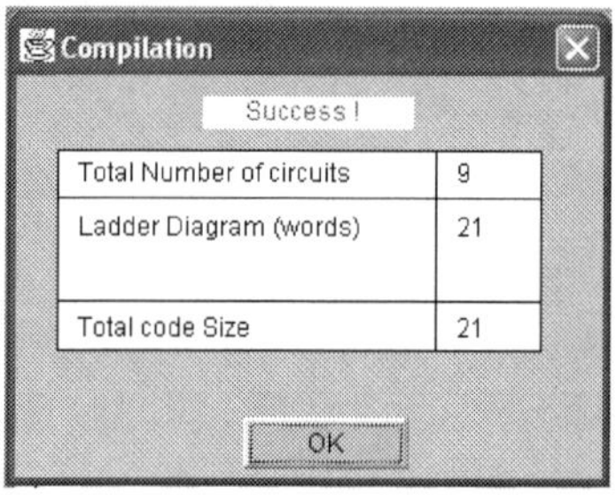

Il lancera le transfert vers l'automate ou l'automate formateur.

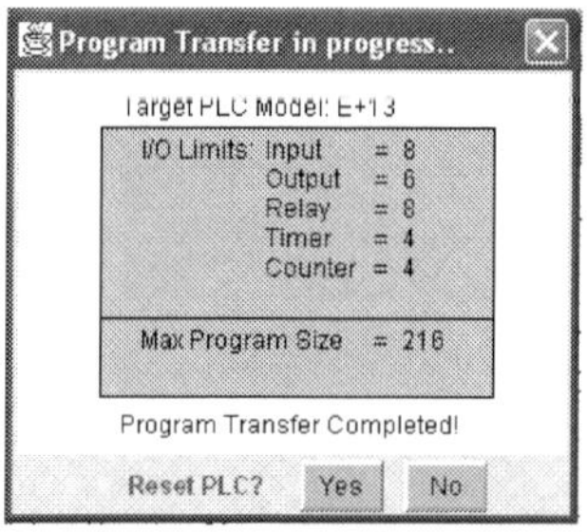

Procédure pas à pas pour transférer un programme vers l'automate.

11.8 Simulation ou surveillance de ligne.

Si vous souhaitez voir le fonctionnement du programme API EN LIGNE, sélectionnez : Contrôleur - Controller > Surveillance en ligne – Online Monitoring . Vous pouvez également utiliser les touches "Control" et "M" pour passer en mode de surveillance en ligne, comme indiqué sur l'écran ci-dessous.

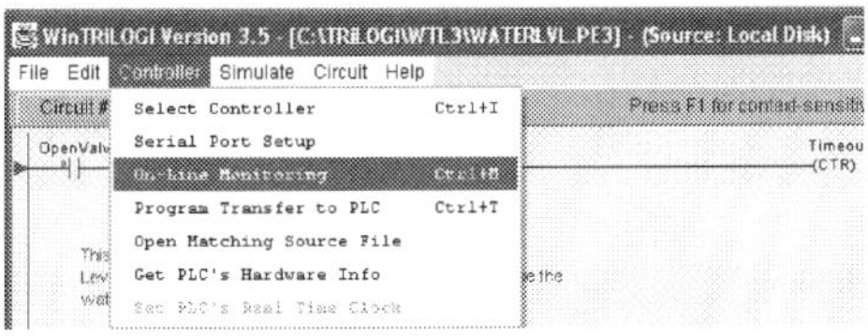

Sélection de la surveillance en ligne à partir de l'écran.

Ensuite, l'écran de surveillance en ligne apparaîtra. Vous pouvez désormais commander l'API soit à partir des boutons-poussoirs et des interrupteurs de l'API lui-même, soit via les entrées de l'écran de votre PC. Les deux options auront le même effet sur le programme API.

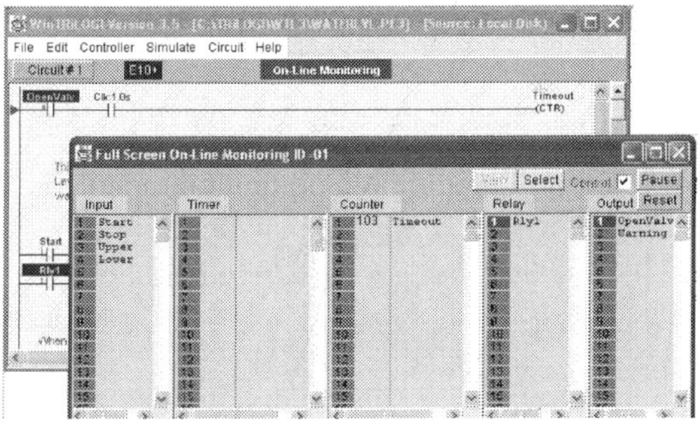

Écran contextuel avec tous les éléments d'échelle utilisés.

N'oubliez pas que vous pouvez cliquer avec la souris de votre ordinateur. Les boutons gauche et droit ont des effets différents sur la sélection.

11.9 Utilisation des boutons-poussoirs, interrupteurs et relais du API Trainer.

Vous pouvez créer votre propre entraîneur API pour des exercices pratiques, mais vous pouvez également exécuter une simulation logicielle. Si vous souhaitez travailler avec un véritable automate, nous vous suggérons d'ajouter différents appareils et de les connecter au même, comme suit :

Entrées

Appareil	Il est connecté à l'entrée de l'automate #
bouton 1	1 ou IN1
bouton 2	2 ou IN2
commutateur 1	3 ou IN3
commutateur 2	4 ou IN4
commutateur 3	5 ou IN5
commutateur 4	6 ou IN6

Connexion des périphériques d'entrée à un véritable API Trainer.

A titre d'exemple, on pourrait dire :

Dans l'automate, le bouton-poussoir 1 est connecté à l'entrée 1 de l'automate. Il en serait de même de cliquer sur l'entrée 1 via le simulateur logiciel ou d'appuyer sur le bouton 1 de l'automate pour activer l'entrée 1.

Sorties

Sortie #	est connecté à
1	Sortie 1
2	Sortie 2
3	Out 3
4	Out 4

Sorties automate.

Connexion royale :

L'automate réel aura les sorties physiques connectées à des relais externes.
L'activation de la sortie 1 sur l'automate excitera la sortie 1, qui excitera alors le relais.

11.10 Écrire un programme pour la première fois.

Supposons qu'on vous demande d'écrire le programme de contrôle suivant :

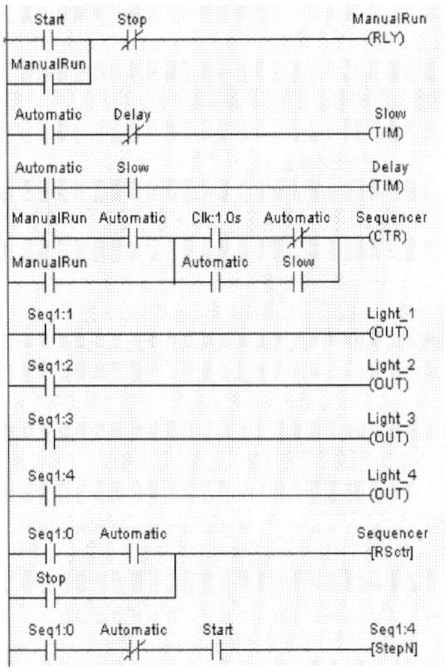

Il vous suffit de suivre les étapes suivantes :

1. Ouvrez le programme WinTRiLOGI® .

2. Sélectionnez E10 (Pour la plupart des exercices de ce livre).

Vous pouvez également sélectionner la série H. Il s'agit d'un API avec plus d'entrées et de sorties. Nous utilisons E10 car il n'a que 6 entrées et 4 sorties et c'est suffisant pour comprendre les concepts.

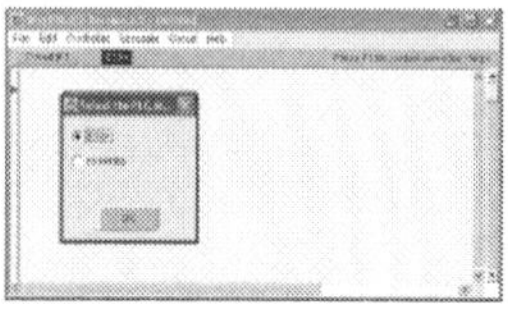

3. Créez votre nom de programme : **FirstProg.PE3**

   Nous avons choisi ce nom au lieu de FirstProgram.PE3 pour conserver l'original intact. Procédez à sa sauvegarde.

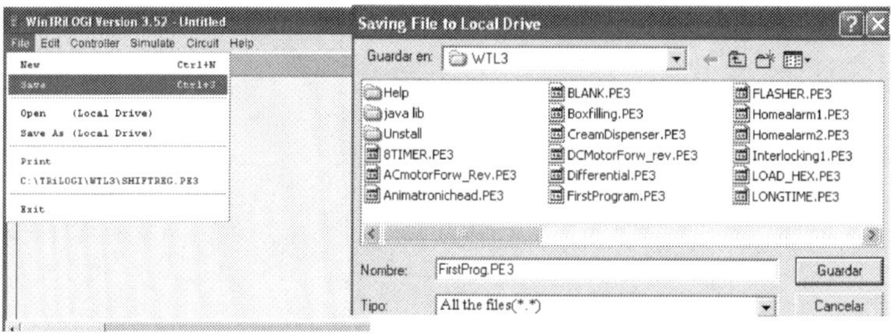

4. Ouvrez la table E/S - I/O pour entrer tous les éléments que vous souhaitez utiliser, en appuyant sur F2.

Définissez les éléments dont vous avez besoin : entrées, sorties, relais, temporisateurs, compteurs et séquenceurs. Ne vous inquiétez pas si vous oubliez ou avez besoin de plus d'articles à l'avenir ; vous pourrez les ajouter plus tard. L'importance de savoir quoi utiliser est que vous ayez une idée des ressources dont vous aurez besoin, que ce soit les appareils à connecter à l'automate ou le nombre d'entrées et de sorties physiques pouvant répondre au cahier des charges.

Entrées/ Inputs : Start , Stop et Automatic .
Sorties/ Outputs : Light_1, Light_2, Light_3 et Light_4.

Relais / Relays : ManualRun .
Minuteries / Timers : Slow et Delay .
Compteurs / Counters : Sequencer .
Séquenceur / Séquencer : Numéro 1 (ce modèle d'automate n'en possède qu'un).

La création de noms pour les entrées, les sorties et les relais est une procédure simple en remplissant la table d'E/S correspondante.

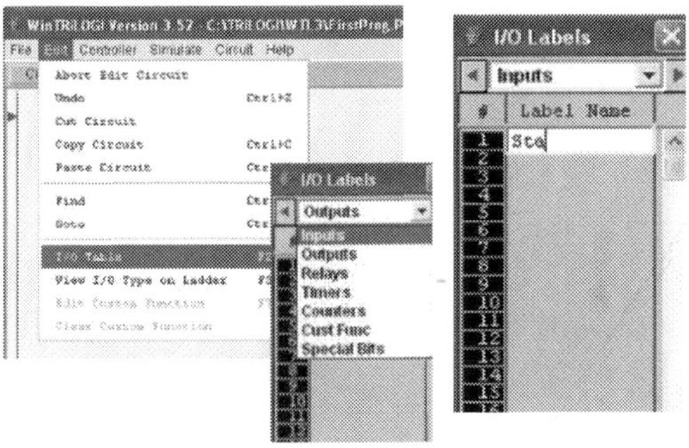

Pour régler les minuteries, vous devez d'abord saisir le nom, puis la valeur de réglage. Dans le graphique, on peut voir que ces valeurs sont respectivement 17 et 10. Cela signifie que la valeur définie en temps réel est de 1,7 sec et 1,0 sec .

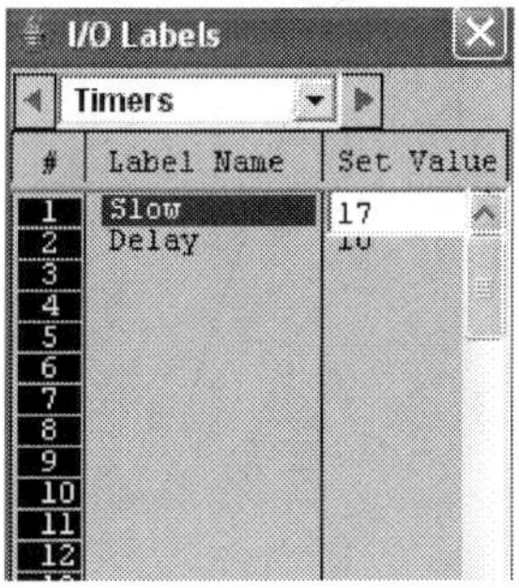

Les compteurs nécessitent également la valeur Set. Entrez d'abord le nom, puis la valeur maximale qui comptera. Dans ce cas, le compteur est associé au seul séquenceur dont dispose le formateur, nous l'appelons donc Sequencer , mais il aurait pu avoir un autre nom.

La séquence aura 4 étapes ou la même chose, le compteur ne comptera que jusqu'au numéro 4.

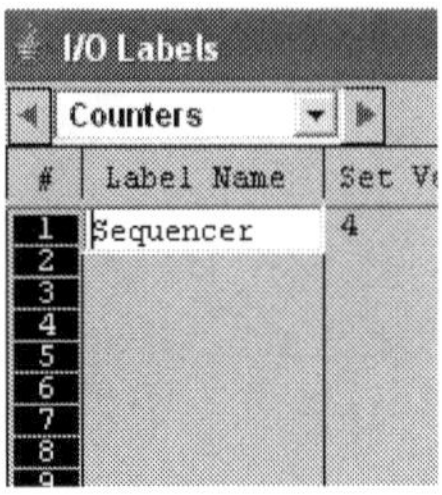

5. Entrez en mode édition en appuyant sur la barre d'espace.

Vous verrez qu'un nouveau menu graphique apparaîtra en haut. Vous pouvez également "double cliquer " sur le bus d'alimentation, en face du petit triangle de lecture.

Vous saurez que vous êtes en mode "Modifier-Edit", car il y a un carré jaune devant le triangle rouge, et il y a une nouvelle barre de menu. Le circuit ou la ligne de commande que vous êtes sur le point d'ajouter ou de modifier s'affiche également.

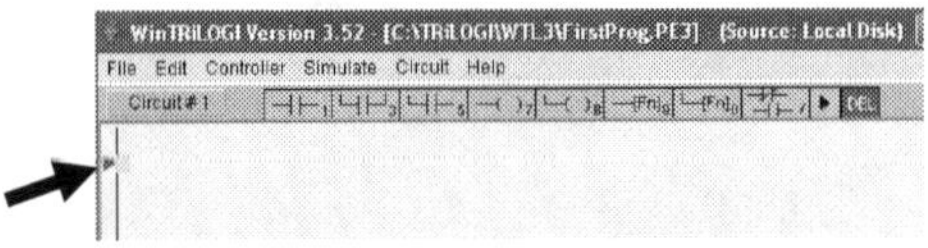

6. Cliquez sur l'icône 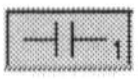 pour ajouter un contact normalement ouvert . Le tableau des E/S apparaît. Vous remarquerez peut-être qu'il y a un petit nombre, dans ce cas 1, sur lequel vous pouvez appuyer pour obtenir les mêmes résultats qu'en cliquant sur l'icône.

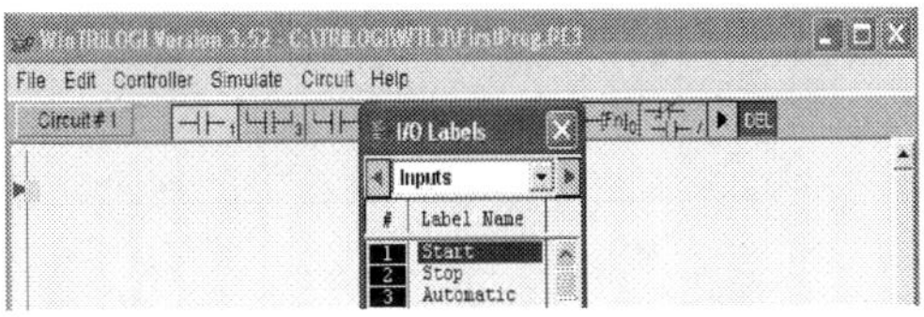

vous voyez déjà la table d'entrée, cliquez sur Start et vous devriez alors obtenir la sortie suivante à l'écran :

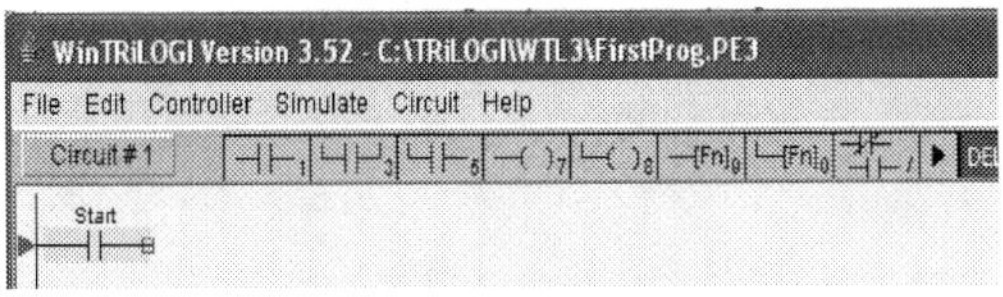

La table d'E/S est automatiquement masquée. Vous pouvez voir qu'un contact "Normalement Ouver- Normally open " de " Start " a été ajouté .

7. Cliquez sur l'icône 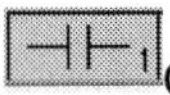ou appuyez à nouveau sur 1 pour ajouter un contact normalement ouvert pour l'Stop, en suivant la même procédure utilisée à l'étape précédente.

8. Pour changer ce dernier contact NO en NC, cliquez sur (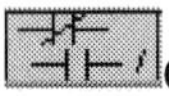ou sélectionnez la touche "/"), puis cliquez sur OK . Les écrans résultants ressembleront à :

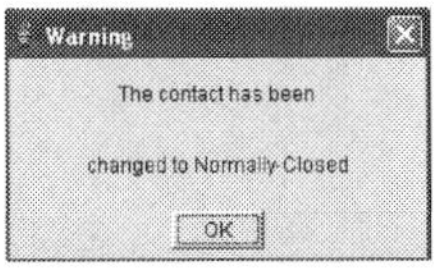

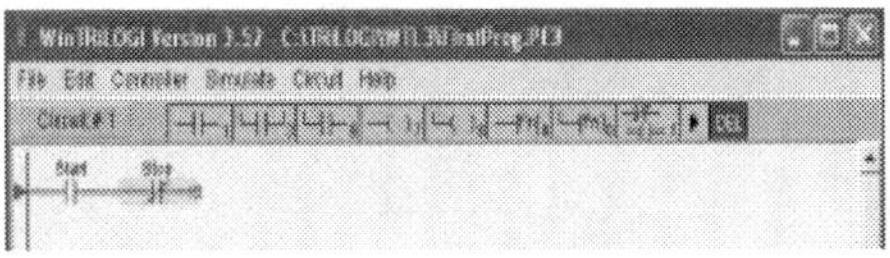

9. Nous devons maintenant ajouter une sortie relais interne. Cela peut être fait en cliquant sur 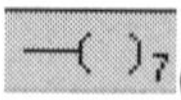(ou en appuyant sur le chiffre 7) et en sélectionnant ManualRun des relais dans la table I/O.

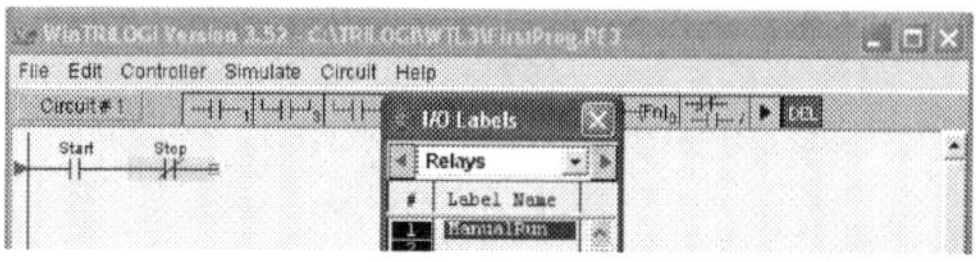

Une fois le relais ManualRun sélectionné , l'écran suivant est obtenu

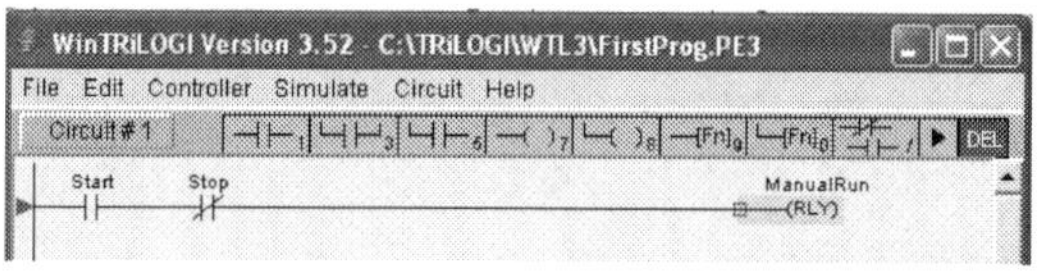

10. Contact ManualRun en parallèle avec Start. Avant de continuer, vous devez cliquer sur Start .

Une fois qu'il est en surbrillance, vous pouvez cliquer sur 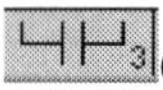ou simplement appuyer sur la touche numéro 3.

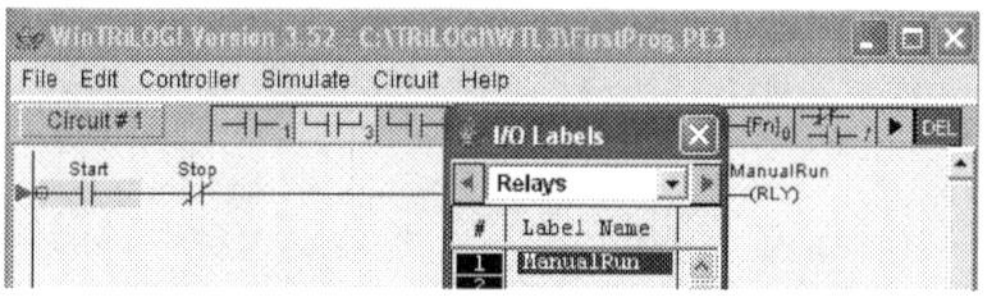

Le contact que nous devons ajouter étant un contact relais appelé ManualRun, il suffit de le sélectionner, pour obtenir l'écran suivant :

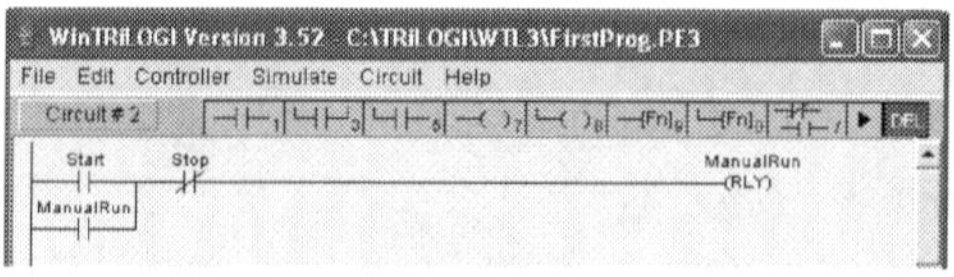

11. Nous sommes donc prêts à écrire le Circuit #2. Cliquez simplement un peu en dessous du contact que nous venons de placer ou appuyez simplement sur Entrée- Inputs.

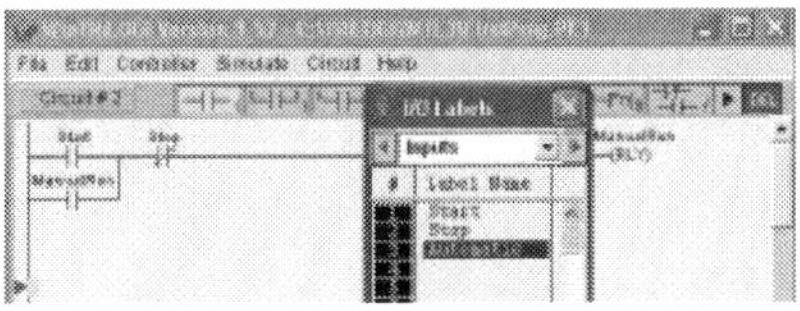

Notez que le carré jaune indique le circuit #2. Cliquez sur l'icône Ouvrir le contact puis, dans Entrées, sélectionnez Automatic .

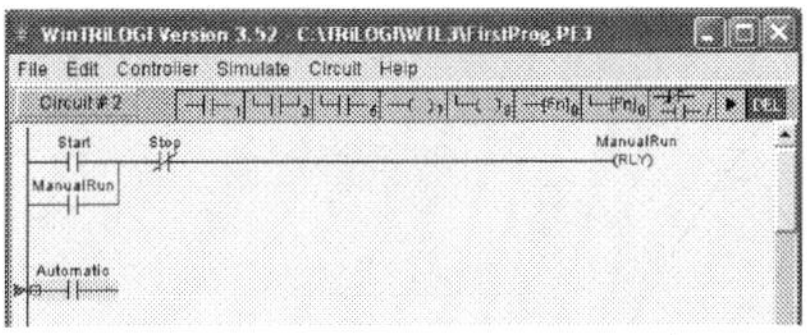

12. Pour ajouter un contact temporisateur NC nommé Delay with Automatic, cliquez sur l' icône, puis faites défiler le tableau d'E/S jusqu'à ce que vous trouviez Timers et sélectionnez Delay.

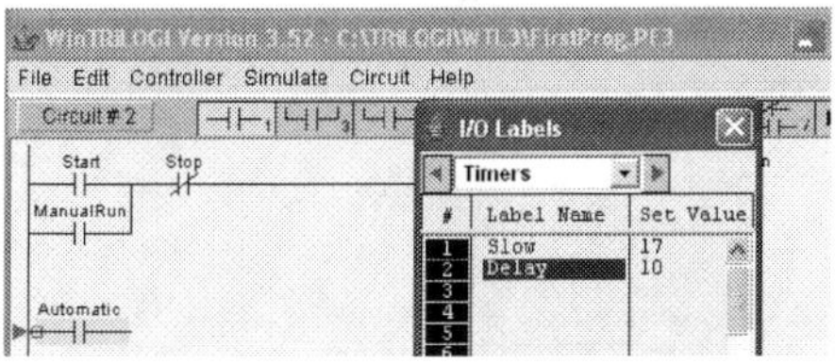

Un nouveau contact de minuterie a été ajouté :

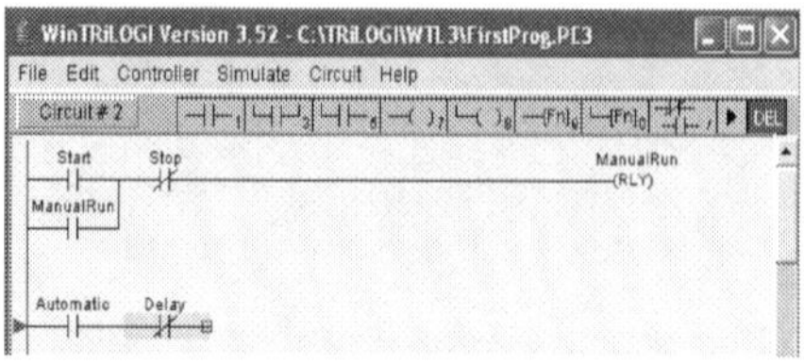

Cliquer sur pour le changer en NC, car c'est un contact NO par défaut.

Et enfin, pour ajouter la minuterie, nous cliquons sur l'icône , faites défiler les minuteries et sélectionnez la Minuterie Slow .

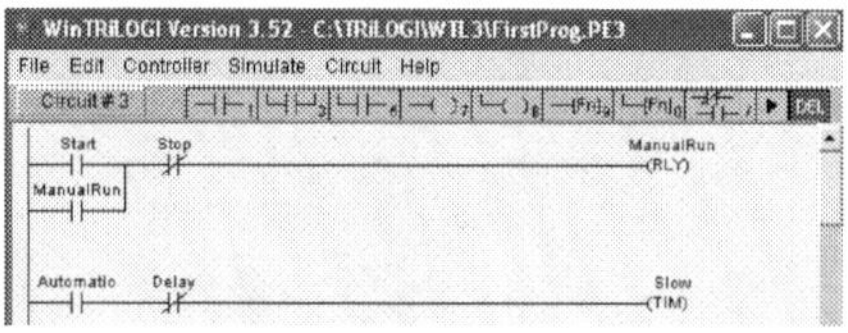

En utilisant les mêmes procédures, ajoutez la ligne de contrôle suivante pour obtenir le circuit complet #3.

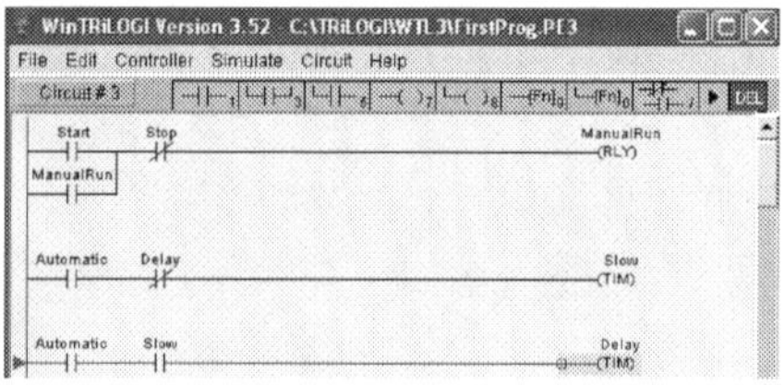

contact NO Slow reste inchangé.

13. Cette partie est assez importante car nous devons savoir comment ajouter des combinaisons de contacts.

Ajoutez d'abord des contacts NO pour le relais ManualRun et l'entrée Automatic comme indiqué ci-dessous :

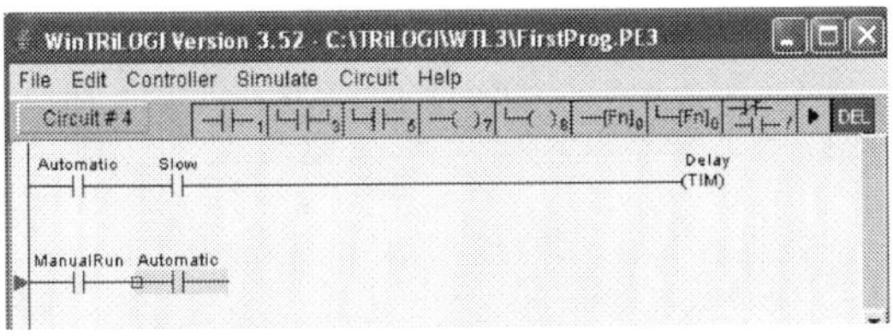

Cliquez sur le contact ManualRun pour le mettre à nouveau en surbrillance, puis cliquez sur l'icône pour placer le contact parallèle.

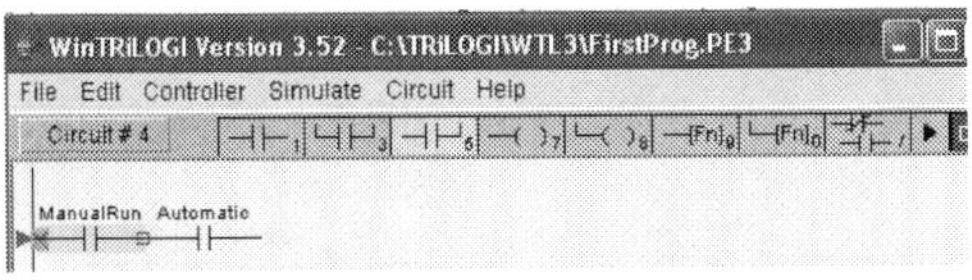

Notez qu'à gauche du contact d'exécution manuelle se trouve une croix bleue et que l'icône est devenue un fond jaune pour vous inviter à définir l'autre élément auquel vous souhaitez vous connecter.

Cliquez simplement sur le contact automatique pour le mettre en surbrillance, puis sur . Dans le tableau des E/S, faites défiler jusqu'à Relays , puis sélectionnez ManualRun .
Vous aurez l'écran suivant :

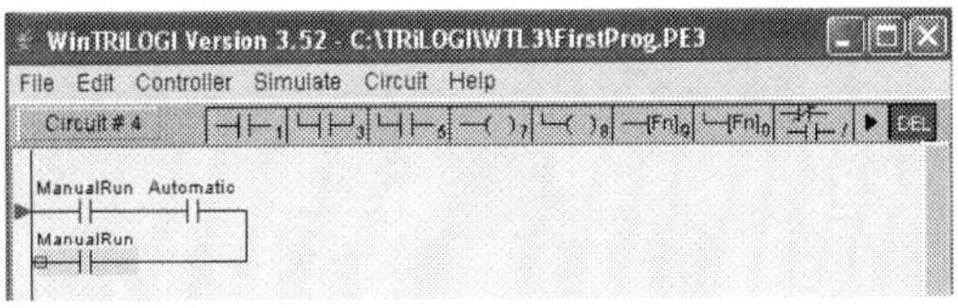

Cliquez à nouveau sur le contact nommé Automatic pour le mettre en surbrillance, puis utilisez la flèche droite de votre ordinateur pour déplacer le curseur vers la droite. Un petit carré jaune apparaîtra à droite du contact comme indiqué ci-dessous :

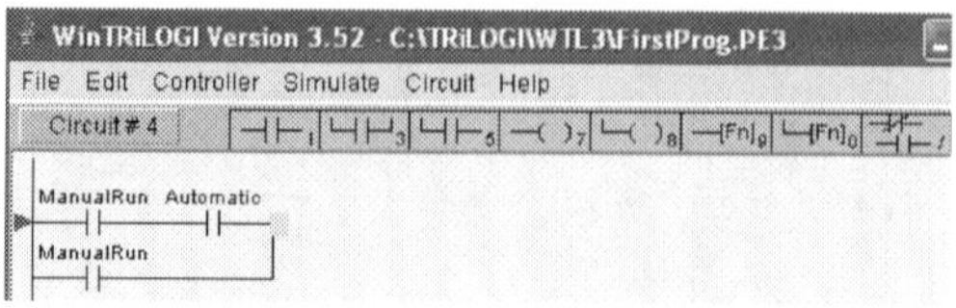

Ajoutez ensuite un nouveau contact en cliquant sur 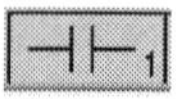, puis faites défiler vers le bas jusqu'à ce que vous trouviez Special Bits dans la table d'E/S. Sélectionnez Horloge 1,0 s.

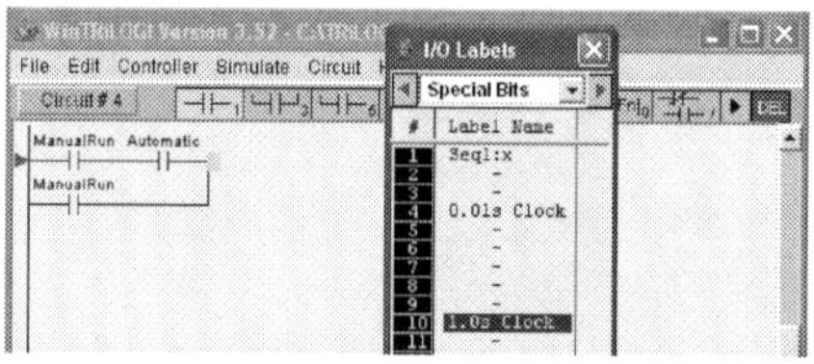

Le contact d'horloge apparaîtra. Avec la même procédure, ajouter le contact NF automatique jusqu'à obtenir :

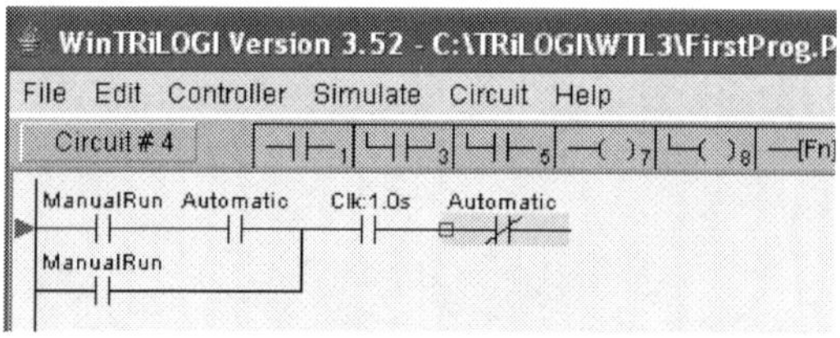

Avec la flèche gauche déplacer le curseur pour mettre en surbrillance le contact de l'horloge puis cliquer sur l'icône 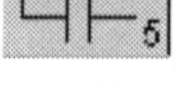. En utilisant la même procédure que précédemment, mettez en surbrillance le contact nommé Automatic , cliquez sur , puis sélectionnez l' 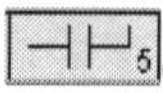entrée Automatique , dans la table des E/S.

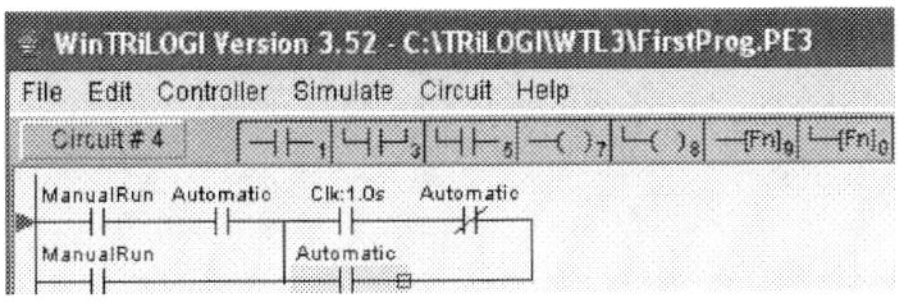

Pour ajouter le contact temporisé appelé « Slow », cliquez simplement sur et faites défiler jusqu'au tableau Minuteries-Timers , puis sélectionnez « Slow ».

Pour ajouter la sortie, cliquez sur le contact NF appelé Automatique et déplacez le curseur vers la droite. Un petit carré jaune apparaîtra sur le côté droit du contact, comme illustré.

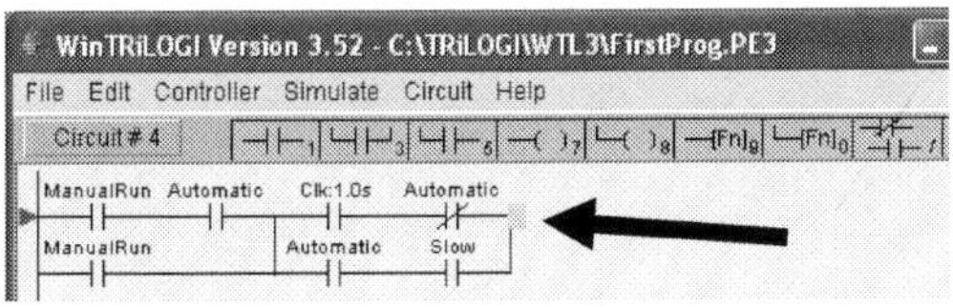

Selon le programme d'origine, nous avons besoin d'un compteur nommé Sequencer . Étant donné que les compteurs peuvent être obtenus en tant que sortie de la table d'E/S, il suffit de cliquer sur , de rechercher la table Compteurs - Counters et de sélectionner Sequencer .

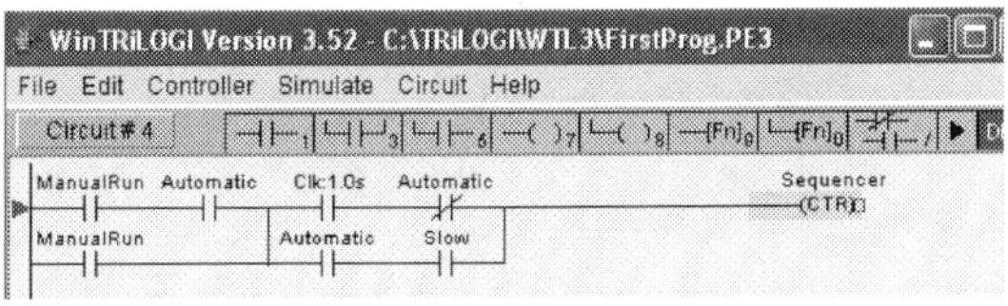

14. Le circuit #5 nécessite une instruction spéciale ou un contact de séquenceur. Pour commencer, appuyez simplement sur Iputs ou cliquez sous le circuit actuel.

Vous devriez voir le triangle rouge et le carré jaune pour vous assurer que vous êtes en mode édition ; sinon, double- cliquez sur la ligne de contrôle ou appuyez sur la barre d'espace.

Cliquez sur l'icône et recherchez Special Bits, puis sélectionnez Seq1:X. Vous serez invité à entrer le numéro de l'étape, qui est "1" dans ce cas.

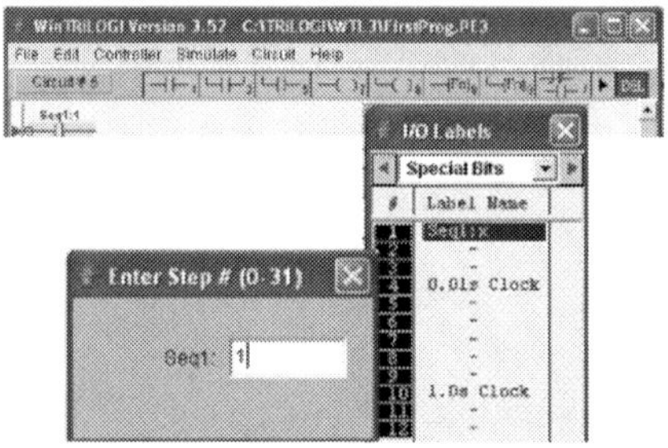

Avec ajouter la sortie Light_1. Continuez à ajouter les nouveaux circuits en vous référant aux étapes 2, 3 et 4 du séquenceur et leurs voyants correspondants :
Light_2, Light_3 et Light_4.

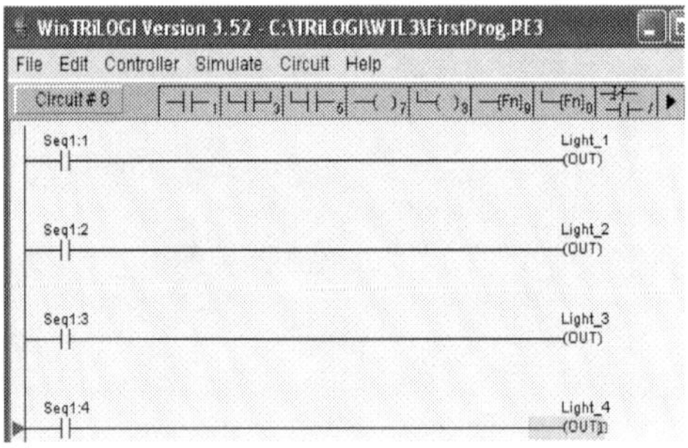

15. Pour créer le Circuit #9, la seule partie que nous ne connaissons pas est l'instruction à droite, si vous avez lu toutes les étapes précédentes, vous pouvez écrire le programme jusqu'ici :

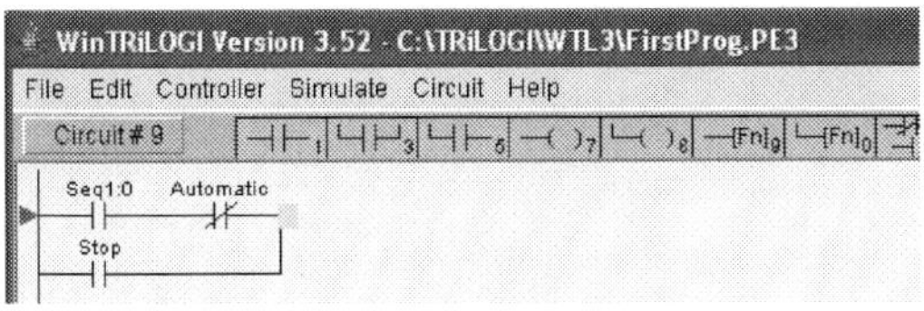

Notez qu'il y a un carré jaune sur le côté droit du contact NF-NC indiqué comme Automatic. Il vous suffit de cliquer —[Fn]9 ou appuyez simplement sur le chiffre 9 du clavier de votre PC.

Sélectionnez la commande Reset counter puis sélectionnez le Counter nommé Sequencer.

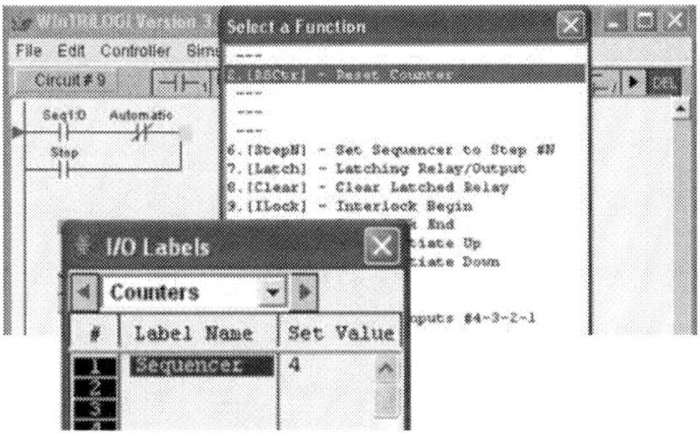

Le circuit résultant #9 est le suivant :

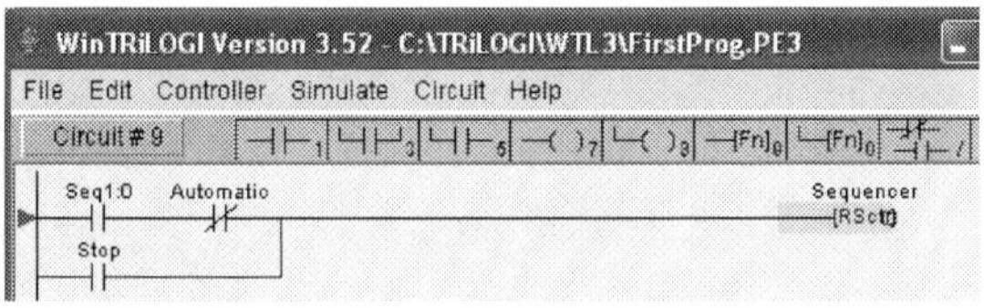

16. Le circuit #10 peut être obtenu avec la même procédure. Pour obtenir la dernière instruction StepN , vous devez également cliquer sur —[Fn]9.

Entrez "4", lorsque vous y êtes invité.
Le résultat final et la dernière boucle de votre programme ressembleront à ceci :

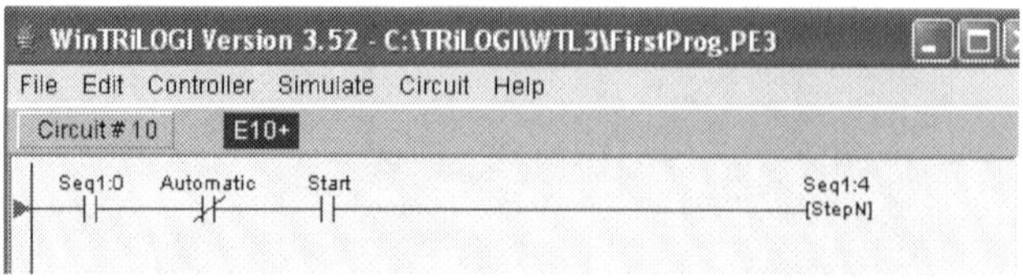

Il est recommandé de sauvegarder périodiquement votre programme. Si vous ne l'avez pas déjà fait, faites-le via le menu Fichier - File.

Vous pouvez maintenant poursuivre la simulation ou le téléchargement. Ces procédures sont dans d'autres lectures précédentes.

Questions

1. Du logiciel de programmation et de simulation Wintrilogi ?
2. Comment testez-vous vos communications avec l'automate ?
3. Comment accède-t-on au mode édition dans le logiciel ?
4. De quoi avez-vous besoin pour simuler votre programme ?
5. Comment transférez-vous le programme de votre PC ou ordinateur portable vers l'automate ?
6. De quoi avez-vous besoin pour accéder à la surveillance en ligne ?
7. Comment supprimez-vous une ligne de contrôle (circuit) ?
8. Comment insérez-vous une ligne de contrôle (circuit) ?
9. Lors de l'utilisation du logiciel de simulation, quels effets pouvez-vous avoir sur une entrée si vous utilisez le bouton gauche ou droit de la souris ?
10. Comment programmer la valeur Set dans une minuterie ?
11. Comment obtenez-vous l'instruction StepN ?
12. Que faites-vous pour insérer un commentaire sur une ligne de commande particulière (circuit) ?

[12. COURS DE PROGRAMMATION DE LOGIQUE À RELAIS.]

Ce chapitre contient 40 leçons pour vous guider dans la maîtrise des instructions. Toutes les leçons sont pratiques, il faut donc écrire le programme, faire une simulation, et si vous avez un vrai automate, le transférer sur l'automate.

12 Cours de programmation.

Comment pratiquer les leçons API.

Nous vous recommandons de lire les conseils suivants, pour bien comprendre la programmation de l'automate :

1. Étudiez d'abord toute la théorie des chapitres précédents.
2. Lisez la leçon et essayez de comprendre le programme.
3. Écrivez le programme, peu importe s'il ressemble à celui des leçons précédentes. La pratique de l'écriture de programmes est très importante.
4. Compilez le programme et corrigez toutes les erreurs que vous avez commises.
5. Simulez le programme via le logiciel et en fonction des résultats, essayez de répondre aux questions.
6. Si vous avez l'automate, téléchargez le programme et pour la simulation, utilisez les boutons-poussoirs et interrupteurs nécessaires disponibles.
7. Enregistrez chaque programme que vous créez avec un nom significatif.
8. Ajoutez vos propres commentaires aux lignes de contrôle en fonction de vos expériences.
9. Utilisez l'espace « Notes » pour enregistrer ce que vous considérez comme important dans chacune des leçons.

Leçon 1. Circuit de base avec contact d'entrée NO .
Leçon 2. Circuit de base avec contact d'entrée NC-NF .
Leçon 3. Une entrée pilotant plusieurs sorties.
Leçon 4. La même entrée avec deux contacts différents.
Leçon 5. Deux entrées NO connectées en série.
Leçon 6. Ligne de contrôle à plusieurs entrées.

Leçon 1. Circuit de base avec contact d'entrée NO.

Il s'agit de votre première expérience avec l'échelle, alors essayons de commencer avec un circuit de base comme indiqué ci-dessous :

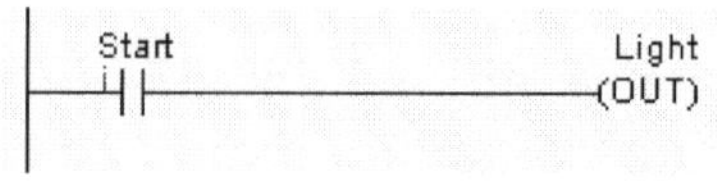

Start est un bouton poussoir externe connecté à la première entrée et Light est une ampoule connectée à la première sortie de l'automate. Pour l'instant, nous n'avons pas à nous soucier des connexions.

Contact de Start dans le programme API se ferme et, par conséquent, la lumière s'allume également.
La lumière sera allumée tant que vous maintenez l'interrupteur enfoncé avec votre doigt.

Questions.

1. Comment pouvez-vous utiliser un bouton-poussoir, un interrupteur à bascule et un interrupteur de niveau comme entrée ?
2. À quelle vitesse la sortie s'allume-t-elle ?
3. Pourrions-nous avoir plus d'entrées ou plus de sorties en parallèle ?
4. Pourrions-nous avoir plus d'entrées ou plus de sorties série ?
5. Combien d'instructions l'automate exécute-t-il ici ?
6. Pourriez-vous proposer une application pour ce circuit ?

Notes

Leçon 2. Circuit de base avec contact d'entrée NC.

Cette leçon explique comment utiliser un contact NF, avec un bouton poussoir NO connecté à une entrée.

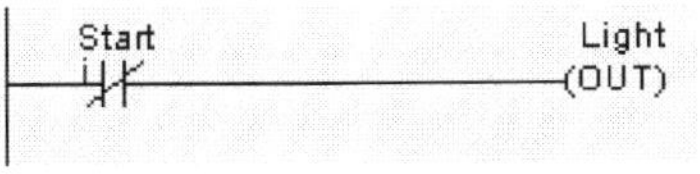

Dans ce circuit, nous avons changé le contact NO de l'entrée nommé Start à un normalement fermé. En raison de cette condition, rien n'empêche la Lumière (Light) de s'activer. En supposant que nous utilisons un bouton physique NO (car nous pourrions utiliser un bouton NC), la seule possibilité d'éteindre la lumière est lorsque vous appuyez sur le bouton Start.

Le simulateur logiciel vous permet uniquement de simuler les boutons NO, que vous fermez lorsque vous cliquez avec votre souris, sur l'écran de simulation.

Questions.

1. Et si vous utilisiez un vrai bouton poussoir NC ?
2. Quand peut-on utiliser un circuit comme celui-ci ?
3. Y a-t-il une différence dans l'utilisation de boutons-poussoirs ou d'interrupteurs réels ?

Notes

Leçon 3. Une entrée pilotant plusieurs sorties.

Cette leçon vous permet de comprendre plusieurs sorties activées par une seule entrée.

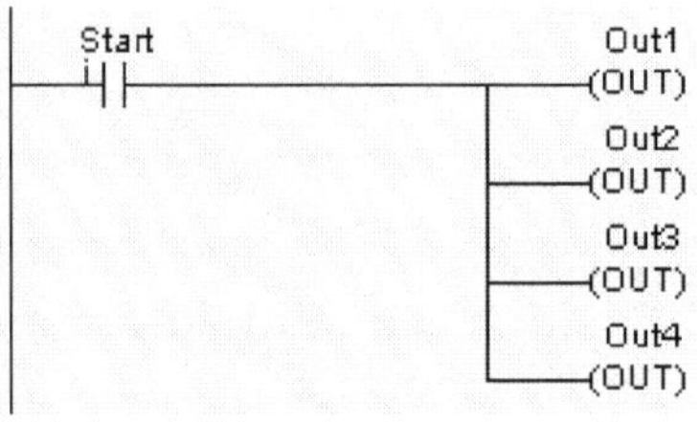

Ce circuit a un contact appelé Start et, une fois activé, il se fermera et alimentera quatre sorties simultanément. En général, vous pouvez considérer que les quatre sorties de droite dépendent de l'activation de Start .

Questions.

1. Combien de sorties pouvons-nous connecter en parallèle ?
2. Les sorties sont-elles activées simultanément ?
3. Est-ce la même chose de mettre les sorties dans un autre ordre ?

Notes

Leçon 4. La même entrée avec deux contacts différents.

Cette leçon vous aide à comprendre que vous pouvez affecter des contacts NO ou NC à une entrée et comment ils fonctionnent.

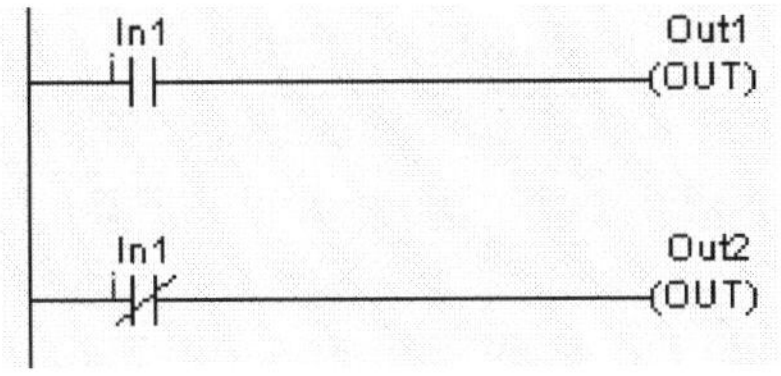

Ce programme court comporte deux lignes de contrôle. Notez que chacun a une sortie différente, mais ils partagent la même entrée.
La seule différence est que les contacts ont un état normal différent sur chaque ligne de commande : la première ligne de commande comprend un contact NO et la deuxième ligne a un contact NF.

En règle générale, une même entrée peut apparaître plusieurs fois sur différents circuits ou lignes, avec des contacts NO ou NF. En fait, pour créer votre logique de contrôle, vous devrez peut-être utiliser plusieurs fois le même contact dans la plupart des lignes de votre programme.

Questions.

1. Est-ce que Out1 et Out2 sont allumés en même temps une fois que In1 s'allume ?
2. Ajouter le même contact en série, sur la même ligne.
3. Ajouter le même contact en parallèle, sur la même ligne.

Notes

Leçon 5. Deux contacts d'entrée NO connectés en série.

L'objectif principal de cette leçon est de comprendre la connexion en série des contacts. Aussi appelée porte logique AND.

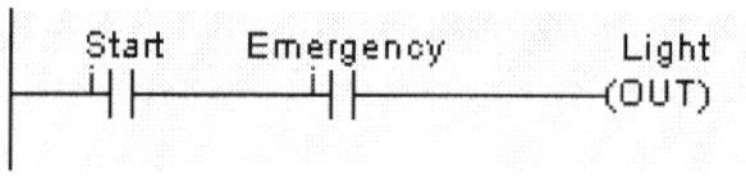

Le circuit ci-dessus montre deux contacts NO, connectés de telle sorte que la lumière ne s'allume que lorsque les DEUX contacts sont fermés simultanément. Comme vous vous en souvenez, lorsque cela se produit, il y a un flux de "courant" de gauche à droite.
Si vous utilisez le simulateur, puisque vous ne pouvez pas cliquer sur deux contacts en même temps, changez l'un des contacts en condition NC ou utilisez le bouton droit de la souris.

Si vous utilisez un simulateur API, vous pouvez utiliser les deux premières entrées (qui sont connectées aux boutons poussoirs) et les appuyer simultanément.

Questions.

1. Une entrée peut-elle être activée en premier puis l'autre ?
2. Peut-on utiliser un bouton poussoir pour une entrée et un interrupteur pour l'autre ?
3. Pouvez-vous mettre Urgence (Emergency) en premier puis Démarrer (Start) ?
4. Est-il possible d'avoir plus de séparation entre les contacts ?

Notes

Leçon 6. Ligne de commande à plusieurs entrées

Cette leçon vous aidera à vous entraîner avec plusieurs entrées et comment elles interagissent pour créer plusieurs chemins possibles pour activer une sortie.
Ce circuit en échelle montre deux manières possibles d'activer la sortie Out1, soit utiliser In1 et In2, soit utiliser In3 et In4.

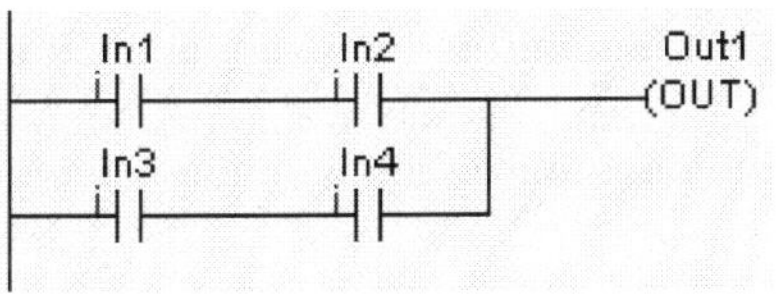

Notez que vous avez de nombreuses combinaisons en considérant que chaque entrée a été activée. Vous ne pouvez pas utiliser le simulateur logiciel car il ne vous permet d'activer qu'une seule entrée à la fois. N'oubliez pas que cliquer avec le bouton droit de la souris sur un contact changera son statut.

Questions

1. Si nous changeons tous les contacts NO en NC, en sera-t-il de même ?
2. Pourriez-vous essayer toutes les combinaisons ?
3. Que faire si toutes les entrées sont activées ?

Notes

Leçon 7. Ligne de commande avec contacts NO et NC.

Cette leçon aide à analyser le fonctionnement du chemin d'activation lorsqu'il existe une combinaison de contacts NO et NC.

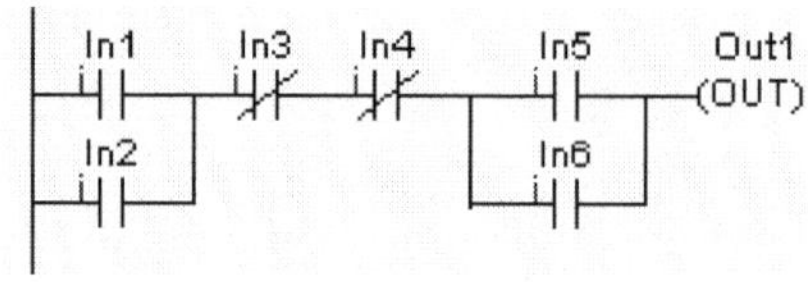

Si vous utilisez l'automate, vérifiez que tous les interrupteurs ne sont pas allumés (les voyants verts de l'automate doivent être éteints). Avec le simulateur logiciel, vous n'avez pas à vous en soucier.

Dans cette ligne de commande, vous pouvez voir qu'il existe quatre manières possibles d'activer la sortie Out1 :

1. In1 activé, In3 non activé, In4 non activé, In5 activé.
2. In1 activé, In3 non activé, In4 non activé, In6 activé.
3. In2 activé, In3 non activé, In4 non activé, In5 activé.
4. In2 activé, In3 non activé, In4 non activé, In6 activé.

Questions.

1. Que se passe-t-il si la seule entrée In3 est toujours activée ?
2. Et si seul In2 est toujours allumé ?

3. Que se passe-t-il si In1 et In6 sont toujours allumés ?

Notes

Leçon 8. Plusieurs chemins d'activation sur la même ligne de contrôle.

Cette leçon vise à étudier le nombre de chemins d'activation de sortie possibles lorsque plusieurs entrées sont utilisées.

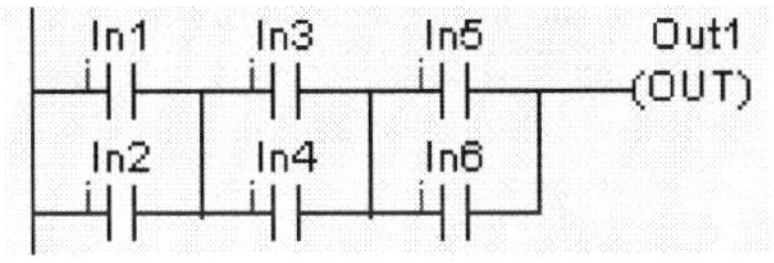

Si vous utilisez l'automate, vérifiez que tous les interrupteurs ne sont pas allumés (les voyants verts de l'automate réel doivent être éteints). Avec le simulateur logiciel, vous n'avez pas à vous en soucier. À partir de cette ligne de contrôle, vous pouvez voir qu'il y a plusieurs manières possibles d'activer la sortie Out1 :

1. In1 activé, In3 activé, In5 activé.
2. In1 activé, In4 activé, In5 activé.
3. In1 activé, In3 activé, In6 activé.
4. In1 activé, In4 activé, In6 activé.
5. In2 activé, In3 activé, In5 activé.
6. In2 activé, In3 activé, In6 activé.
7. In2 activé, In4 activé, In5 activé.

8. In2 activé, In4 activé, In6 activé.

Questions.

1. Combien d'entrées sont nécessaires pour activer la sortie ?
2. En changeant l'ordre du bloc parallèle, obtient-on le même résultat ?
3. L'une des entrées peut-elle être dupliquée sur la même ligne ?

Notes

Leçon 9. Circuit de base avec verrouillage.

Dans cette leçon, vous apprendrez comment fonctionne la conservation des contacts.

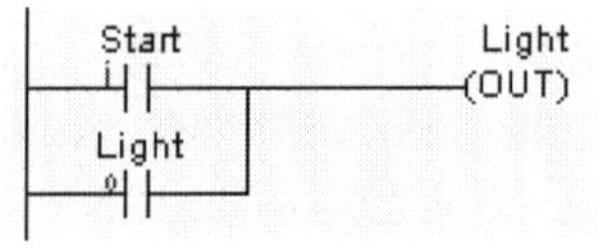

L'ajout d'un contact de la même sortie en parallèle avec Start entraînera la séquence d'événements suivante :

Bouton-poussoir Start , la sortie Light sera activée et, puisqu'elle est maintenant active, son contact associé, en parallèle avec le Start , se fermera, offrant un chemin alternatif pour maintenir la sortie allumée.

Vous pouvez retirer votre doigt du bouton poussoir et la sortie restera ON, car son contact est fermé. C'est comme si le contact remplaçait l'action d'appuyer sur le bouton.

Cela se produira si rapidement que vous pouvez supposer que toutes les actions se produiront en même temps.

Nous avons maintenant un problème : la lampe Light est allumée et il n'y a aucun moyen de l'éteindre à moins que vous n'éteigniez l'automate.

Questions.

1. Quel type de contact est "Light" ?
2. Expliquez comment l'automate exécute cette logique en interne.
3. À quelle vitesse le contact "Light" se fermera-t-il ?
4. Pourriez-vous fournir des solutions pour éteindre Light sans éteindre API ?
5. Combien d'instructions l'automate exécute-t-il ici ?

Notes

Leçon 10. Circuit de base avec Stop.

Cette leçon est utile pour comprendre la configuration Start - Stop classique. Notez que nous avons ajouté un contact normalement fermé appelé Stop, connecté à une autre entrée de l'automate.

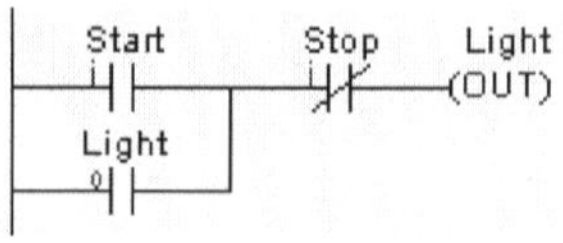

Le contact Stop étant normalement fermé, il devient "invisible" pour le circuit. L'explication est la suivante :

Appuyez sur Start , Light s'active et reste active, même si vous ne continuez pas à appuyer sur Start , car le contact associé de la sortie Light est fermé.

Après avoir suivi ces procédures, si vous appuyez sur Stop, même pour un temps très court, la sortie Light s'éteindra. La raison en est qu'en appuyant sur le bouton Stop, vous cassez le chemin du circuit, il reviendra donc à son état d'origine et vous obligera à appuyer à nouveau sur Start pour redémarrer le processus.

Questions.

1. Expliquez lesquels de ces éléments doivent être connectés aux entrées ou sorties physiques.
2. Pour une entrée donnée, peut-on utiliser un contact NO et NF en même temps ?
3. Pourquoi le contact physique du bouton-poussoir s'appelle-t-il Stop ?
4. Comment pourrions-nous remplacer le contact NC de Stop et utiliser un contact NO à la place ?
5. Si la sortie Light alimente un relais physique externe, pourrions-nous utiliser un contact NO de ce relais pour remplacer le contact du même nom dans ce circuit ?

Notes

Leçon 11. Ajout d'un relais interne.

Cette leçon vous permet de comprendre l'utilisation similaire des sorties internes et externes, grâce à l'utilisation d'un relais interne.

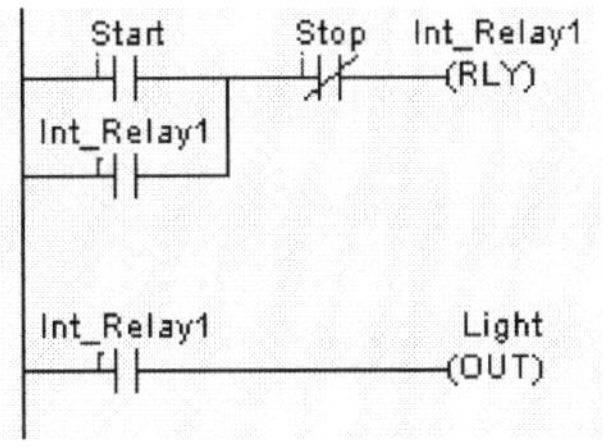

Dans ce cas, nous utiliserons un relais interne pour exécuter la même fonction, et un contact supplémentaire du même relais interne est utilisé pour activer la sortie Light.

Le programme fonctionnera exactement de la même manière que le précédent, la seule différence est qu'avec le relais interne, la mise en œuvre est plus proche de la réalité.
Le câblage physique nécessite un grand nombre de relais auxiliaires.

Les relais internes consomment également plus d'étapes de programmation que l'activation directe de la sortie. Mais dans la plupart des cas, ce fait n'est pas pertinent.

Questions.

1. Quel est l'avantage ou l'inconvénient du circuit décrit dans la leçon 3 ?
2. Combien de relais internes pourrions-nous utiliser dans un programme donné ?
3. Quelle est la vitesse d'activation de la sortie ?
4. S'il s'agissait d'un câblage dur, comment commanderais-je ce relais ?
5. Est-ce la même chose d'utiliser deux sorties d'automate en parallèle que d'avoir un seul relais avec deux contacts ?

Notes

Leçon 12. Minuteries. Notion de base.

Cette leçon présentera le concept de temporisateurs dans les automates.

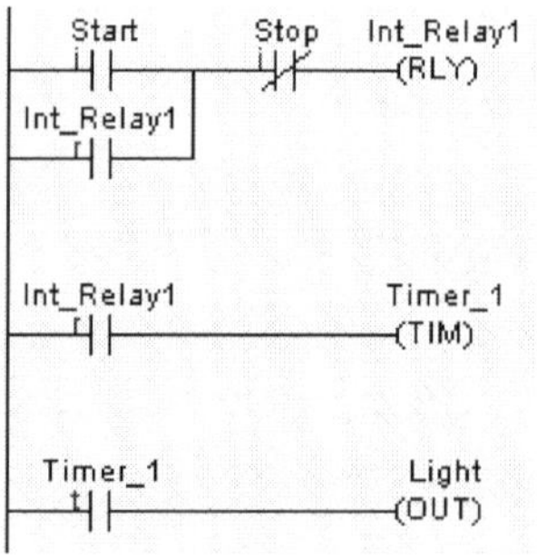

Circuit Start /Stop typique mis en œuvre avec un relais interne. Notez que le relais interne commande une minuterie. Le contact de cette minuterie commande la sortie externe appelée Light.

Une fois que vous avez activé le relais interne (en appuyant momentanément sur Start), la minuterie commencera à décompter. Immédiatement après l'écoulement du temps, le contact de la minuterie se ferme, permettant l'activation de la sortie externe connectée à la Light.

Si pendant le chronométrage, vous appuyez sur Stop, alors tout s'arrête : le chronomètre et la Light ne seront jamais activés. Utilisez 50 pour définir la valeur de temps pour Timer_1.

Questions.

1. Quelle est la base de temps ?
2. Quel est le temps maximum que vous pouvez utiliser ?
3. Quelle est la minuterie minimale que vous pouvez utiliser ?
4. Combien de contacts une minuterie peut-elle avoir ?
5. Comment pouvons-nous arrêter une minuterie ?
6. Comment faire une pause avec le temps ?
7. Comment activer la lumière avec une autre option que le contact de minuterie ?
8. Examinez les applications pour ce circuit.

Notes

Leçon 13. Minuterie avec contact NF (NC).

Cette leçon traite de l'application du contact NC d'une minuterie et de son effet sur la sortie commandée. Utilisez 50 comme valeur de consigne pour la minuterie.

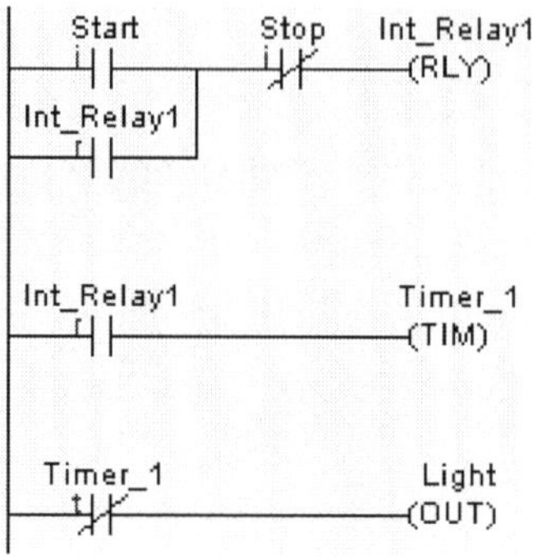

L'exemple est le même que dans la leçon précédente. Il n'y a qu'une seule différence : nous avons changé le contact du temporisateur qui était à l'origine NO et maintenant il est NC.

Dans ce cas, la lumière sera toujours allumée. Il s'éteindra après le démarrage du processus de chronométrage, en appuyant sur le bouton Start .

Une fois le temps écoulé, l'état du contact change. Il était initialement fermé et après synchronisation, il s'ouvrira plus tard. N'oubliez pas que pour activer un élément à droite, nous devons garantir que tous les contacts à gauche sont fermés.

Questions.

1. Combien d'étapes de programmation l'API exécute-t-il ici ?
2. Ce temps est-il fixe ou variable ?
3. Pourrions-nous utiliser simultanément un contact NO du temporisateur, pour piloter une sortie différente ?
4. Comment pouvons-nous avoir Light normalement éteinte dès le début et activer l'opération décrite ici, après avoir appuyé sur Start ?

5. Pouvez-vous citer des applications pour ce circuit ?

Notes

Leçon 14. Minuteries en cascade.

Dans cette leçon, nous allons introduire le concept de cascade de deux temporisateurs. Utilisez 50 comme valeur de consigne pour chaque minuterie.

Jetez un œil au circuit ci-dessous et vous remarquerez que Timer_1 active Timer_2. C'est ce qu'on appelle une "cascade".

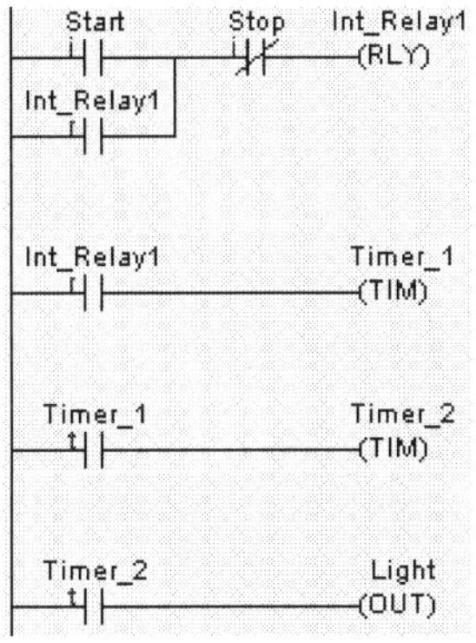

Vous pouvez utiliser autant de minuteries que vous le souhaitez, et le temps total sera la somme des valeurs de réglage individuelles de chaque minuterie.

Questions.

1. Quel est le temps maximum qui pourrait être réalisé ci-dessus ?

2. Quel est le temps total pour définir des valeurs de 10 secondes et une minute respectivement ?
3. Décrit le fonctionnement de Light si nous changeons le contact NO de Timer_2 en un contact NF.
4. Est-il possible de mettre en cascade des appareils autres que des minuteries ?

Notes

Leçon 15. Minuteries. Génération d'impulsions.

Cette leçon vous aidera à comprendre comment développer un programme Logique à Relais qui effectue une activation temporaire (impulsion unique) d'une sortie. Utilisez 20 comme valeur de consigne pour chaque minuterie.

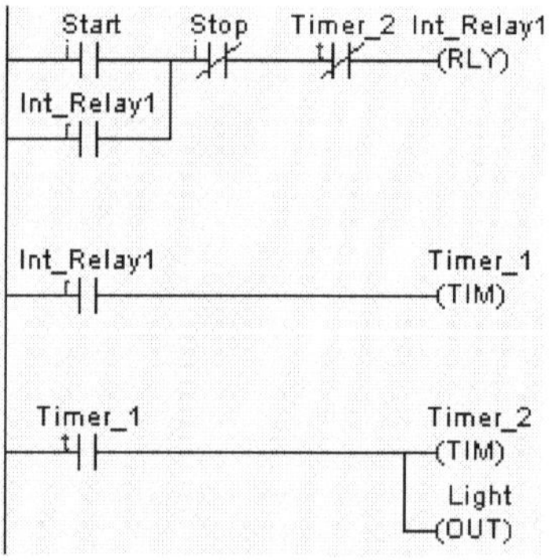

Ce circuit permet de générer une "Pulse". Une impulsion est le changement d'état pendant un temps limité. Dans ce cas, la lampe est éteinte. En appuyant sur Start , la lampe s'allumera pendant un moment puis s'éteindra automatiquement.

Il n'est pas nécessaire d'appuyer sur Stop pour éteindre la lampe.

Lorsque vous avez des impulsions continues, cela s'appelle un "train d'impulsions".

Questions.

1. Quel est le temps minimum que nous pouvons atteindre ?
2. Quel est le but de Timer-1 et Timer-2 ?
3. À quelle heure commence le chronométrage ? Quand appuyons-nous sur Start ou lorsque nous relâchons le bouton ?
4. Quels sont les temps ON ou OFF les plus longs que nous pouvons avoir ?
5. Où et quand le pouls est-il désactivé ?

Notes

Leçon 16. Minuteries. Train d'impulsions.

Lorsque vous avez besoin de plus d'une impulsion, vous pouvez utiliser ce que nous appelons un train d'impulsions. Ici, vous vous exercerez avec le concept DUTY CYCLE (Cycle de Travail). Utilisez 10 comme valeur de consigne pour chaque minuterie.

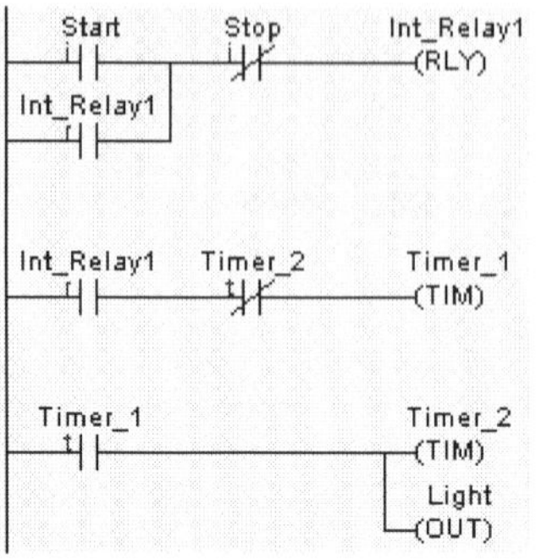

La sortie d'éclairage s'allumera et s'éteindra en continu jusqu'à ce que vous appuyiez sur Stop. Notez que nous avons supprimé le contact NC de Timer_2 et l'avons placé sur la ligne de contrôle de Timer_1. Étant donné que les deux minuteries peuvent avoir des valeurs de consigne différentes, le "DUTY CYCLE", qui est la relation entre les temps de marche et d'arrêt, peut être modifié en changeant le fonctionnement.

Questions.

1. Quel est le rapport cyclique si les temporisateurs 1 et 2 sont réglés sur 1 seconde ?
2. Que se passe-t-il si les minuteurs sont réglés sur 10 et 20 ?
3. Que se passe-t-il si vous modifiez le réglage sur 20 et 10 ?
4. Quel est l'effet visible sur la lampe si nous modifions le rapport cyclique ?
5. Si nous utilisons la bobine d'un relais, cela fonctionnera-t-il ?
6. Connaissez-vous d'autres façons d'avoir des trains d'impulsions automatiques ?

Notes

Leçon 17. Comptables. Compte illimité.

Cette leçon présente les bases de l'utilisation d'un compteur.

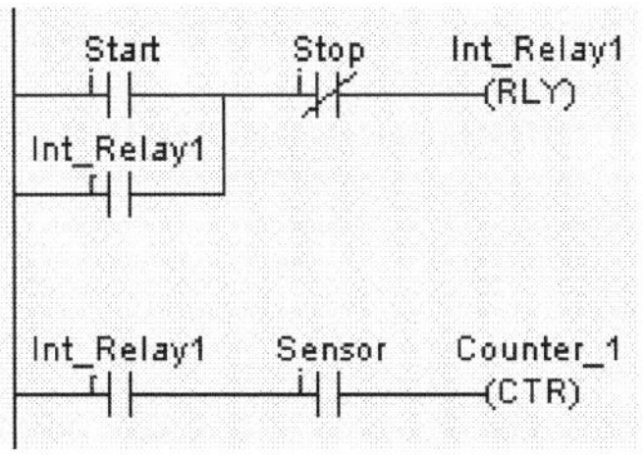

Le capteur d'entrée est un capteur physique qui détecte tout objet. Lorsque l'objet est « détecté » ou « vu » par le capteur, le contact associé se ferme, produisant une impulsion pour le compteur.

Le compteur est préalablement programmé avec un nombre, qui est celui que l'on veut compter. Utilisez 10 comme valeur de consigne.

Dans cet exemple, nous ne faisons que "compter" et les informations de comptage ne sont d'aucune utilité.

Questions.

5. Pourriez-vous donner cinq exemples où un comptable est requis ?
6. Le capteur a-t-il besoin d'un temps particulier pour détecter l'objet ?
7. Pourquoi ce processus est-il appelé un décompte «illimité» ?
8. Comment ramener le compteur à zéro ?

Notes

Leçon 18. Comptables. Compteur cyclique.

Cette leçon vous aidera à comprendre comment compter jusqu'à un certain nombre (par défaut). Utilisez 20 comme valeur de consigne pour le compteur.

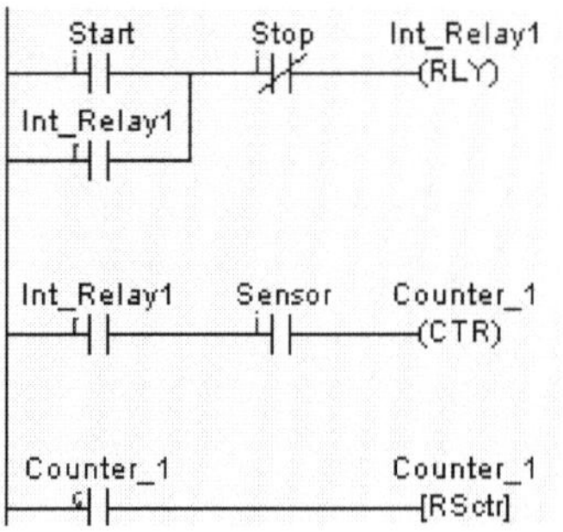

Notez que nous avons ajouté une dernière ligne de contrôle. Il intègre un contact de compteur NO qui active l'instruction ou la commande RESET du compteur (RSctr).

En utilisant le simulateur, vous verrez que le compteur dans la simulation démarre de la valeur PRE-SET à zéro.

Questions.

1. Si le compteur est programmé pour compter jusqu'à 10, que se passe-t-il lorsqu'il atteint la 11e impulsion ?
2. Est-ce la même chose si on utilise un contact NC pour le compteur ?

3. Y a-t-il une action pertinente sur le décompte ?
4. Quel type d'informations pourrait être utilisé à partir du programme à échelle ci-dessus ?

Notes

Leçon 19. Comptables. Gérer une sortie.

Cette leçon enseigne comment utiliser les informations dérivées du processus de comptage. Utilisez 20 comme valeur de consigne pour le compteur.

Sur la base des informations de la leçon précédente, notez que nous avons ajouté une sortie nommée Light à la dernière ligne.

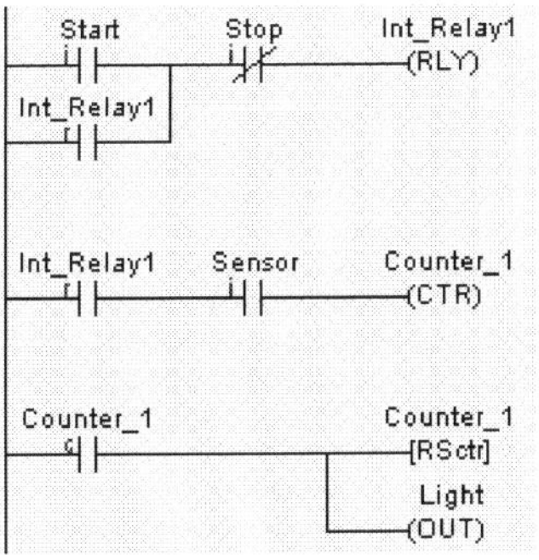

Dans ce cas, le compteur RESET et la lumière s'allumeront, en même temps que le compteur atteint sa valeur PRESET.

Questions.

1. Quand la lampe s'allume-t-elle ?
2. Que faire si le capteur ne détecte pas très rapidement ?
3. Comment pouvons-nous garder la lampe allumée plus longtemps ?

Notes

Leçon 20. Comptables. Remise à zéro indépendante d'un compteur.

Cette leçon montre une manière différente de réinitialiser un compteur, autre que la réinitialisation automatique. Utilisez 20 comme valeur de consigne pour le compteur.

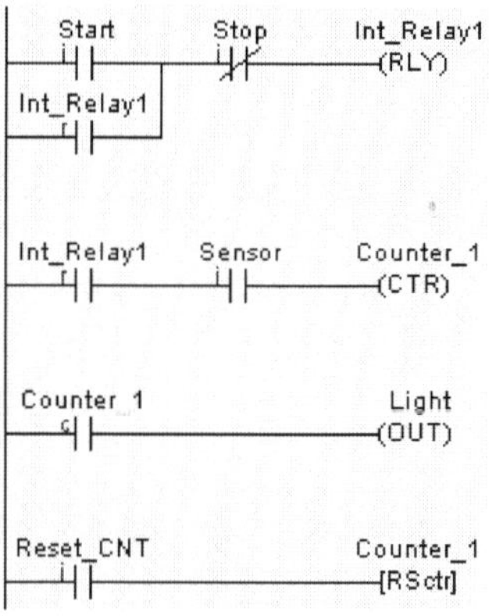

En regardant le programme à relais, notez qu'il existe une entrée externe appelée Reset_CNT qui nous permettra de réinitialiser le compteur. Nous ne nous soucions pas du décompte actuel car après avoir appuyé sur Reset_CNT, le compteur sera forcé de recharger sa valeur prédéfinie.

N'oubliez pas que le compteur comptera jusqu'à zéro.

Questions.

1. Quand une réinitialisation manuelle d'un compteur est-elle nécessaire ?
2. Que se passe-t-il si nous appuyons d'abord sur le bouton-poussoir Reset_CNT , avant d'appuyer sur Start ?
3. Que se passe-t-il si nous maintenons le bouton Reset_CNT enfoncé ?
4. Que se passe-t-il à chaque fois que nous appuyons sur Reset_CNT ?

Notes

Leçon 21. Comptables. Utilisation de bits ou d'horloges internes.

Cette leçon présentera l'utilisation de générateurs de trains d'impulsions automatiques dans les automates programmables.

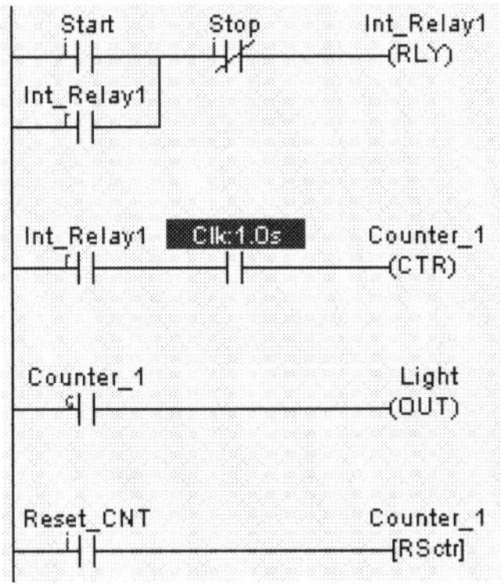

Nous avons supprimé l'entrée du capteur et ajouté une horloge de 1 seconde à sa place. Cela signifie que le compteur recevra les impulsions du signal d'horloge tant que Int_Relay1 est fermé.
En d'autres termes, pour activer le compteur, il suffit d'appuyer sur Start .

Questions.

1. Pourriez-vous donner un exemple d'utilisation d'un ancien signal interne ?
2. Si nous changeons l'horloge à 0,5 seconde, combien de temps faut-il au compteur pour atteindre 10 ?
3. Quelle est la précision de cette horloge/compte interne ?

Notes

Leçon 22. Compteurs en cascade.

Cet exemple montre comment deux compteurs sont en cascade. Utilisez 10 comme valeur de programmation pour les compteurs.

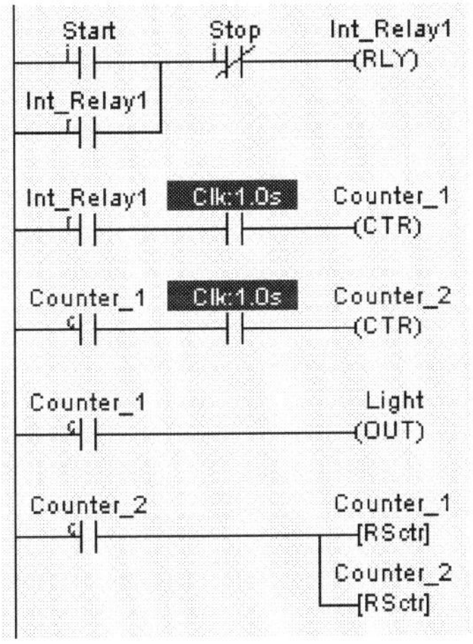

Il s'agit d'une connexion en cascade assez basique. Une fois que Counter_1 atteint sa valeur PRESET, son contact associé Counter_1 se ferme et active le comptage pour Counter_2.

Ce dernier reçoit les impulsions du signal d'horloge.

Notez qu'il existe une ligne de commande qui comprend un contact NO de Counter_1 qui active la sortie appelée Light.

Un contact Counter_2 est chargé de fournir la commande de réinitialisation pour les deux compteurs comme indiqué dans la dernière ligne de contrôle.

Questions.

1. Quand la lampe Light s'allume-t-elle ?
2. Ce système en cascade redémarre-t-il une fois la valeur par défaut chargée ?
3. Si nous supprimons l'horloge avant Counter_2 et lui ajoutons une sortie de compteur RESET en parallèle avec Counter_2. Quel est le nouveau décompte ?
4. Quel est le nombre maximal que nous pouvons atteindre avec le programme original ?

Notes

Leçon 23. Compteurs en cascade. Gérer une sortie.

Cette leçon montre une façon de combiner des compteurs. Utilisez 10 et 20 comme valeur de consigne pour les compteurs 1 et 2, respectivement.

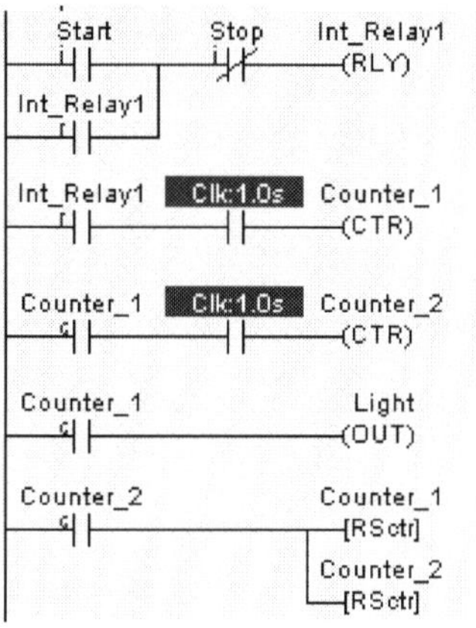

Ce circuit, similaire à la leçon précédente, montre deux compteurs (Counter_1 et Counter_2) comptant jusqu'à n'importe quelle valeur prédéterminée donnée et connectés en cascade. Nous utilisons une horloge automatique de 1 seconde pour remplacer le signal provenant d'un capteur.

Une fois que le relais interne est alimenté, le compte commencera à compter une fois par seconde, lorsqu'il atteindra sa valeur prédéfinie, son contact associé se fermera, fournissant un signal d'activation pour le deuxième compteur. En d'autres termes, Counter_2 ne fonctionnera qu'après la fin de Counter_1.

L'état ON de la lampe dépend de l'activation du contact Counter_1.

Le contact associé au compteur-2 est utilisé pour fournir les signaux de réinitialisation des deux compteurs et recommencera le processus.

Questions.

1. Si les valeurs prédéfinies sont respectivement 10 et 5 pour Counter_1 et Counter_2, combien de temps faut-il pour que la lampe s'allume ?
2. Pour les mêmes valeurs prédéfinies du compteur. Combien de temps faut-il pour que la lampe s'éteigne ?
3. Compter 10 impulsions d'une seconde revient-il à charger une minuterie avec une valeur PRESET de 10 secondes ?

Notes

Leçon 24. Minuteries et compteurs.

Cette leçon explique comment nous pouvons utiliser une combinaison de minuterie et de compteur pour obtenir les mêmes résultats.

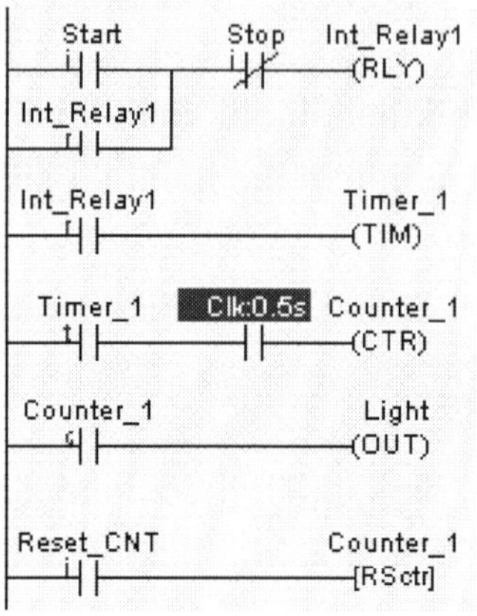

Nous pouvons combiner des minuteries et des compteurs pour obtenir le même résultat avec seulement deux compteurs.

Lorsque l'entrée d'un compteur est un signal périodique (dans ce cas une horloge interne) on peut facilement remplacer le compteur par un temporisateur, en faisant les calculs appropriés (valeur de présélection du compteur multipliée par le signal d'horloge).

Dans cet exemple, Counter_1 est activé après que Timer_1 a expiré.

Questions.

1. Quel est le temps total entre le moment où la minuterie démarre et le moment où la lampe s'allume si la minuterie est réglée sur 5 secondes ? Le compteur est programmé avec 10.
2. La lampe Light s'éteint-elle automatiquement ?
3. Comment faire clignoter la lampe Light une fois par seconde ?

Notes

Leçon 25. Minuteries et compteurs.

Cet exemple montre comment utiliser à la fois les minuteurs et les compteurs dans une action combinée pour avoir plusieurs fois. Utilisez 10 comme valeur de réglage pour les temporisateurs et les compteurs.

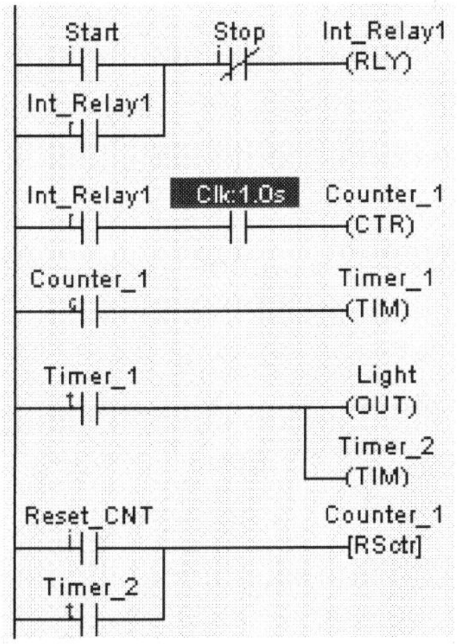

Dans ce circuit, nous utilisons un compteur et deux minuteries différentes. Counter_1 active le reste du processus de synchronisation.

Une fois que Counter_1 a atteint sa valeur prédéfinie et que Timer_1 s'est écoulé, la sortie Light s'allume. Quelque temps plus tard, défini par la valeur prédéfinie de Timer_2, la sortie Light s'éteindra et le processus redémarrera.

Questions.

1. Quelle sera la valeur par défaut pour qu'un temporisateur remplace Counter_1 ?
2. Que se passe-t-il à chaque fois que vous appuyez sur le bouton Reset_CNT ?
3. Pourriez-vous modifier ce programme pour avoir une impulsion pour la lampe Light?

Notes

Leçon 26. Séquenceurs.

L'exemple suivant explore l'utilisation de base d'un séquenceur dans le contrôle de quatre sorties.

L'utilisation d'un séquenceur est une chose très intéressante. Notez que nous appelons l' instruction Sequencer en utilisant le compteur numéro 1. C'est juste à cause de ce logiciel de simulation particulier.

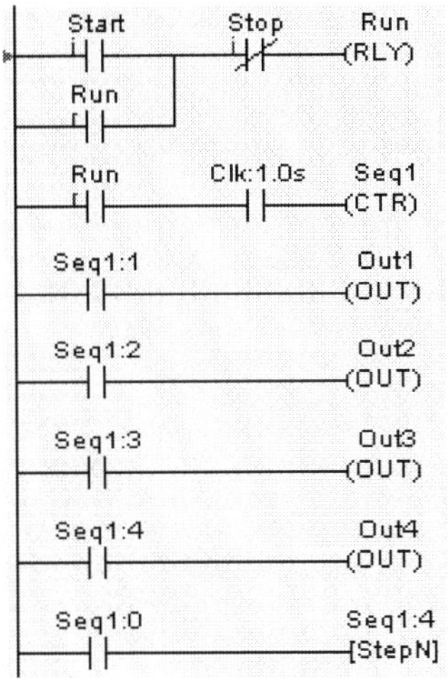

D'autres fabricants utilisent des symboles et des dessins différents.

Le séquenceur est basé sur un compteur appelé Seq1 avec une valeur par défaut de 4. Les sorties ne s'activent que lorsque l'étape de séquence respective est activée.

Questions.

1. Expliquez dans quel ordre les lampes seront allumées et éteintes.
2. Pourrions-nous avoir la sortie 3 activée, lorsque le séquenceur est aux étapes 3 et 1 ?
3. Quel élément détermine la vitesse de la séquence ?
4. Quand utiliseriez-vous un séquenceur au lieu de Logique à Relais ?

Notes

Leçon 27. Séquenceurs. Effets visuels avec différentes sorties.

L'utilisation de séquenceurs est quelque chose de très applicable dans le monde industriel.

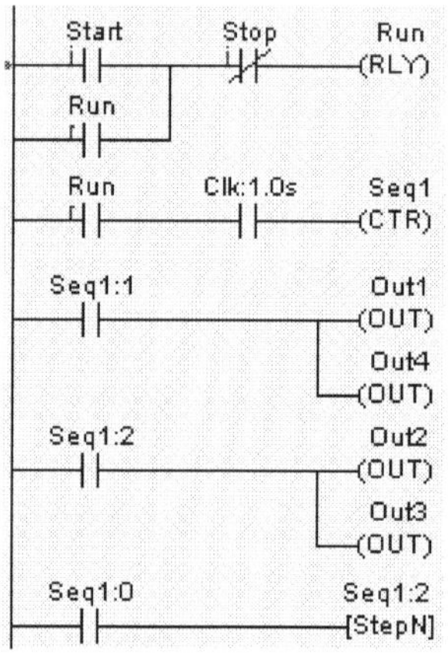

Programmez le compteur avec une valeur de 3. Avec le séquenceur, nous pouvons activer plusieurs sorties en même temps à chaque pas de séquencement. Dans ce programme, Out1 et Out4 s'allumeront lorsque l'étape 1 est active, Out2 et Out3 feront de même lorsque l'étape 2 est active.

Notez que nous n'avons ici que trois étapes, donc une fois que le compteur Seq1 atteint zéro, nous chargeons la réinitialisation du positionnement du séquenceur à l'étape 2.

Questions.

1. Dans ce programme, les "lumières" semblent se déplacer des extrémités vers le centre. Comment les faire passer du centre vers les extrêmes ?
3. Comment ajouter un effet différent ?
4. Comment pouvons-nous arrêter manuellement la séquence à une étape spécifique ?

Notes

Leçon 28. Séquenceurs. Activation de sortie aléatoire.

Cet exemple montre comment utiliser les contacts des pas du séquenceur pour créer un effet aléatoire.

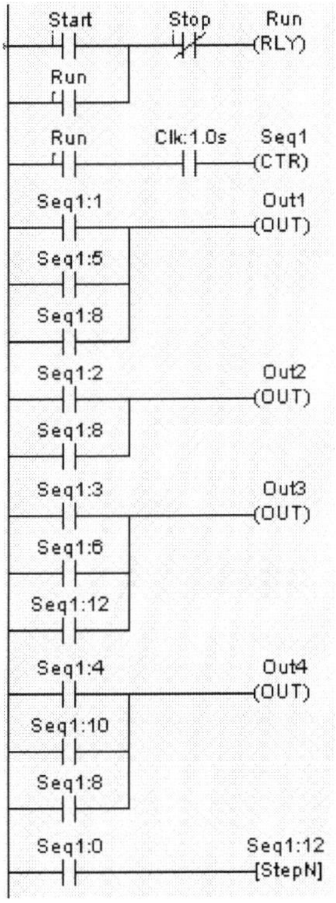

Ce séquenceur peut comporter de nombreuses étapes, notamment pour ce logiciel de simulation. Dans ce cas, notre séquenceur est capable de gérer jusqu'à 32 pas, mais dans cet exemple nous n'en utilisons que 12.

Vous pouvez faire des combinaisons aléatoires des contacts d'étape du séquenceur, comme illustré ici.

L'effet est que les sorties s'activeront sans suivre de schéma spécifique.

Questions.

1. Essayez d'ajouter plus d'étapes de contact sur le côté gauche des lignes de contrôle.
2. Que se passe-t-il lorsque le séquenceur n'est pas utilisé ?
3. Pourriez-vous suggérer une application?

Notes

Leçon 29. Séquenceur. Compter les pas et s'arrêter.

Cet exemple montre comment contrôler le nombre de pas à exécuter lors de l'utilisation de séquenceurs.

Dans ce programme, nous avons un autre compteur : ItemCount. Ce compteur comptera le nombre de pas que nous voulons que le séquenceur ait, avant d'arrêter le processus.

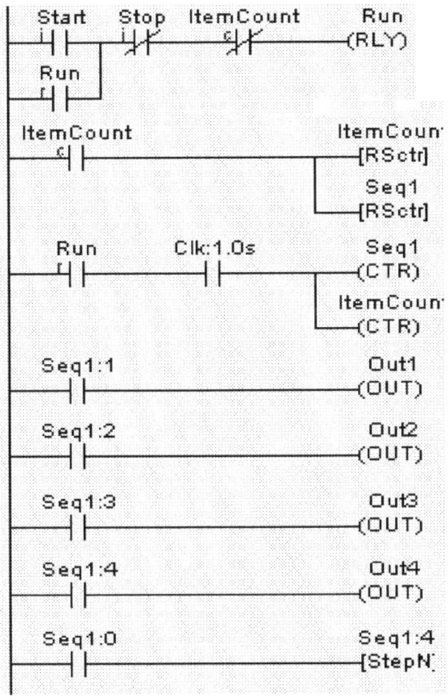

A noter qu'il y a un contact NF de ce compteur en série avec le bouton poussoir Stop. Vous pouvez également remarquer que la réinitialisation des compteurs a été déplacée vers la deuxième ligne de contrôle.

Questions.

1. Si nous avons 8 lumières associées aux huit sorties physiques, quel est le sens du mouvement ?
2. Quels sont les premiers débouchés à venir?
3. Si l' ItemCount est programmé avec 10, quelles sont les sorties qui seront activées avant de terminer tout le processus ?

Notes

Leçon 30. Séquenceur. Arrêt dans le temps.

Ce programme utilise plus de sorties que les quatre possibles sur l'automate E10. Si vous souhaitez exécuter une simulation, sélectionnez la série H, lors du démarrage du programme WinTrilogi ®.

Une autre méthode consiste à arrêter la séquence avec une minuterie. Cet exemple explore ce type de solution. Réglez Minuterie_1 sur 60.

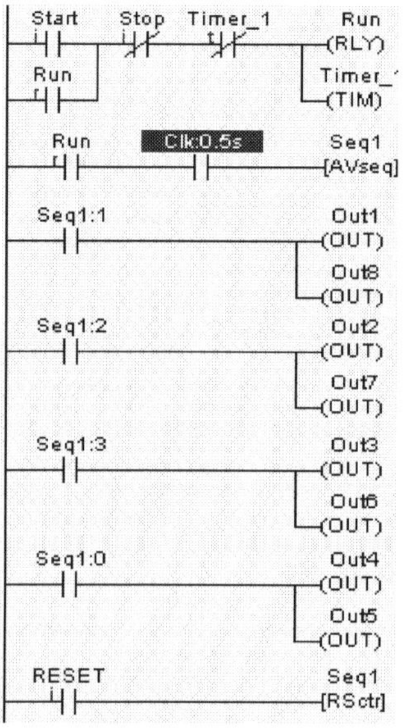

Dans l'exemple, on ne compte pas le nombre de pas pour fournir un signal d'arrêt. Nous utilisons une minuterie au lieu du compteur, donc une fois le temps écoulé, le processus est terminé.

Questions.

1. Comment chronométrons-nous la valeur prédéfinie de la minuterie pour qu'elle s'arrête à une étape donnée ?
2. A quoi sert le bouton poussoir reset ?
3. Comment « verrouiller » toutes les sorties en appuyant sur le bouton RESET, sans arrêter le séquenceur ?

Notes

Leçon 31. Utilisez une seule entrée pour activer et désactiver une sortie.

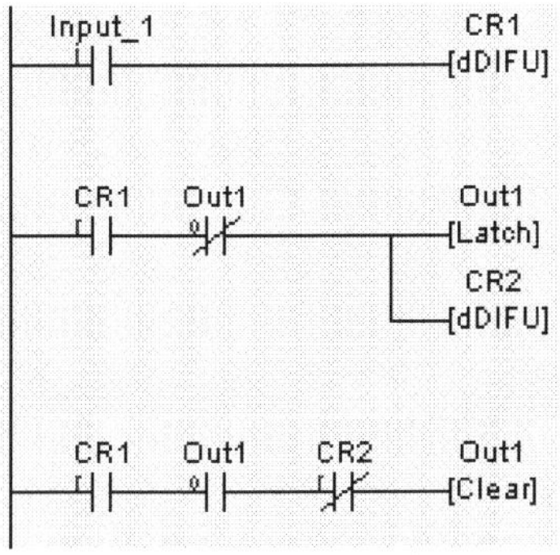

Cette leçon enseigne une astuce pour utiliser la même entrée pour activer ou désactiver une sortie. CR1 et CR2 sont des relais internes et Out1 est la sortie que nous voulons contrôler.

Plusieurs fois, nous manquons d'entrées et une seule est disponible, nous devons donc utiliser la même entrée pour allumer et éteindre n'importe quel appareil. Nous montrons ici deux solutions.

La première utilise deux concepts importants. Actions déclenchées par le front, qui ne sont exécutées que lorsque l'entrée passe de non-pressé à pressé et vice versa.

Les commandes Latch et Clear, qui activeront ou désactiveront respectivement la sortie, ont l'avantage que le signal n'a besoin d'être actif qu'une seule fois (et la logique qui les autorise) et qu'elles ne sont alors plus nécessaires. Avec deux relais internes CR1 et CR2, nous "mémorisons" le dernier état pour générer une fonction de bascule.

Questions.

1. Peut-on utiliser un bouton poussoir d'arrêt CN connecté à l'entrée ?
2. En est-il de même pour les autres automates ?
3. Quelle est la méthode la plus couramment utilisée ?

Notes

Leçon 32. Une autre façon pour une seule entrée d'activer ou de désactiver une sortie.

L'autre solution est obtenue en utilisant un séquenceur associé à un compteur programmé avec une PRESET VALUE programmée à 1.

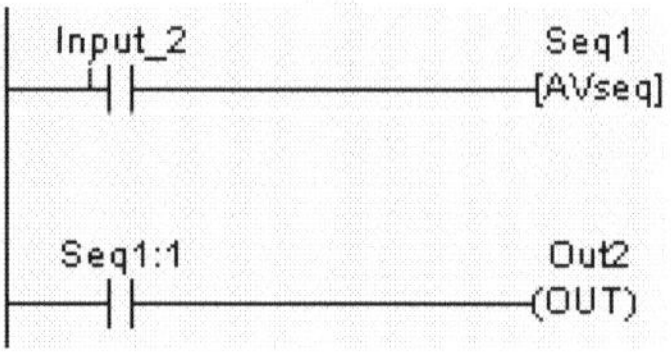

Chaque fois que nous activons l'entrée, une impulsion est appliquée au compteur. La sortie passe toujours de l'activation à la non-activation.

Questions.

1. Pourquoi le compteur a-t-il une valeur SET de 1 ?
2. Pourquoi n'utilise-t-on qu'une seule étape ?
3. Cette méthode peut-elle être utilisée avec de nombreuses entrées ?

Notes

Leçon 33. Minuteries et cycle de travail.

Cet exemple considère l'application de temporisateurs dans le calcul et la détermination des cycles de travail (Duty Cycles). Réglez Timer_1 sur 15, Timer_2 sur 20 et Timer_3 sur 2.

Nous utiliserons deux temporisateurs (Timer_1 et Timer_2) et un temporisateur auxiliaire (Timer_3) pour comprendre le cycle de travail. La dernière minuterie n'est pas vraiment nécessaire, mais nous l'aurons à des fins d'illustration.

Timer_1 gère le temps pendant lequel nous voulons que la sortie Light soit éteinte.
Timer_2 est responsable du temps pendant lequel la sortie Light sera allumée.
Timer_3 est le temps minimum que nous pouvons attendre pour recommencer la boucle.
Si la valeur prédéfinie de Timer_3 est vraiment petite ou minimale, nous pouvons négliger son effet sur le temps total.

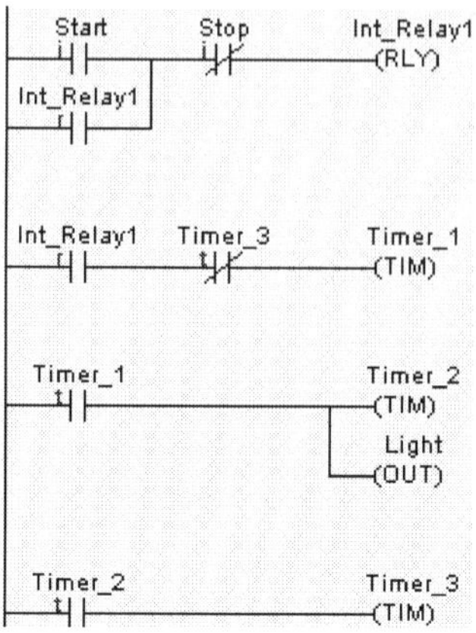

Questions.

1. Quel est le cycle de travail lorsque
   - Minuterie_1, Minuterie_2= 2,2 s et Minuterie_3 = 0,1 s.
   - Minuterie_1, Minuterie_2= 2,2 s et Minuterie_3 = 1 s .
   - Minuterie_1, Minuterie_2= 3 s et Minuterie_3 = 1 s .
2. Qu'arrive-t-il au cycle de travail si nous augmentons le temps dans Timer_3 à 1 seconde ?

Notes

Leçon 34. Séquenceur avec minuteries.

Tous les automates n'incluent pas de séquenceurs, et il faudrait utiliser des éléments communs pour développer des séquences. Dans cet exemple, nous utiliserons des temporisateurs pour générer une séquence de sorties.

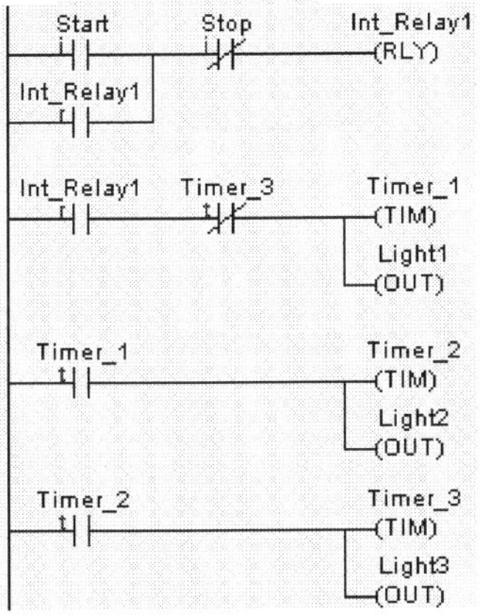

Lorsque nous ne pouvons pas utiliser de séquenceurs, pour une raison quelconque, nous pouvons implémenter une action séquentielle avec des minuteries.

Ce programme à échelle allume trois lumières séquentiellement. Light1 s'allume d'abord, puis après un temps défini par Timer_1, Light2 s'allume. La troisième lampe, indiquée comme Light3, s'allume après la fin de Timer_2.

Timer_3 a pour seul but de redémarrer la boucle.

Questions.

1. Avons-nous besoin d'avoir la même valeur PRESET pour toutes les minuteries ?
2. Quel est l'effet visuel sur les sorties, si les valeurs prédéfinies de chaque minuterie sont plus grandes que les autres ?
3. Essayez d'ajouter une quatrième lampe séquentielle appelée "Light4".

Notes

Leçon 35. Effets avec des compteurs en cascade.

Cette leçon montre comment utiliser la sortie d'un compteur, pour activer un deuxième compteur, en activant la sortie Light d'une manière spéciale.
Programmez tous les compteurs pour compter jusqu'à 5.

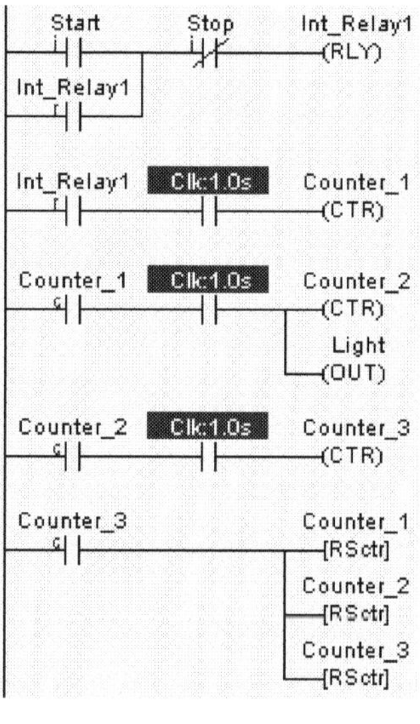

Ce programme montre un système qui allume une sortie Light (en mode clignotant) pendant un certain temps. Le compteur_1 compte le nombre de secondes à attendre avant que la lampe ne commence à clignoter à raison d'une fois par seconde.

Le nombre de clignotements est calculé en additionnant les valeurs prédéfinies de Counter_2 et Counter_3.

Nous savons déjà que si nous utilisons un signal d'horloge avec un compteur, on peut supposer qu'il s'agit d'une minuterie ou d'un "compteur de temps".

Notez que nous utilisons une horloge d'une seconde comme entrée pour les compteurs, de sorte que les compteurs compteront les secondes en fonction de la valeur programmée avec laquelle ils ont été programmés. La sortie Light s'allumera pendant un certain temps.

Questions

1. Quel est le but de Counter_3 ?
2. Si Counter_1, Counter_2 et Counter_3 sont chargés avec une valeur PRESET de 1, 2 et 3 respectivement, quel est l'effet sur la sortie ?
3. Que pouvez-vous faire pour que la sortie Light s'allume pendant deux secondes et s'éteigne pendant encore deux secondes ?
4. Comment retarder l'activation de la sortie ?

Notes

Comptage/décomptage .

Le but de cette leçon est d'enseigner la mise en œuvre de compteurs qui comptent ou décomptent. Programmez Counter_1 avec 50.

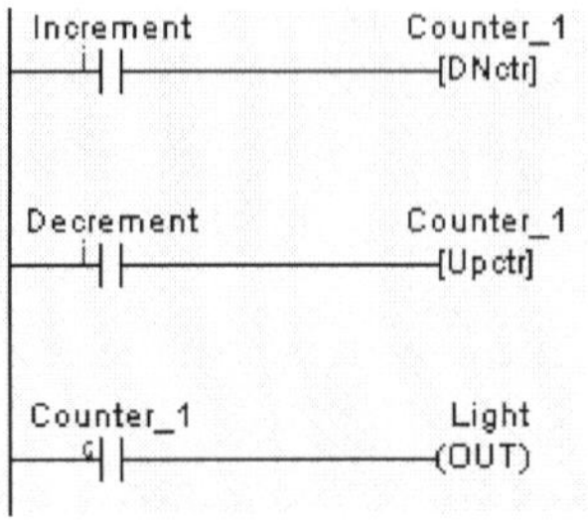

Le programme à relais affiche un compteur appelé Counter_1 qui peut compter vers le haut ou vers le bas, selon le contact d'entrée qui est pressé (incrément ou décrément) et la fonction qui lui est appliquée (DNctr ou UPctr) .

Un contact de Counter_1 est utilisé pour contrôler une sortie appelée Light.

Chaque fois que vous appuyez sur l'entrée Increment , le compteur est d'abord chargé avec sa valeur SET, puis il commencera à décroître jusqu'à atteindre zéro. A ce moment, le contact associé au compteur se fermera, allumant la lampe. Si nous activons le signal de compte à rebours (Decrement), nous aurons l'effet de comptage inverse.

Questions.

1. Pourquoi le contact Incrément active-t-il la fonction Décompteur (DNctr) ?
2. Que se passe-t-il si nous commençons à diminuer le nombre ?
3. Que pouvons-nous faire pour garder la prise Light allumée plus longtemps ?
4. Instruction ResetCtr ? Ajoutez cette ligne de contrôle au programme.

Notes

Leçon 37. Compteurs/décompteurs

Cette leçon vous permettra d'augmenter ou de diminuer la valeur actuelle d'un compteur donné. Pour votre simulation, vous ne pouvez pas utiliser la série E10 mais la série H à la place.

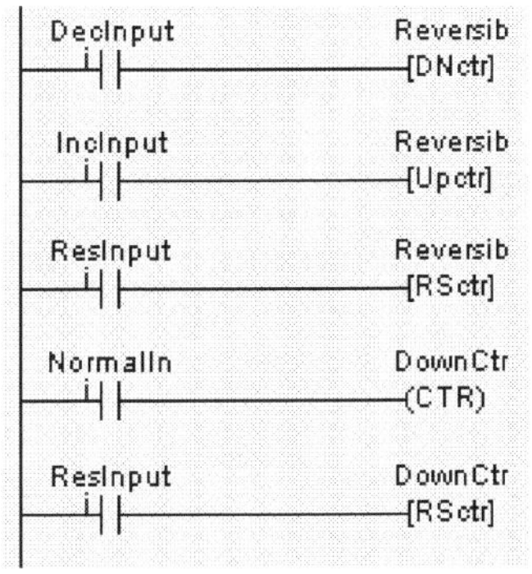

Vous pouvez étudier cet exemple pour comprendre les différences d'utilisation des compteurs normaux ou réversibles.

Créez simplement deux compteurs : Reversib et DownCtr . La principale différence est que vous utilisez la commande Upctr ou DNctr pour le compteur que vous souhaitez rendre réversible et que vous utilisez CTR pour le compteur que vous souhaitez normaliser. Rappelez-vous que ce dernier comptera jusqu'à zéro.

Questions.

1. Combien d'entrées API sont utilisées dans cet exemple ?
2. L'un des compteurs est-il plus rapide que l'autre ?
3. Quels paramètres devez-vous prendre en compte lors de la mise en œuvre de compteurs plus rapides ?
4. Combien de jetons pouvons-nous avoir ou utiliser comme Réversibles ?

Notes

Leçon 38. Utilisation de l' instruction Latch .

Cette leçon explique l'utilisation de deux nouvelles instructions. Instructions Latch et Clear sont également appelées SET et RESET.

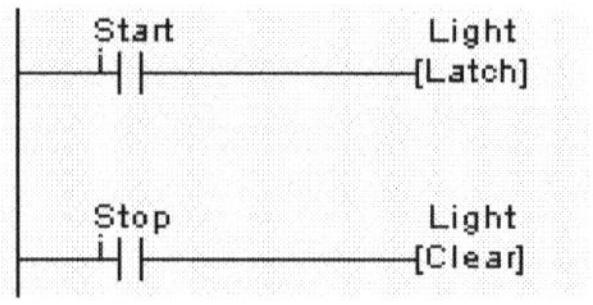

Puisqu'ils agissent sur la même sortie, ils constituent une exception aux règles de programmation en échelle qui spécifient que les sorties ne peuvent apparaître qu'une seule fois.

Le diagramme ci-dessus montre qu'en utilisant deux entrées séparées, vous pouvez allumer et éteindre la lumière Light.

Questions.

1. Combien de temps faut-il appuyer sur l'une des entrées pour activer ou désactiver la sortie ?
2. Quelle est la différence entre ceci et l'instruction OUT normale ?

3. Pourrions-nous utiliser une seule des instructions (Latch ou Clear) ?

Notes

Leçon 39. Utilisation de l'enclenchement (Interlocking).

Dans cette leçon, nous allons apprendre à verrouiller des parties du programme, en utilisant le concept de verrouillage.

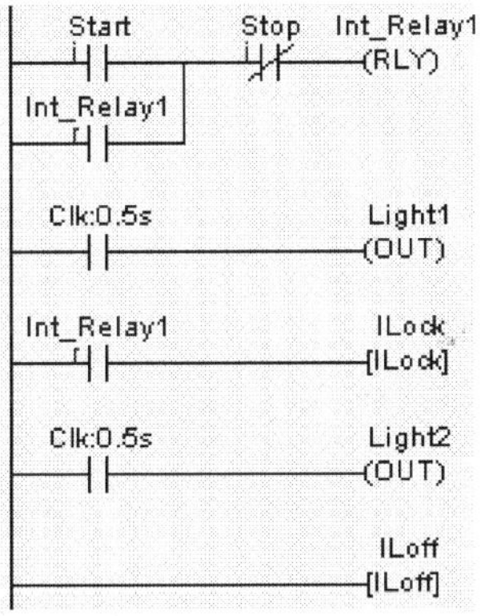

Cette instruction ne fait pas partie des instructions de base pour Logique à Relais. Certains fabricants d'API ont ajouté cette instruction en tant que fonction supplémentaire pour fournir un meilleur contrôle sur le fonctionnement de l'API.

Vous remarquerez peut-être que deux instructions spéciales sont utilisées : ILock et ILoff. Entre les deux lignes qui incluent les instructions, vous pouvez avoir autant de lignes de contrôle à contacts que vous le souhaitez et elles ne fonctionneront ou ne seront exécutées dans l'exécution du programme que si l'entrée de contact qui active l'instruction ILock est active.

Questions.

1. Que se passe-t-il si nous supprimons le contact Int_Relay1 qui pilote l'instruction ILock ?
2. Pourriez-vous suggérer une implémentation des instructions ILock et ILoff ?
3. Que se passe-t-il si nous avons une autre ligne de contrôle en échelle après l'instruction ILoff ?
4. Peut-on ajouter un autre contact (à partir de n'importe quel autre élément du programme) en série ou en parallèle au contact Int-Relay1 qui active l'instruction ILock ?

Notes

Leçon 40. Événements activés par bord (edge).

Le but de cette leçon est de comprendre le concept de déclenchement sur bord.

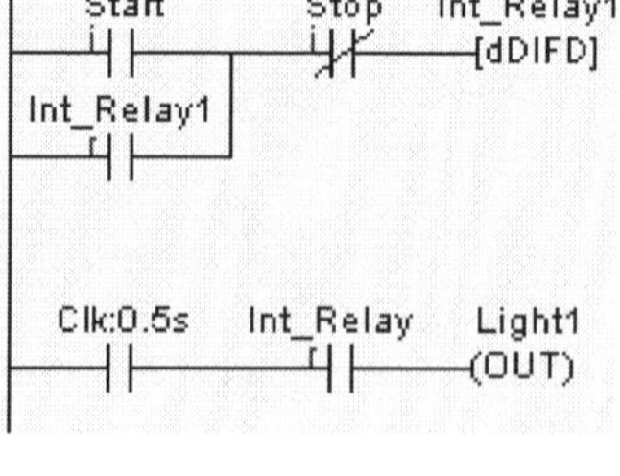

Comme mentionné dans la théorie, la représentation des contacts différentiels montants ou descendants varie d'un fabricant à l'autre. Dans ce cas, nous utilisons l'instruction dDIFD qui se trouve dans l'icône Sorties Bobines (Coils).

Questions.

1. Comment fonctionne l'instruction Différentielle Up ?
2. Comment fonctionne l'instruction Differential Down ?
3. Comment pourrions-nous avoir cette différenciation de bord sur un contact au lieu d'une sortie ?
4. Quelle est l'importance de cette consigne ?

Notes

[13. PROJETS AVEC LOGIQUE À RELAIS.]

Ce chapitre vous aidera à vous entraîner avec des projets d'application réels. Vous pouvez lire, écrire, simuler les programmes sur votre ordinateur ou télécharger le programme sur un API ou un entraîneur d'API, pour une véritable expérience pratique.

13. Projets avec logique à relais

Il s'agit d'une approche plus réaliste de la programmation Logique à Relais et de son application réelle dans l'automatisation industrielle.
Nous vous recommandons d'assister aux conseils suivants pour bien comprendre la programmation de l'automate :

1. Lire la description complète du projet.
2. Essayez de comprendre les exigences de fonctionnement et d'automatisation.
3. Passez en revue les éléments utilisés.
4. Très important. Essayez d'écrire votre propre programme avant de regarder notre solution proposée.
5. Simulez votre programme et voyez s'il fonctionne correctement.
6. Comparez votre solution avec celle que nous avons.
7. Écrivez notre programme et simulez-le.
8. Enregistrez chaque programme que vous créez avec un nom significatif.
9. Ajoutez vos propres commentaires aux lignes de contrôle en fonction de votre processus d'apprentissage.
10. Écrivez sur vos expériences avec les projets.

Liste de projets.

1. Système de remplissage de caisses.
2. Démarrage et arrêt séquentiel.
3. Système d'alarme à domicile.
4. Nombre de personnes entrant dans un lieu.
5. Système de distribution automatique de crème glacée.
6. Niveau dans les liquides avec turbulence.
7. Contrôle des niveaux d'eau minimum et maximum.
8. Imprimante
9. Tête animatronique.
10. Machines parlantes.

11. Commande d'un moteur à courant continu. En avant en arrière.
12. Démarrage d'un moteur triphasé à courant alternatif avec un automate (connexion étoile-triangle).
13. Commande d'un moteur triphasé à courant alternatif. En avant en arrière.
14. Commande d'un moteur pas à pas via un Drive.

1. Système de remplissage de boites.

Il y a une machine qui remplit des boîtes de 5 pièces chacune. Les pièces glissent vers le bas pour tomber d'abord dans la case de gauche puis dans celle de droite. Un piston pneumatique actionne une lame qui dirige les pièces vers chaque caisse. Après avoir compté cinq pièces, la feuille revient à sa position d'origine.

Écrivez un programme qui peut s'exécuter après un signal Start et peut être arrêté à tout moment en appuyant sur le bouton Stop.

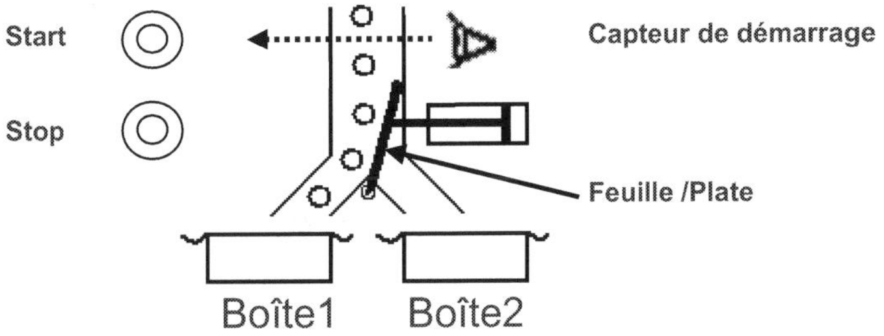

Eléments utilisés :

Entrées/Inputs:

Start: Bouton NO, pour démarrer l'opération

Stop : bouton NO, pour arrêter la machine à tout moment

Sensor : Il peut s'agir de n'importe quel type de capteur s'il détecte la pièce

Sorties/Outputs:

BoxSelectP : actionne une vanne à deux positions, qui actionne l'ensemble piston et clapet.

Relais internes :

Relay : Pour conserver l'opération en cours une fois que vous avez appuyé sur Start.

AuxRelay 1 : avec AuxRelay2 aide à mémoriser ou retenir le dernier état.

AuxRelay 2 : Associé à AuxRelay1, il permet de mémoriser ou de conserver le dernier état.

Minuteries : Aucune

Compteurs :

Piece Count : Compteur de pièces. Programmé avec 5.

Séquenceurs : Aucun

Fonctionnement du programme.

Nous supposons que les pièces passent devant le capteur avec un certain degré de séparation.

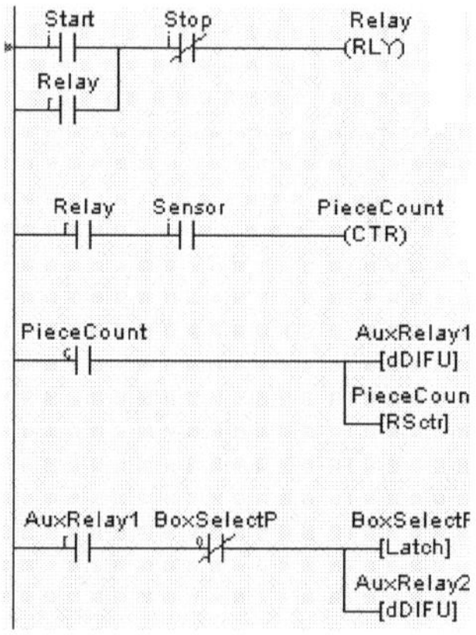

Après avoir appuyé sur Start, le relais auxiliaire nommé Relay activera le fonctionnement. Le contact Sensor, déjà activé par Relay, envoie des impulsions au compteur.

Une fois que 5 pièces ont été comptées (valeur définie du compteur), le contact PieceCount se ferme pour activer AuxRelay1 et réinitialiser le compteur.

N'oubliez pas que dans le cas de ce logiciel, le décompte va de cinq à zéro.

Nous utilisons les relais auxiliaires 1 et 2, activés par des actions différentielles, pour mémoriser le dernier état du Piston de Sélection de Boîte (Sortie BoxSelectP) et le changer à la condition opposée : S'il était ON, le prochain état sera OFF et vice versa .

Simulation.

Cliquez sur Start sur votre écran de simulation. Pour arrêter à tout moment ou redémarrer la machine, cliquez simplement sur Stop.

Cliquez sur Sensor pour fournir des impulsions de comptage. Vérifiez les valeurs du compteur.

Vous pouvez suivre l'opération directement sur l'écran de contrôle lorsque vous effectuez une surveillance en ligne.

Notes

2. Démarrage séquentiel et arrêt séquentiel .

Il y a trois moteurs couplés à leur bande transporteuse respective. Après avoir appuyé sur le bouton Start, les moteurs doivent être alimentés toutes les 3 secondes, dans l'ordre suivant : Moteur 1, Moteur 2 puis Moteur 3.

S'il est décidé d'arrêter les convoyeurs à n'importe quel moment, les moteurs doivent être arrêtés dans la même séquence et au même intervalle de temps : le moteur 1 s'arrête, le moteur 2 s'arrête, puis le moteur 3 s'arrête.

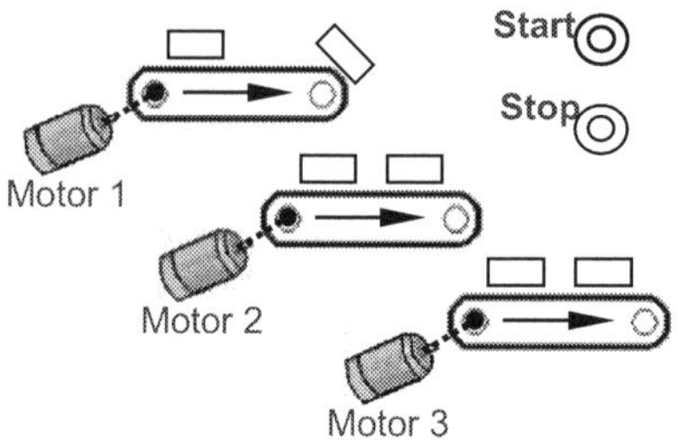

Eléments utilisés :

Entrées/Inputs:

Start : Bouton NO, pour démarrer l'opération

Stop : bouton NO, pour arrêter la machine à tout moment

Sorties/Outputs:

Motor1 : Entraîne le moteur du premier tapis roulant.

Motor2 : Entraîne le moteur du deuxième tapis roulant.

Moto3 : Entraîne le moteur du troisième tapis roulant.

Relais internes :

Relay1 : Valide le fonctionnement une fois que Start est appuyé .

Relay2 : permet d'arrêter l'opération dès que l'on appuie sur Stop **.**

Minuteries :

Delay1 : Temps de démarrage du Moteur2. Programmez avec la valeur = 30.

Delay2 : Temps de démarrage du Moteur3. Programmez avec la valeur = 30.

Delay3 : Temps d'arrêt du moteur2. Programmez avec la valeur = 30.

Delay4 : Temps d'arrêt du moteur3. Programmez avec la valeur = 30.

Compteurs :

Aucun

Séquenceurs :

Aucun

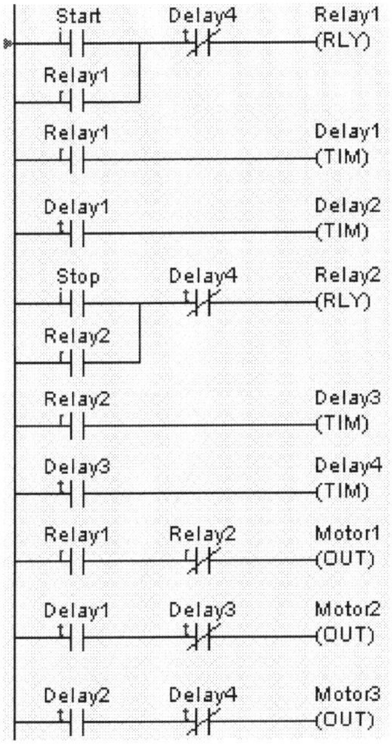

Fonctionnement du programme.

L'idée que les moteurs s'arrêtent dans le même ordre qu'ils démarrent est parce que cela évitera l'accumulation de pièces sur les bandes transporteuses.

Ce programme devient particulier, car c'est un des rares cas où les contacts Start et Stop ne sont pas situés sur la même ligne de commande.

Notez que Start et Stop sont les seules entrées que nous avons ici. On pourrait considérer que les deux remplissent la même fonction en activant leurs relais auxiliaires et temporisateurs correspondants. En fait, les lignes de commande de chaque bouton poussoir sont assez similaires.

Les contacts produisent la séquence requise lors du démarrage ou de l'arrêt.

Pour le moteur 1, il n'est pas nécessaire d'utiliser une minuterie.

Le moteur 2 obéit à une séquence d'événements. Vous appuyez d'abord sur Start , puis Relay1 s'active et ensuite vous activez la minuterie nommée Delay1 qui, après que les trois secondes se soient écoulées, démarre Motor2.

La même chose se produit avec le démarrage de Motor3.

Une observation très importante est le fait que les temporisateurs restent actifs (ainsi que leurs contacts associés) après que le temps programmé s'est écoulé. Cette condition permet le fonctionnement des temporisateurs liés à la séquence d'arrêt.

Notez que Delay4 est chargé de désactiver les deux relais auxiliaires et, au fil du temps, les contacts de verrouillage des boutons-poussoirs.

Simulation.

Étant donné que les temporisateurs et les relais auxiliaires ne sont accessibles que par logiciel, vous pouvez utiliser l'option de surveillance en ligne pour surveiller leur valeur pendant qu'ils chronomètrent.

Les sorties de l'automate seront activées en séquence : premièrement Out1, deuxièmement, Out2 et enfin Out3, après avoir cliqué sur Start.

Une fois que les trois sorties de l'API sont activées, ce qui signifie que les trois moteurs fonctionnent, vous pouvez cliquer sur le bouton Arrêter et vérifier qu'ils s'arrêtent dans le même ordre. Si nécessaire, vous pouvez augmenter les valeurs de SET VALUE pour les minuteries.

Notes

3. Système d'alarme à la maison

Le système d'alarme utilise 5 capteurs répartis entre les fenêtres et les portes de la maison. L'alarme retentit si l'une des portes ou fenêtres est ouverte pendant plus de trois secondes. Pour éviter les fausses activations dues aux effets du vent sur n'importe quelle fenêtre ou porte, il y a un interrupteur caché qui permet au propriétaire de RÉINITIALISER l'alarme une fois activée.

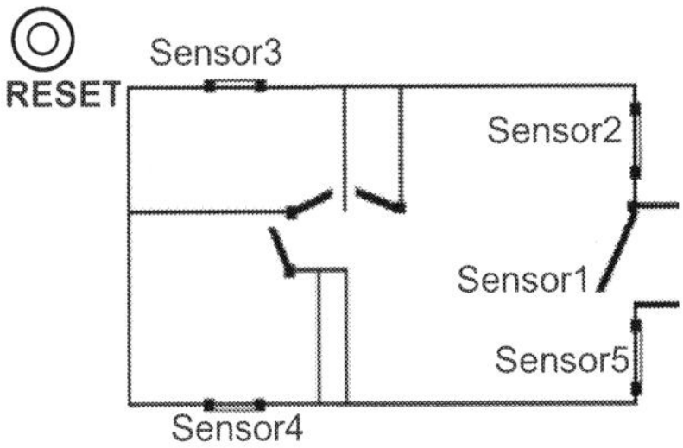

Eléments utilisés :

Entrées/Inputs:
RESET : Bouton NO, pour réinitialiser le système d'alarme.
Sensor1 : Capteur NO, porte principale.
Sensor2 : Capteur NO, vitre avant.
Sensor3 : Capteur NO, vitre latérale.
Sensor4 : Capteur NO, vitre latérale.
Sensor5 : Capteur NO, vitre avant.
Sorties/Outputs:
Alarm : Sirène qui retentit lorsqu'un des capteurs est activé.
Relais internes :
Aucun
Minuteries :
Timer : Temps d'attente avant l'activation de l'alarme. 3 secondes.
Compteurs :
Aucun
Séquenceurs :
Aucun

Selon le type de capteur (NO ou NF), vous pouvez écrire dans différents programmes à contacts.

Capteurs avec contact normalement fermé.

Une fois montées, les portes et les fenêtres sont fermées, elles n'enverront aucun signal actif à l'automate.

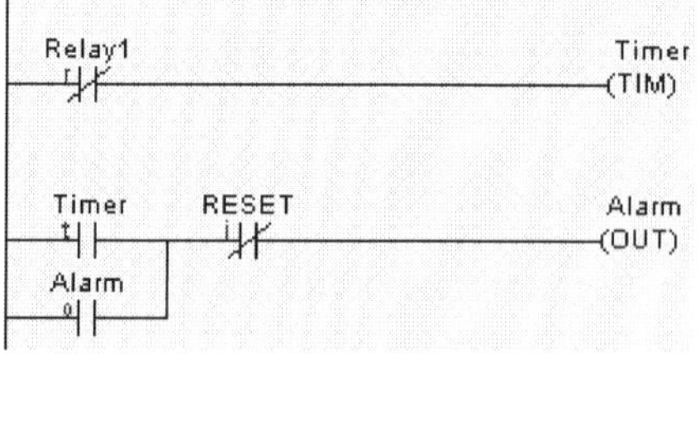

Fonctionnement du programme

Un interrupteur pour une porte ou une fenêtre, a pour but de détecter quand quelqu'un essaie d'entrer dans la maison. Ces interrupteurs peuvent être NO ou NC, selon le type d'action qu'ils effectuent sur le signal qu'ils envoient à l'automate.

C'est pourquoi nous pouvons écrire deux programmes différents.

En externe, les entrées d'un automate donné peuvent être connectées à un capteur pouvant avoir un contact NO ou NF. Dans le programme de l'automate, quel que soit le type de capteur utilisé, vous pouvez affecter un contact NF ou NO. Cela peut être un peu déroutant lors de la définition de la logique à relais requise.

Dans le premier programme, le Logique à Relais utilise des contacts NC. Cela signifie qu'une fois les portes et les fenêtres fermées, tous les capteurs sont désactivés, ils ne ferment PAS leur contact et le relais est alimenté. Lorsque, par exemple, une fenêtre est ouverte, le relais se désactive et active la minuterie.

Lorsque ce temps est écoulé, l'alarme est activée. La seule façon d'éteindre l'alarme est d'appuyer sur RESET.

Notes

Dans le deuxième cas :

Lorsqu'un seul des capteurs de porte ou de fenêtre est ouvert, l'entrée de l'automate est activée et la minuterie est alimentée.

Si l'activation de l'entrée est inférieure à 3 secondes, la temporisation ne démarre jamais. Mais si le capteur reste actif plus longtemps, le Timer ferme son contact en activant l'alarme (Alarm).

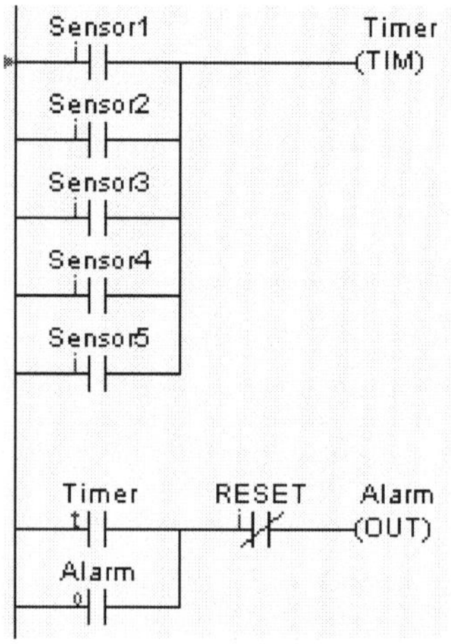

L'alarme utilise son propre contact pour conserver son état d'activation et ne peut être déclenchée que si un bouton RESET est enfoncé.

Simulation.

L'écran de simulation affichera tous les éléments disponibles utilisés. Cliquer sur l'un des capteurs ne fera rien, sauf si cette action prend plus de 3 secondes.

N'oubliez pas que vous devez cliquer sur le capteur que vous souhaitez tester en maintenant le bouton de la souris enfoncé pendant plus de trois secondes. Vous pouvez également utiliser le bouton droit de la souris et l'entrée changera d'état après chaque clic .

Vous pouvez également essayer d'activer deux capteurs simultanément et l'effet sera le même car un seul capteur est nécessaire pour activer l'alarme.

Pour réinitialiser l'alarme, cliquez simplement sur l'entrée RESET. Si vous ne le faites pas, l'alarme restera active.

Notes

4. Nombre de personnes entrant dans un lieu.

Un faisceau de lumière, lorsqu'il est interrompu, détecte l'entrée d'une personne dans un lieu. Pour 10 personnes, une alarme sonore doit retentir pendant seulement deux secondes pour avertir qu'un groupe de dix personnes se trouve à l'intérieur. La même alarme retentira différemment si quelqu'un bloque l'entrée, interrompant le faisceau pendant plus de trois secondes.

Alarm

Eléments utilisés :

Entrées/Inputs:

Sensor : Capteur NON, détecte les personnes qui franchissent la porte

Sorties/Outputs:

Alarm : Sirène qui retentit lorsque 10 personnes sont passées.

Relais internes :

Relay1 : Maintient le signal provenant du compteur.

Minuteries :

Timer : Temps d'attente avant l'activation de l'alarme.

2 secTimer : Temps de déclenchement de l'alarme lorsque 10 personnes sont passées.

3 secTimer : Temps pour forcer une personne à s'éloigner de la porte lorsqu'elle interrompt le faisceau du capteur.

Compteurs :

N_ofPerson : Compte le nombre de personnes (jusqu'à dix)

Séquenceurs :

Aucun

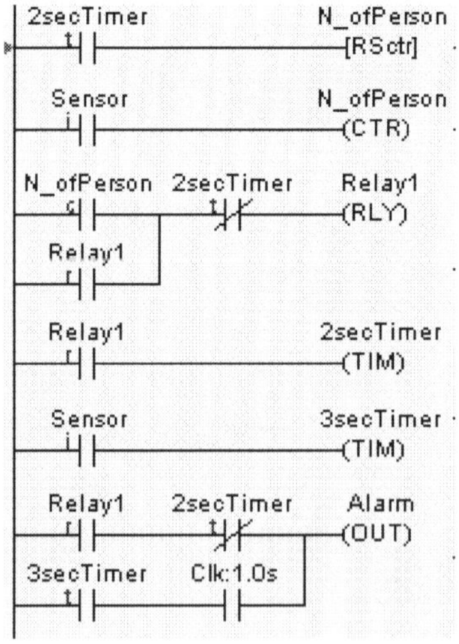

Fonctionnement du programme.

La seule entrée est le capteur, qui détecte le moment où la personne franchit la porte. Vous remarquerez peut-être que ce contact est utilisé à deux fins : envoyer les impulsions au compteur qui compte le nombre de personnes et activer une minuterie de 3 secondes.

La première ligne de commande est comme celle avec le bouton Start and Stop et le relais de verrouillage, qui est une connexion classique. Le bouton-poussoir Start a été remplacé par le capteur et vous remarquerez peut-être que même lorsque la personne a franchi la porte, le contact Relay1 conserve sa propre sortie.

Sur la ligne de contrôle suivante, une minuterie de 2 secondes commence à chronométrer jusqu'à ce que vous désactiviez à nouveau le relais 1. Ce temps court permet d'éviter les faux déclenchements du compteur.

Si, pour une raison quelconque, le capteur reste actif parce que la personne se tient à la porte, la minuterie de 3 secondes commence à compter. Une fois le temps écoulé, le temporisateur de 3 secondes se ferme, permettant au contact automatique (bit spécial) Clk:1.0s de maintenir un cycle continu (ON-OFF).

L'action finale est que l'alarme alternera entre active pendant une demi-seconde et inactive pendant une demi-seconde, tant que la personne bloquera le capteur.

Simulation.

Vous pouvez cliquer sur Sensor, en utilisant le clic gauche de votre souris(mouse). Si le fonctionnement est normal, le compteur reflétera l'effet de ces impulsions.

Le compteur démarre à partir de 10 et décrémente d'une fois chaque fois que vous appuyez sur le bouton poussoir, ce qui équivaut à faire franchir la porte à une personne. Lorsqu'il atteint zéro il ferme son contact et est retenu par un contact du Relay1.

Vous pouvez vérifier que, sur l'écran Simulateur, si vous parvenez à cliquer plusieurs fois en deux secondes, seule la première impulsion fonctionnera.

L'alarme retentira pendant deux secondes : la sortie restera allumée pendant deux secondes, fermant le contact correspondant.

Utiliser le bouton droit de la souris ou simplement cliquer sur le bouton gauche de la souris et le maintenir enfoncé pendant plus de trois secondes activera l'alarme. Le son est intermittent comme on peut le voir dans la même sortie.

Notes

5. Distributeur automatique de crème glacée.

Une usine de cônes possède un distributeur de crème contrôlé par une vanne qui s'ouvre pendant deux secondes lorsqu'un cône est positionné directement sous la sortie du distributeur. Les cônes sont glissés par un tapis roulant. Après avoir appuyé sur un bouton Start, les courroies commencent à bouger jusqu'à ce qu'un capteur détecte un cône sous le distributeur. En appuyant sur un autre bouton appelé Stop, tout le processus est suspendu.

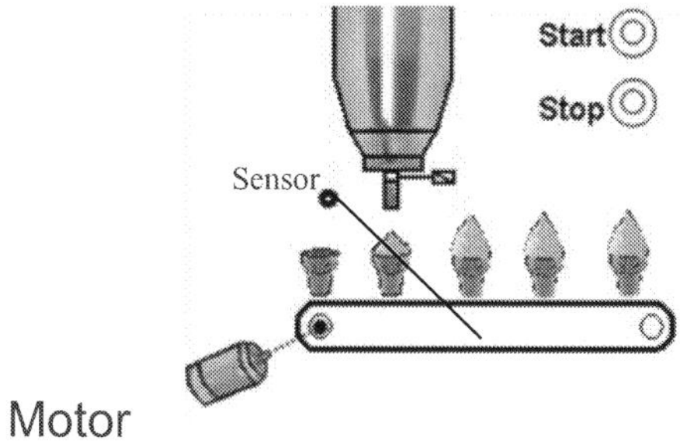

Eléments utilisés :

Entrées/Inputs:

Start : Bouton NO, pour démarrer l'opération

Stop : bouton NO, pour arrêter la machine à tout moment

Cône_ Senso : Capteur NON, détecte lorsqu'un cône se trouve juste en dessous du distributeur de crème.

Sorties/Outputs:

Conveyor_M _ : Entraîne le moteur qui est attaché au convoyeur.

Cream_Valv _ : Active la valve qui distribue la crème dans le cône.

Relais internes :

Relay1 : Maintient le signal provenant du compteur.

minuteries :

2 secTimer : temps de distribution de la crème.

Compteurs :

Aucun

Séquenceurs :

Aucun

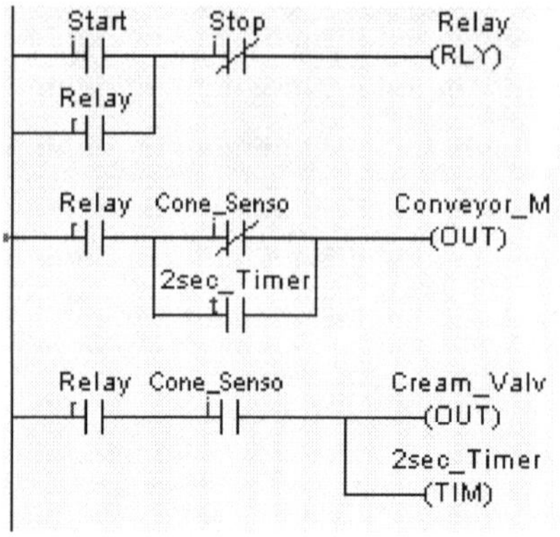

Fonctionnement du programme.

Ici, nous utilisons la configuration typique avec Start, Stop et Latching Relay pour permettre à la machine de fonctionner. Vous remarquerez peut-être qu'un contact de relais a été utilisé sur les deux lignes de commande suivantes, ce qui signifie que toute opération est désactivée en forçant ce contact à son état normal, c'est-à-dire ouvert.

Une fois le bouton Start enfoncé, ce contact se fermera et le fonctionnement de la machine sera pris en charge par le reste des éléments de l'escalier, sur les lignes de commande numéro deux et trois.

Cone_Senso est le capteur utilisé pour détecter le cône. S'il n'y a pas de cône, le convoyeur se déplacera jusqu'à ce qu'un cône soit détecté. S'il n'y a pas de cône, alors la sortie qui pilote le convoyeur (Conveyor_M) est activée jusqu'à ce qu'un cône soit détecté.

Il y a un contact 2sec_Timer qui est en parallèle avec le capteur. Elle sera analysée ci-dessous.

Sur la dernière ligne de commande, s'il y a un cône, Cone_Senso fermera et excitera la sortie qui pilote la vanne de distribution de crème (Cream_Valv). En même temps, avec le même contact, une minuterie de deux secondes est activée. C'est le temps nécessaire pour doser la crème dans le cône.

Le contact de ce temporisateur est en parallèle avec le contact normalement fermé du capteur, sur la deuxième ligne de commande. Lorsqu'il y a un cône, ce contact doit être ouvert, de sorte que le contact de la minuterie laissera suffisamment de temps au moteur pour retirer le cône devant le capteur. La bande se déplacera jusqu'à ce qu'un nouveau cône soit détecté.

Simulation.

Cliquer sur Start activera le fonctionnement de cette machine. De la même manière, cliquer sur Stop ramènera la machine aux conditions initiales. Les deux actions sont basées sur l'activation ou la désactivation du relais auxiliaire appelé Relay.

Si vous avez allumé la machine, vous verrez sur l'écran de simulation que la sortie Conveyor_M est allumée et que l'autre sortie Cream_V est éteinte. Les sorties indiquent que le convoyeur se déplace jusqu'à ce qu'un cône se trouve juste en dessous de la vanne de distribution.

Cliquez, avec le bouton gauche de votre souris, sur Cone_Senso, simulant qu'un cône est arrivé.

Les sorties changent, le moteur s'arrête et la valve à crème s'ouvre. Cela peut être fait autant de fois que vous le souhaitez.

Peu importe la partie du processus en cours sur la machine, si vous appuyez sur Stop, toutes les sorties s'éteindront et pour faire fonctionner la machine, vous devrez tout recommencer.

Notes

6. **Niveau dans les liquides avec turbulence.**

Un capteur de niveau d'eau, constitué d'une boule flottante attachée à une longue tige, détecte lorsque le réservoir perd de l'eau en dessous d'un certain niveau et déclenche une alarme lorsque cette perte est permanente (plus de 2 secondes).

Lorsqu'un peu d'eau est puisée dans le réservoir, en ouvrant manuellement une vanne, la turbulence génère une fausse alarme.

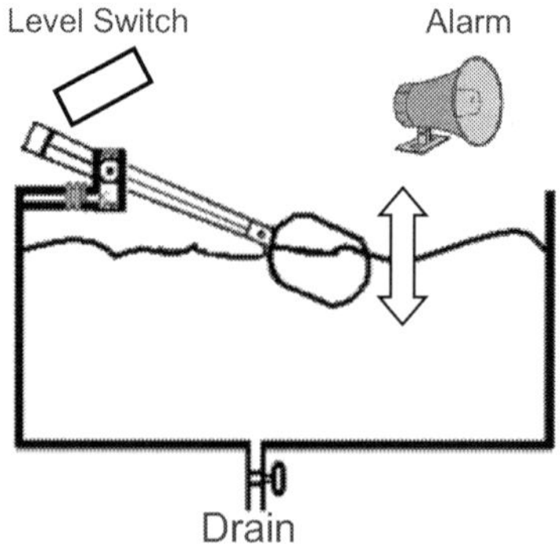

Eléments utilisés :

Entrées/Inputs:

LevelSW : Capteur NO, pour détecter le mouvement du bras du flotteur pivotant.

Sorties/Outputs:

Alarm : Active une alarme sonore

Relais internes :

Aucun

Minuteries :

2sec_ Delay : Temps d'attente avant l'activation de l'alarme.

Compteurs :

Aucun

Séquenceurs :

Aucun

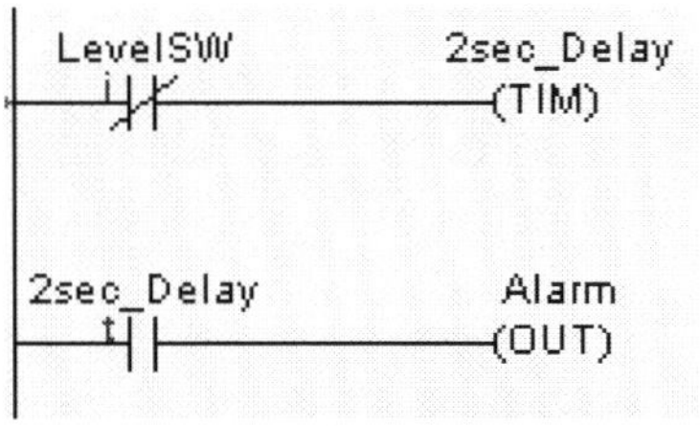

Fonctionnement du programme.

Ce programme est une solution très courante pour un capteur qui n'a pas de détection constante.

Dans des conditions normales, lorsque le niveau est normal, le capteur appelé LevelSW détecte le bras flottant. Son contact associé s'ouvrira car il s'agit d'un contact NC dans le programme à contacts.

Si le réservoir commence à perdre le niveau d'eau, le levier tournera d'un angle jusqu'à ce que le capteur ne puisse plus le détecter. Si cette non-détection persiste plus de deux secondes, la temporisation s'écoulera, il fermera son contact et activera l'alarme.

Si le capteur arrête de détecter votre bras pendant moins de deux secondes, puis le détecte à nouveau, la minuterie se désactivera et vous devrez recommencer.

Pour de meilleures performances, vous pouvez déplacer le capteur, modifier la forme de la zone de détection du bras ou modifier la valeur prédéfinie de la minuterie.

Simulation.

Étant donné que le capteur de niveau est NC, la fenêtre de simulation indiquera que l'alarme sera activée après deux secondes d'entrée en mode simulation.

Cliquer sur l'entrée LevelSW et maintenir le commutateur pendant moins de deux secondes vous aidera à comprendre ce qui suit :

- Si vos clics sont rapides et continus, l'alarme ne se déclenchera pas, ce qui signifie que la turbulence est légère.
- Si vous ne cliquez pas du tout, l'alarme retentira, ce qui signifie que le niveau a été perdu et qu'il est permanent.

Notes

7. Contrôle des niveaux d'eau minimum et maximum.

Un réservoir d'eau a deux capteurs de niveau pour détecter les niveaux maximum et minimum. Il y a une vanne électrique pour remplir le réservoir d'eau et une vanne manuelle, qui s'ouvre pour alimenter un autre processus.

Un système automatique est nécessaire pour maintenir le niveau d'eau en dessous des limites. Une fois le niveau bas atteint, le réservoir doit être rempli au maximum.

Si après un certain temps le niveau maximum n'est pas atteint, le système doit activer une alarme.

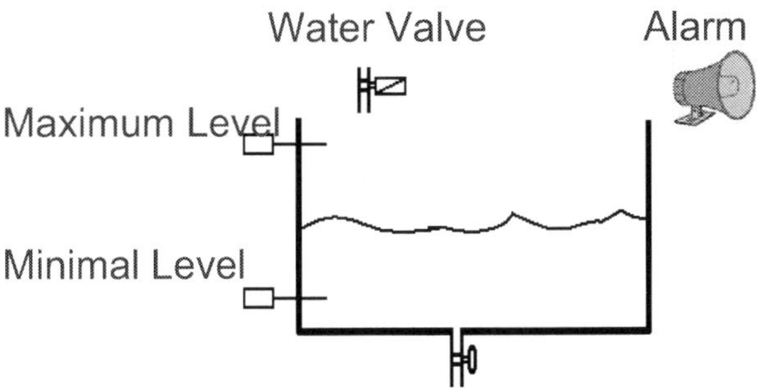

Eléments utilisés :

Entrées/Inputs:

- **Max_Level**: NO, détecte le maximum d'eau.
- **Min_Level**: NO, détecte la quantité minimale d'eau.

Sorties/Outputs:

- **WaterValve**: NC, permet d'ajouter de l'eau dans le réservoir.
- **Alarm** : Alarme sonore pour signaler un problème de niveau d'eau.

Relais internes :

- Aucun

Minuteries :

- **Delay** : Temps d'attente avant l'activation de l'alarme.

Compteurs :

- Aucun

Séquenceurs : Aucun

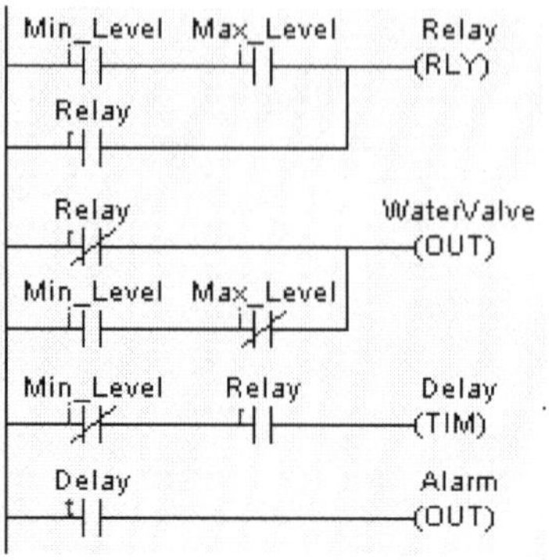

Fonctionnement du programme.

Dans ce programme, il n'est pas nécessaire d'utiliser un bouton pour démarrer ou arrêter le processus. Il s'agit d'un contrôle continu et il n'est pas nécessaire d'augmenter la complexité du programme à contacts.

Lorsque le programme démarre, nous supposons que le réservoir doit être rempli d'eau, donc la première ligne de contrôle vérifie quand les deux capteurs de niveau (Min_Level et Max_Level) détectent de l'eau en même temps. Cela signifie que le réservoir est prêt à démarrer le processus.

Sortie WaterValve pour s'assurer que l'eau pénètre dans le réservoir aux niveaux corrects.

Si la vanne d'eau continue à fournir de l'eau au réservoir, il y aura un moment où les deux capteurs de niveau fermeront leurs contacts, permettant au relais auxiliaire de s'activer. Si cela se produit, le contact NO parallèle, directement sur la première ligne de commande, se fermera. Cette action maintiendra le relais sous tension.

Le contact NC (ou NF) sur la deuxième ligne de commande s'ouvrira, mettant fin à l'alimentation en eau car la WaterValve sera désactivée.

Vous remarquerez peut-être que la branche parallèle formée par une série d'un contact Min_Level NO et d'un contact Max_Level NC , sera celle qui déterminera quand la vanne d'eau se réactivera puisque le relais NC est maintenant ouvert.

Vous pouvez interpréter la logique comme suit : tant que le réservoir a un niveau minimum (Min_Level sera fermé) et que le niveau maximum n'a pas été atteint (Max_Level est normalement fermé), la vanne d'eau doit être alimentée.

La troisième ligne de contrôle est chargée de détecter le cas où le réservoir est presque vide et en dessous du niveau minimum requis.

Étant donné que le contact Min_Level est NC, le temporisateur s'activera et commencera sa temporisation. Si le niveau minimum n'est pas atteint dans le temps défini par la valeur de retard configurée, la sortie appelée Alarm sera activée.

Notez que cela ne fonctionne que si le contact du relais est fermé, et cela ne se produit que si le réservoir démarre avec un niveau d'eau plein.

Simulation.

Pour cette simulation, il est plus facile d'utiliser la fonction bascule dans l'outil de simulation, via le bouton droit de la souris.

Notez que la vanne d'eau est sous tension, ce qui signifie que l'eau entre dans le réservoir.

Cliquez d'abord avec le bouton droit de la souris sur le capteur Min_Level, ce qui signifie que l'eau est fournie au réservoir et que le niveau minimum a été atteint. Le niveau d'eau dans le réservoir montera jusqu'à ce qu'il atteigne le niveau maximum, en fermant le contact Max_Level. Vous pouvez simuler ceci en faisant un clic droit sur cette entrée.

Le système est maintenant prêt à démarrer car il remarque que la WaterValve est éteinte et que les capteurs min et max sont actifs.
Si l'eau s'écoule continuellement, le premier signal de la détection sera Max_Level. Faites simplement un clic droit dessus pour le désactiver.

Le drainage se poursuivra jusqu'à ce que Min_Level soit atteint. Vous pouvez simuler qu'il ne détecte pas avec un autre clic droit dessus.

Attendez plus de deux secondes (la valeur de consigne du temporisateur nommée Delay, ce qui signifie que le niveau minimum n'a pas été atteint, la sortie Alarme s'activera en simulant son buzzer.

Essayez d'appuyer sur pour simuler que le niveau minimum a été atteint et recommencez tout le processus. Si le temps d'intervalle est inférieur au délai programmé, l'alarme ne retentira jamais.

Notes

8. Imprimante

La machine à imprimer est composée d'un bras d'impression, actionné par un piston pneumatique, chargé d'imprimer un logo sur une feuille de papier.
Se déplaçant sur un tapis roulant.

Il y a un capteur pour détecter que la feuille de papier est en place, donc le moteur s'arrête pendant le processus d'impression, et un autre capteur pour vérifier que le bras de l'imprimante est vers le haut ou vers le bas, pour l'empêcher de bouger de la courroie pendant le bras est en train d'emboutir. Le moteur, couplé au tapis, doit avancer jusqu'à ce que la feuille soit exactement sous le bras de l'imprimante.

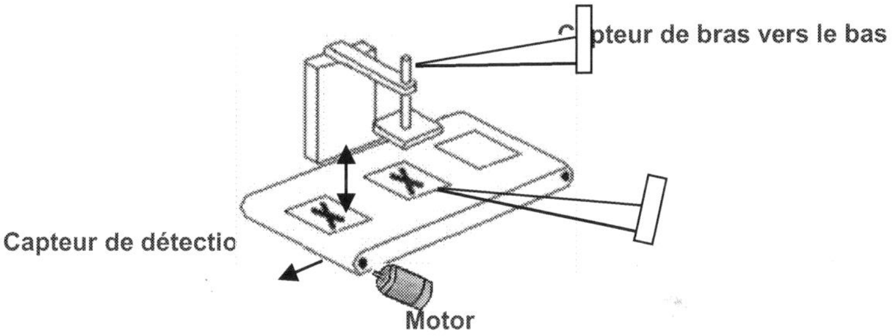

Eléments utilisés :

Entrées/Inputs:

Start: Bouton NO, pour démarrer l'opération.
Stop : Bouton NO, pour arrêter la machine à tout moment.
SheetDetec : Il peut s'agir de n'importe quel type de capteur tant qu'il détecte la feuille.
ArmDown : Capteur NO, détecte quand le bras imprime.

Sorties/Outputs:

Motor : Démarrer le moteur

PrinterArm : Active une valve qui envoie le bras de l'imprimante vers le bas.

Relais internes :

Relay1 – Permet au système de fonctionner après avoir appuyé sur Start.

Relay2 : Aide à générer une impulsion pour renvoyer le PrinterArm.

Minuteries :

1SecDelay : Temps nécessaire pour relâcher PrinterArm lorsque l'impression est terminée.

2SecDelay : Temps d'impression.

Compteurs :

Aucun

Séquenceurs :

Aucun

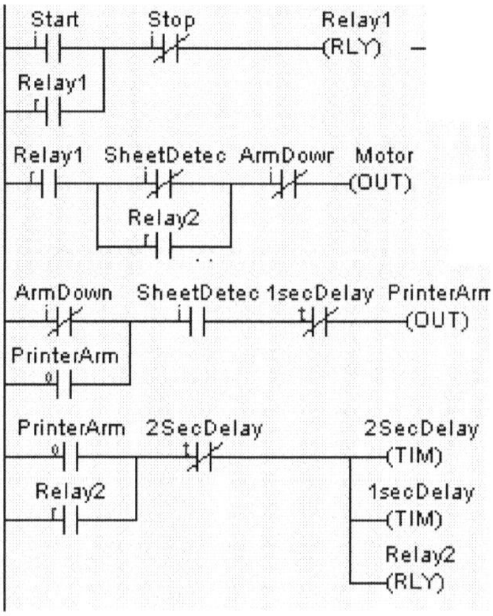

Fonctionnement du programme.

Après avoir appuyé sur le bouton-poussoir Start, le relais auxiliaire nommé Relay1 s'excite et ferme son contact juste en dessous de Start . Cela le maintiendra auto-alimenté jusqu'à ce que vous appuyiez sur Stop et que l'alimentation soit coupée.

Dans la deuxième ligne de commande, le contact du relais est fermé, activant le reste des éléments de l'échelle.

La condition initiale de SheetDetect et ArmDown est normalement fermée ensuite, le moteur de sortie s'allumera. Cela signifie que le moteur réel entraîné par cette sortie commencera à fonctionner et continuera à fonctionner jusqu'à ce qu'une feuille de papier soit détectée par le capteur connecté à l'entrée SheetDetect.

Vous pouvez remarquer, dans la troisième ligne de contrôle, que le seul contact qui empêche l'activation de la sortie appelée PrinterArm, est précisément SheetDetec . Puisque ce contact est maintenant fermé, en supposant qu'il y ait des feuilles sur le ruban, le bras de l'imprimante commencera à descendre.

Portez une attention particulière au fait que le capteur utilisé pour détecter la position du bras de l'imprimante est, pour des raisons pratiques, en haut de la machine, donc pendant que le bras est levé, le capteur ArmDown détecte, mais il n'envoie aucun signal à l'entrée API.

Dès que le capteur ArmDown cesse de détecter le Arm, l'état de tous ses contacts change : ceux qui étaient fermés s'ouvrent et vice versa. C'est pourquoi nous utilisons un contact NO de la sortie PrinterArm, juste en parallèle avec le contact ArmDown : pour maintenir la sortie PrinterArm le temps qu'il faut pour faire le travail, qui est censé être d'une seconde.

Contact de sortie PrinterArm active trois éléments sur la droite : deux temporisateurs et un relais auxiliaire. Ce dernier permet aux deux minuteries de rester sous tension après la première seconde, lorsque la sortie PrinterArm s'éteint, forçant le bras à se relever.

Simulation.

C'est un très bon exemple où la simulation logicielle peut être très difficile à utiliser pour comprendre le programme. Certains signaux se produisent simultanément, il est donc difficile de visualiser le fonctionnement en cours.

Cliquez sur Start. La sortie doit s'allumer, ce qui signifie que le moteur de la bande commence à fonctionner. Il continuera à fonctionner jusqu'à ce qu'une feuille soit détectée. Vous pouvez le simuler avec le clic droit de la souris dans SheetDetec. Cela lancera le processus d'impression : vous remarquerez que le PrinterArm s'allume pendant une seconde, puis s'éteint. Cela signifie que le bras de l'imprimante est descendu puis est revenu à sa position d'origine.

Synchroniser le PrinterArm avec SheetDetec serait difficile, mais vous savez qu'une vraie connexion d'appareils fonctionnera très bien.

Capteur ArmDown pour s'assurer que le moteur ne tourne pas lorsqu'il imprime.

Chaque fois que vous cliquez sur Arrêter, toutes les sorties et tous les relais internes s'éteignent.

Notes

9. Tête animatronique

Il a une tête robotique avec animatronique, qui a des yeux et une bouche mobiles. Il peut être utilisé dans les magasins pour attirer l'attention des clients. La tête parlante a les mouvements séquentiels suivants :

Clignez des yeux, bougez votre bouche deux fois, attendez deux secondes, clignez des yeux, attendez 10 secondes et recommencez le cycle.

Mécanisme Yeux

Mécanisme de la bouche

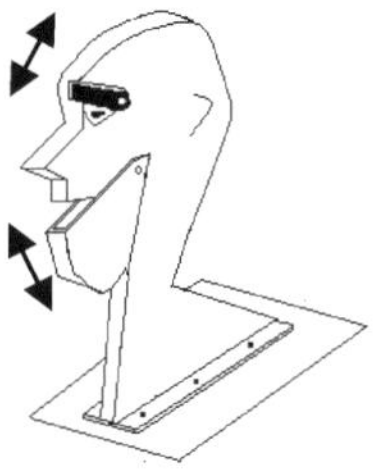

Pour des raisons pratiques, nous n'avons pas à nous soucier des composants des mécanismes. On peut supposer qu'ils ne nécessitent qu'un simple signal d'activation ou de désactivation.

Eléments utilisés :

Entrées/Inputs:
    Aucun
Sorties/Outputs:
    Yeux : Active le mécanisme des Yeux.
    Bouche : Active le mécanisme Bouche.
Relais internes :
    Aucun

Minuteries :

1secdelay : Temps de redémarrage du cycle.

2secdelay : Temps d'action. Ou les yeux ou la bouche.

10secdelay : Temps d'attente avant de redémarrer le cycle.

Compteurs :

Aucun

Séquenceurs :

Aucun

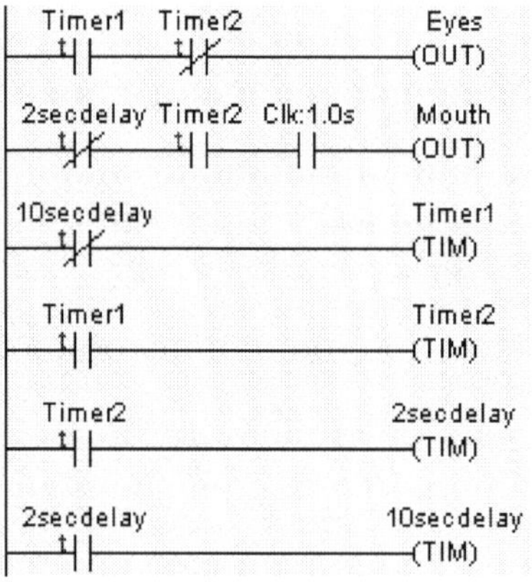

Fonctionnement du programme

Comme il s'agit d'un fonctionnement automatique et continu, il n'est pas nécessaire d'utiliser des entrées.

Les deux premières lignes de contrôle contiennent le Logique à Relais pour contrôler les deux seules sorties que nous avons ici : Eyes et Mouth.

Dans les lignes de contrôle suivantes, vous remarquerez peut-être que tous les temporisateurs sont "en cascade". Cela signifie que chaque minuterie, une fois écoulée, activera la suivante.

Le dernier temporisateur, 10secdelay, est chargé de redémarrer le cycle. Un contact normalement fermé est utilisé pour activer le Timer1, qui est celui qui démarre le cycle.

Dans la deuxième ligne de contrôle, lorsque les deux temporisateurs ont le contact normalement fermé, l'activation de la bouche dépend exclusivement de Clk:1.0s. Ce contact, comme vous le savez, s'ouvre et se ferme continuellement à raison d'une fois par seconde.

Simulation.

Le cycle démarre automatiquement et la simulation ne nécessite aucune action de votre part, si ce n'est d'activer l'écran du simulateur. Il n'est pas nécessaire d'appuyer sur un bouton-poussoir, selon les exigences de conception.

Vérifiez simplement comment cela fonctionne en vérifiant les horaires et les Sorties/Outputs.
Après un certain temps, défini par la valeur réglée de Timer1, la sortie 1 s'allumera et donc les yeux se déplaceront vers une position. Quelque temps plus tard, lorsque le temps Timer2 s'est écoulé, les yeux reviendront à la position d'origine. Vous verrez la sortie 1 s'éteindre.

La sortie 2, la bouche, commence à passer de marche à arrêt et vice versa. On s'attend à ce que la bouche bouge deux fois en deux secondes (une fois par seconde).

Il y a un délai de 10 secondes, puis les sorties commencent à s'activer dans la même séquence décrite ci-dessus.

Notes

10. Machines parlantes (première solution)

La plupart des machines que vous connaissez utilisent probablement des lumières pour vous avertir d'un défaut ou de toute condition de processus.

En utilisant le module vocal (http://www.lt-automation.com/VoiceModule.htm), vous pouvez ajouter de la voix à n'importe quelle machine d'une manière très innovante.

Auparavant, programmez le module avec trois messages d'alarme (par exemple « Température élevée dans le four », « La pression est inférieure aux limites » et « Veuillez fermer la porte avant d'utiliser la machine »).

Écrivez un programme pour lire les trois messages séquentiellement. Chaque message dure trois secondes (à des fins de démonstration). Il n'est pas nécessaire d'attendre entre les messages.

Eléments utilisés :

Entrées/Inputs:

Start: Bouton NO, pour démarrer l'opération.

Stop : Bouton NO, pour arrêter la machine à tout moment.

Sorties/Outputs:

Out1 : lecture du message 1.

Out2 : lecture du message 2.

Out3 : jouer le message 3.

Relais internes :

Relay1 : pour conserver le fonctionnement en marche après avoir appuyé sur Start.

Minuteries :

Timer1 : Temps pour mettre la combinaison des sorties à 1

Timer2 : Temps pour régler la combinaison de sortie sur 2

Timer3 : Temps pour régler la combinaison de sortie sur 3

Timer4 : Temps de redémarrage du cycle.

Compteurs :

Aucun

Séquenceurs :

Aucun

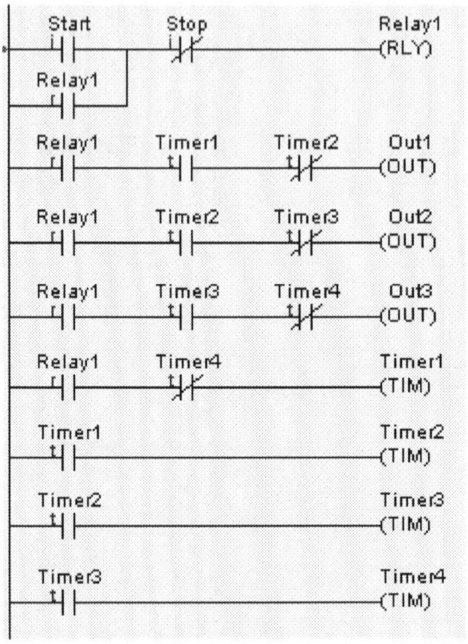

Fonctionnement du programme.

Vous remarquerez peut-être que nous utilisons Start, Stop et Relay1 pour configurer une logique à relais commune qui nous permet d'activer l'ensemble de l'opération.

La logique vise à créer une combinaison des sorties de manière qu'une seule sortie soit active à un moment donné.

Le module vocal dispose de 8 entrées qui peuvent être programmées pour lire des messages de différentes manières :

1. Direct : chaque entrée diffuse un message.
2. Binaire : La combinaison binaire des entrées fait la sélection du message à jouer.
3. Communication série : Un code envoyé au port de communication du module jouera un certain message.

Celui que nous utiliserons pour un programme est le premier : Direct.

Une fois que vous avez appuyé sur Start, Relay1 s'allume et reste sous tension. Les contacts Relay1 sont utilisés sur les lignes suivantes pour activer la logique.

Vous remarquerez peut-être que Timer1 est le premier à se déclencher (ligne de contrôle numéro 5), puis il y a une cascade de tirs pour le reste des timers. Une fois la minuterie 4 écoulée, le cycle redémarre à nouveau.

Vous pouvez voir qu'un seul contact du Timer4 est utilisé pour désactiver le Timer1 et non le reste des timers.

Le fonctionnement est automatique et continu et ne s'arrête que lorsque le bouton Stop est enfoncé.

Simulation.

Après avoir exécuté le mode simulation, il vous suffit d'appuyer sur le bouton attribué à Start. Quelque temps plus tard (spécifié par Timer1) Out1 s'allumera et restera allumé aussi longtemps que Timer2 sera programmé. Il en va de même pour Out2 et Out3.

Comme chaque sortie de l'automate pilotera un relais, le contact de chacune d'entre elles pourra être utilisé pour fournir le signal aux entrées du module vocal. Pour effectuer le câblage correct, vous pouvez vous référer au manuel du module vocal.

À tout moment, si vous appuyez sur le bouton Stop, la séquence de sortie s'arrête immédiatement.

Notes

10. Machines parlantes (Deuxième solution).

Ceci est une autre version du programme. Il utilise quelques autres instructions comme le contrôle maître (MCR avec ILock et ILoff) et un séquenceur à 4 étapes.

Eléments utilisés :

Entrées/Inputs:

- **Start**: Bouton NO, pour démarrer l'opération
- **Stop** : Bouton NO, pour arrêter la machine à tout moment

Sorties/Outputs:

- **Out1** : Lecture du message1.
- **Out2** : Lecture du message2.
- **Out3** : Lecture du message3.

Relais internes :

- **Relay1** : pour conserver le fonctionnement en marche après avoir appuyé sur Start.
- **Relay2** : Pour réinitialiser l'impulsion de comptage (horloge)

Minuteries :

- **Timer1** – Pilote la durée de l'impulsion pour fournir le comptage (horloge).

Compteurs :

- **Seq1** : Associé au Séquenceur

Séquenceurs :

Seq 1 : Un séquenceur à 4 pas pour générer une combinaison binaire avec les sorties.

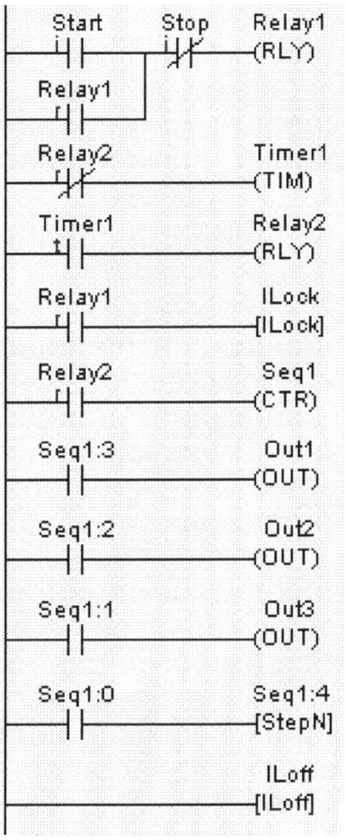

Fonctionnement du programme.

Appuyer sur Start activera Relay1. Ce relais est auto-entretenu par son contact en parallèle avec le contact Start.

Relay1 permet à toute la logique entre les instructions ILock et ILoff de fonctionner. Cela inclut l'activation des sorties nécessaires pour lire les messages sur le module.

Ici, nous utilisons un séquenceur à 4 étapes qui est associé à un compteur noté précisément Seq1.

Une combinaison des contacts de pas du séquenceur est nécessaire pour activer la sortie spécifique à un instant donné.

Étant donné que le compteur du séquenceur nécessite des impulsions pour compter et parcourir la séquence, nous utilisons un contact du Relay2 comme entrée du compteur Seq1.

Le Relay2 et le temporisateur 1 sont connectés en tant que générateur de train d'impulsions qui ouvre et ferme le contact du Relay2.

Lorsque le séquenceur atteint zéro, le contact Seq1:0 se ferme et force le séquenceur à sauter au pas 4, en utilisant la commande StepN .

C'est exactement la même chose que de programmer la consigne du compteur avec le chiffre 4.

Simulation.

La simulation est exactement la même que la version précédente du programme à contacts.

En cliquant sur Start, les sorties de l'automate s'activeront en séquence de Out1 à Out3 .

La vitesse de cette séquence est déterminée par la valeur définie de Timer1.

Pour arrêter le programme à tout moment, cliquez simplement sur Stop.

Notes

11. Commande d'un moteur à courant continu. Avant-Arrière (Forward-Reverse).

Un moteur à courant continu doit être contrôlé par un programme à relais. Pour rendre l'application vraiment intéressante, écrivez un programme avec un fonctionnement manuel/automatique. Si le fonctionnement manuel est sélectionné, un commutateur de sélection (avant/arrière) déterminera le sens de rotation du moteur.

Lorsque le fonctionnement automatique est sélectionné, le moteur tourne en marche avant pendant un temps fixe de 3 secondes puis en marche arrière pendant un temps différent de 5 secondes, de manière cyclique.

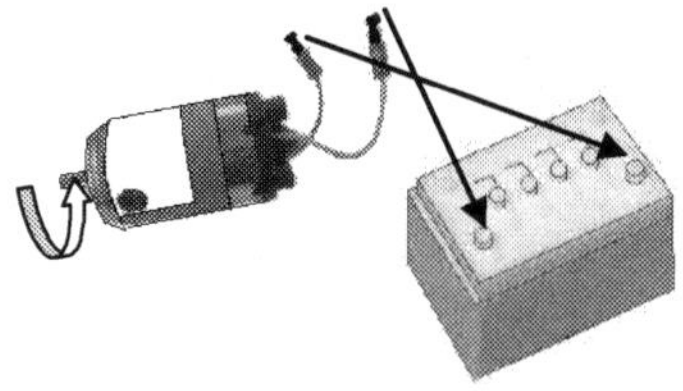

Counter clockwise

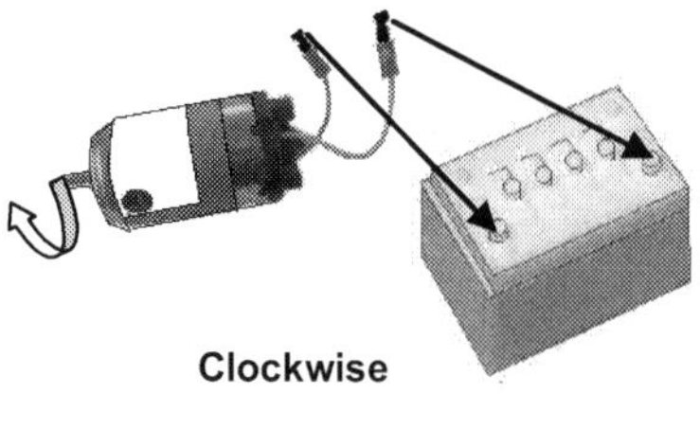

Clockwise

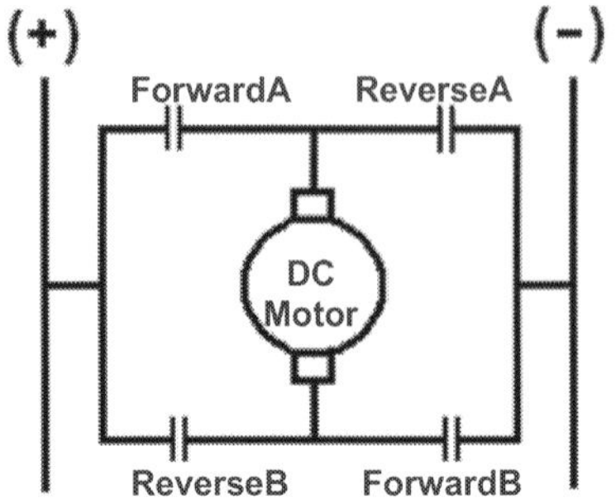

Eléments utilisés :

Entrées/Inputs:

Start: Bouton NO, pour démarrer l'opération
Stop : Bouton NO, pour arrêter la machine à tout moment
Man_ Auto: Sélecteur. Une position est pour le fonctionnement manuel et l'autre pour le fonctionnement automatique.
Forw_Rev : Sélecteur. Une position est pour la rotation du moteur vers l'avant et l'autre pour la marche arrière.

Sorties/Outputs:

ForwardA : alimente la sortie 1 qui pilote le sens avant.
ForwardB : alimente la sortie 2 qui pilote le sens direct.
ReverseA : alimente la sortie 3 qui pilote le sens direct.
ReverseB : alimente la sortie 3 qui pilote le sens direct.

Relais internes :

Relay - pour conserver l'opération en cours une fois que vous avez appuyé sur Start

Minuteries :

3secTimer : Temps de rotation avant du moteur.
5secTimer : Temps de rotation inverse du moteur.

Compteurs :

Aucun

Séquenceurs :
Aucun

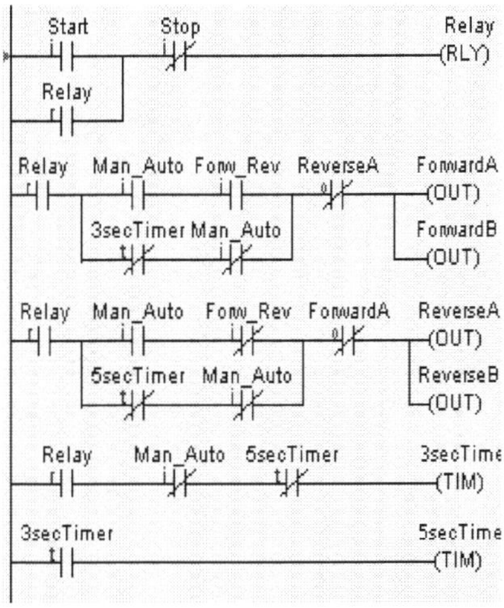

Fonctionnement du programme

D'une manière générale, pour changer le sens de rotation d'un moteur à courant continu, il est nécessaire de changer la polarité de la tension appliquée à ses bornes. Pour cela, nous avons utilisé quatre sorties : deux pour la rotation avant et deux pour la rotation arrière.

D'une certaine manière, c'est un gaspillage de sorties, puisque vous pourriez utiliser une seule sortie qui commande un relais à deux contacts, pour chaque sens de rotation. La raison pour laquelle nous utilisons quatre sorties est que vous n'avez pas besoin d'utiliser des périphériques supplémentaires lorsque vous utilisez un vrai API.

Lorsque vous appuyez sur Start, le contact interne du relais s'active et se verrouille. Sur les lignes de commande suivantes, il y a un contact de relais, ce qui signifie que le reste du programme dépend de l'activation de ce relais interne particulier.

Les deux lignes de contrôle suivantes se ressemblent, mais remarquez les différences. Le contact Forw_Rev apparaît NO sur la deuxième ligne de commande et NC sur la troisième, ce qui signifie qu'une seule des lignes de commande fonctionnera à un instant donné : seules les sorties spécifiques liées au sens de rotation sélectionné seront activées.

Pour "bloquer" un éventuel fonctionnement simultané d'avoir des sorties avant et arrière en même temps, un contact d'une des sorties est ajouté à l'extrémité de la ligne de commande, qui commande la rotation inverse.

Les deux dernières lignes de commande forment un signal d'impulsion, qui permet au moteur à courant continu de tourner 3 secondes en avant et 5 secondes en arrière.

En plus des boutons Start et Stop, il y a deux sélecteurs appelés Man_Auto , pour permettre le fonctionnement Manuel (un sens de rotation) et Automatique (changements continus de sens de rotation) et l'autre sélecteur est Forw_Rev (Forward ou Reverse) qui ne fonctionne que en fonctionnement manuel .

Le changement de sens de rotation, lorsque le mode Automatique est sélectionné, est déterminé par la fermeture des contacts du temporisateur.

Simulation.

Directement sur l'écran de simulation, cliquez sur Start pour faire fonctionner le reste du programme. Vous savez déjà que cliquer sur Stop éteindra toutes les sorties. Avec le bouton droit de la souris, vous pouvez basculer l' entrée pour Man_Auto et Forw_Rev .

En fonction de votre sélection, vous remarquerez que les deux premières sorties Out1 et Out2, correspondant à ForwardA et

ForwardB, s'allumeront. Vous pouvez attendre aussi longtemps que vous le souhaitez et ils resteront actifs pour toujours.

Si vous utilisez le simulateur logiciel, vous remarquerez que les minuteries fonctionnent toujours mais n'affectent pas le fonctionnement car elles sont sélectionnées avec l'option manuelle.

Pour passer en rotation inverse, cliquez sur l'entrée Forw_Rev. Les sorties Out3 et Out4 s'allumeront (ReverseA et ReverseB) tandis que les deux premières s'éteindront. Cela signifie que le moteur, en mode manuel, tourne dans le sens inverse du précédent.

Grâce au système de surveillance en ligne, vous pouvez vous rendre compte que ce sont désormais les minuteries qui déterminent le sens de rotation.

Notes

12. Démarrage d'un moteur triphasé à courant alternatif avec un automate. (Connexion étoile-triangle).

Les moteurs triphasés ont un courant de démarrage à fort ampérage qui doit être limité. Pour réduire ce courant initial, il faut changer les connexions des enroulements du moteur, de la connexion dite "étoile à triangle" (également appelée Y-Delta). Pour ce faire, vous avez besoin de deux contacteurs et d'une minuterie de 3 secondes. Écrivez un programme pour démarrer en douceur n'importe quel moteur triphasé via la connexion Y-Delta.

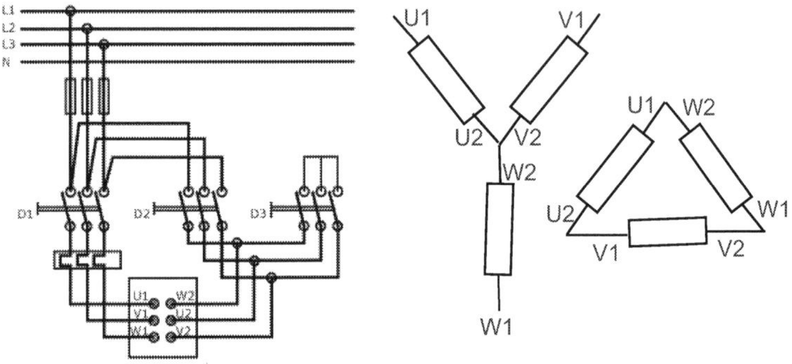

Eléments utilisés :

Entrées/Inputs:

Start: Bouton NO, pour démarrer le moteur

Stop : bouton NO, pour arrêter le moteur à tout moment

Sorties/Outputs:

Y_ Connecti : active la sortie 1 pour connecter les bobinages en Y.

Delta_Conn _ : alimente la sortie 2 pour connecter les enroulements en Delta

Relais internes :

Relay: pour maintenir l'opération en cours une fois que vous avez appuyé sur Start .

Minuteries :

Timer : temps d'attente avant de passer de la connexion Y à Delta.

Compteurs :

Aucun

Séquenceurs :

Aucun

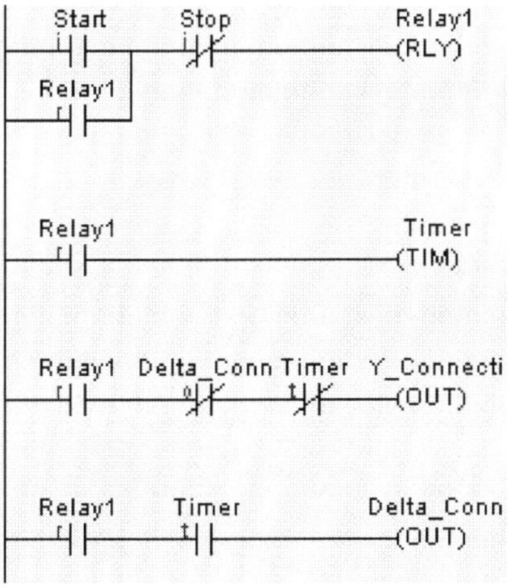

Fonctionnement du programme.

Start, Stop et Relay1 interagissent ensemble permettant au circuit électrique de fonctionner.
Une fois que le Relay1 est alimenté, en appuyant sur le bouton-poussoir de démarrage , tous ses contacts se ferment, permettant aux trois lignes de commande suivantes de fonctionner.
La minuterie est maintenant alimentée et commence à chronométrer sur le deuxième échelon.

La troisième ligne de commande établit immédiatement la connexion en Y, activant la sortie Y- Connect. Il s'agit d'une exigence normale, car chaque moteur doit démarrer sur une connexion «Y ». Lorsque le temporisateur a décompté pendant trois secondes, il fermera son contact sur la dernière ligne de commande, et puisque le reste des contacts est déjà fermé, Delta_Conn s'activera.

Delta_Conn est placé sur la troisième ligne de commande, ce qui signifie que la sortie Y_Connecti ne peut pas être activée pendant que Delta_Conn est activé.

À tout moment, vous pouvez appuyer sur Stop et les deux sorties s'éteindront car le Relais1 ne sera plus actif et tous ses contacts associés s'ouvriront.

Simulation.

Dès que vous cliquez sur l'entrée affectée à Start, la sortie 1 s'allume. Cela signifie que la connexion Y a été établie.

S'il y a un moteur, il commencera à fonctionner. Trois secondes plus tard, la sortie 1 s'éteindra, tandis que la sortie 2 s'allumera, ce qui signifie que les enroulements du moteur sont en connexion Delta.

La principale raison de passer de Y à Delta est d'avoir un couple maximal au démarrage du moteur, en surmontant l'inertie initiale. Le courant nécessaire au démarrage est considérablement réduit.

La sortie 1 et la sortie 2, de l'automate, sont utilisées pour contrôler deux relais ou contacteurs différents, avec trois contacts à courant élevé qui sont connectés selon le schéma électrique ci-dessus.

En plus du verrouillage Logique à Relais que nous utilisons, pour empêcher qu'une seule sortie soit active à la fois, un verrouillage physique est effectué via certains contacts auxiliaires disponibles sur les contacteurs.

Notes

13. Commande d'un moteur triphasé à courant alternatif. Avant Arrière (Forward- Reverse)

La rotation avant et arrière sur un moteur à courant alternatif triphasé nécessite l'utilisation de contacteurs pour commuter seulement deux des lignes de tension d'entrée.

Écrivez un programme qui effectue cette opération automatique en faisant tourner le moteur 10 secondes en avant et 8 secondes en arrière, en continu.

Ceci n'est qu'un exemple car dans la vraie vie il faut attendre l'arrêt complet du moteur avant de changer sa rotation.

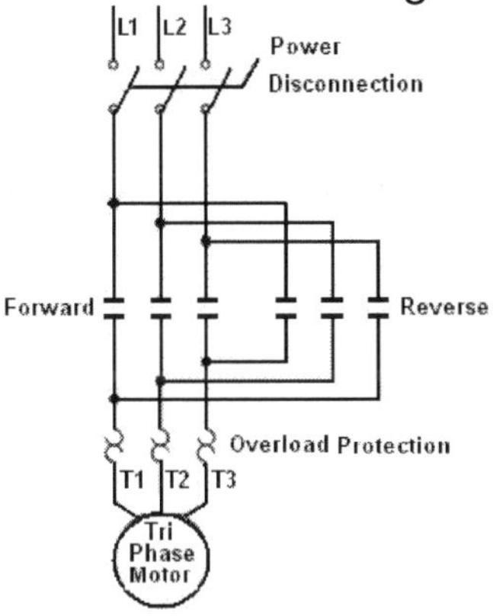

Eléments utilisés :

Entrées/Inputs:

Start: Bouton NO, pour démarrer le fonctionnement du moteur

Stop : Bouton NO, pour arrêter le moteur à tout moment.

Sorties/Outputs:

Forward - alimente la sortie qui entraîne la direction avant

Reverse : alimente la sortie qui entraîne le sens inverse.

Relais internes :

Relay : Pour conserver l'opération en cours une fois que vous avez appuyé sur Start.

Minuteries :

10secTimer : Temps de rotation avant du moteur.

8secTimer : Temps pour la rotation inverse du moteur.

Compteurs :

Aucun

Séquenceurs :

Aucun

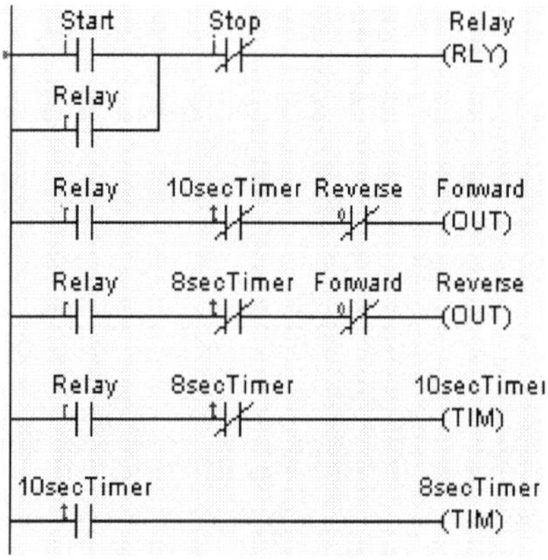

Fonctionnement du programme.

Contact de démarrage , le relais s'activera et se verrouillera. Le contact en parallèle avec Start le maintiendra sous tension même si le contact Start n'est plus fermé.

Dans la deuxième ligne de commande, tous les contacts sont fermés car le relais est fermé après avoir appuyé sur Start, puis la sortie Forward sera activée. Cela signifie que le moteur est alimenté par tout dispositif physique à courant élevé (un contacteur ou un relais), qui alimente ses trois bornes.

Le contact NC de 10secTimer sera chargé de faire avancer le moteur. Ce contact dépend de la logique sur la ligne de commande numéro 4, car la minuterie de 10 secondes démarre juste après que vous avez appuyé sur Start et le contact de relais se ferme.

Lorsque le moteur tourne en marche avant ou que la sortie Avant est active, le contact sur la ligne de commande 3, qui est un contact NC (NF), sera ouvert. Cela empêche les deux sorties ou contacteurs d'être actifs en même temps.

Lorsque le moteur s'arrête de fonctionner dans le sens avant, après l'expiration de la temporisation de 10 secondes, le contact NC avant se ferme, activant la sortie inverse. En même temps, parce que le 10secTimer s'est écoulé, son contact est fermé et le 8secTimer de la dernière ligne de contrôle est activé.

Une fois que le 8secTimer arrête de compter son temps, il désactive simultanément la sortie Reverse et active la sortie Forward et le 10secTimer.

Si à tout moment le contact Stop s'ouvre, toute l'opération se termine et toutes les sorties sont désactivées. Vous devrez appuyer sur Démarrer pour redémarrer le processus à nouveau.

Simulation.

Lorsque vous cliquez sur Start, la sortie 1 s'active, ce qui signifie que le moteur commencera à tourner dans le sens Avant (Forward) . Le contact entre R1A et R1B de l'automate activera le contacteur chargé de la direction avant.

Après 10 secondes, la sortie 1 s'éteindra, puis la sortie 2 s'allumera. Le contact entre R2A et R2B activera le contacteur qui entraîne le sens inverse.

Vous remarquerez peut-être que la connexion physique est presque la même, la seule différence étant que deux des lignes électriques d'entrée ont été permutées.

La sortie 2 sera active pendant 8 secondes puis s'éteindra. Le cycle commencera en réactivant la sortie 1.

Appuyer sur Stop à tout moment, peu importe où se trouve la commande dans la boucle, mettra fin à tout le processus.

Concrètement, il est préférable d'attendre un moment que le moteur ait perdu la majeure partie de son mouvement d'inertie, avant de le faire tourner dans le sens opposé.

Notes

14. Contrôle d'un moteur pas à pas via un moteur pas à pas.

Une application très courante est liée à l'utilisation d'automates pour commander des moteurs pas à pas, via un simple programme d'automate Logique à Relais.

Écrivez un programme qui envoie 50 impulsions dans un sens et 30 impulsions dans l'autre. Supposons que vous disposiez d'un pilote de moteur pas à pas avec deux entrées principales : direction et impulsions.

Eléments utilisés :

Entrées/Inputs:

Start : Bouton NO, pour démarrer le fonctionnement du moteur.

Stop : Bouton NO, pour arrêter le moteur à tout moment.

Sorties/Outputs:

Direction : Change lorsque chaque comptage est terminé. S'il était allumé, il s'éteint et vice versa.

Pulses : Sortie qui fournit les impulsions au variateur

Relais internes :

Relay - pour conserver l'opération en cours une fois que vous avez appuyé sur Start

RelayAux1 et RelayAux 2 : aide la logique à connaître le dernier état de l'adresse de sortie.

Minuteries :

Aucun

Compteurs :

30_ pulses : compte la génération de 30 impulsions.

50_ pulses : compte la génération de 50 impulsions.

Séquenceurs :

Aucun

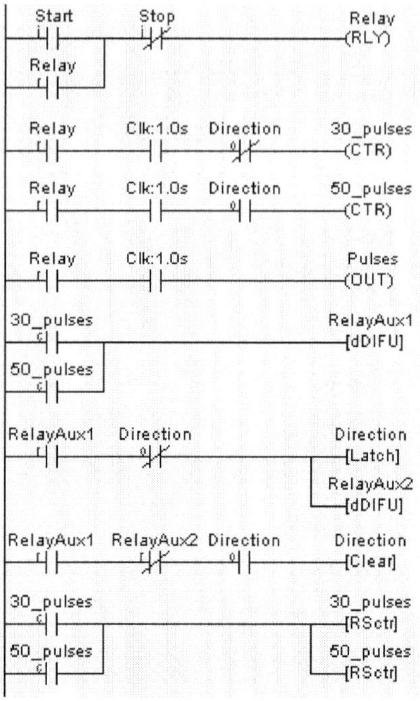

Fonctionnement du programme.

Start, Stop et Relay interagissent tous ensemble pour créer un moyen de permettre au système de fonctionner. Lorsque le contact Start se ferme, le relais auxiliaire appelé Relay s'excite et ferme ses contacts. Le contact sous le Start l'aidera à rester sous tension jusqu'à ce que le contact Stop ouvre le circuit.

La deuxième ligne de contrôle, en série avec un contact de relais, affiche une minuterie de 1 seconde appelée Clk:1.0s. Ce bit spécial s'ouvre et se ferme en continu à raison d'une fois par seconde. Ce signal d'horloge est utilisé à deux fins : envoyer les impulsions de comptage aux compteurs 30 et 50 impulsions et contrôler l'activation de la sortie 1 (Impulsions), qui envoie l'impulsion externe au contrôleur.

La troisième ligne de commande utilise le contact de sortie des compteurs (30 et 50) en parallèle pour alimenter un relais auxiliaire, appelé RelayAux1, via une commande spéciale dDIFU .

Cette commande active la sortie uniquement sur la transition, d'ouvert à fermé, dans la logique avant la sortie.

Les lignes de contrôle numéro 4 et 5 sont chargées de "mémoriser" le dernier état de la sortie appelé Direction (Direction) et de le faire passer à l'état opposé à chaque fois qu'un compteur atteint son comptage maximum (valeur de programmation du compteur). Le résultat est que la sortie Direction s'active ou se désactive. Cette sortie détermine le sens de rotation que prendra le Stepper.

Commande Latch est utilisée pour activer (et laisser activée) la direction de sortie et l'autre commande (Clear) désactivera la même sortie.

La dernière ligne de commande réinitialise les compteurs chaque fois qu'ils atteignent la valeur définie et les prépare pour la prochaine action de comptage.

Le processus peut être redémarré à tout moment en appuyant sur Stop.

Simulation.

Entrez en mode simulation jusqu'à ce que l'écran de simulation apparaisse.

Cliquer sur Start lancera l'opération. La sortie 2 commencera à s'allumer et à s'éteindre en continu, fournissant les impulsions pour entraîner le moteur pas à pas. Après 30 impulsions sur la sortie 2, la direction de sortie s'activera et restera activée pendant 50 impulsions.

De manière générale, vous verrez la sortie Direction désactivée pendant 30 impulsions et activée pendant 50 impulsions. Les impulsions sont représentées par la connexion et la déconnexion de Output1.

Le raccordement du variateur à l'automate consiste à utiliser les deux contacts disponibles sur le connecteur de sortie.

Vous remarquerez peut-être que les contacts de ces sorties sont inclus dans la logique des deux dernières lignes de contrôle.

Notes

[14. CÂBLAGE D'UN AUTOMATE ET D'UN AUTOMATE FORMATEUR]

Comment réaliser les connexions aux entrées et sorties des automates . Si vous avez un formateur API, vous pouvez vous entraîner avec de vrais appareils.

14. Câblage des appareils aux entrées d'un automate.

Dans les chapitres précédents, vous avez appris que les entrées API peuvent être classées en deux :

CC (DC) ou CA (AC)

14.1 Entrées DC (ou DC).

Les entrées DC sont considérées comme des entrées « basse tension » qui peuvent également être subdivisées en deux autres :

NPN ou PNP.

Cette classification est basée sur le type de transistor utilisé pour l'entrée du signal électronique.

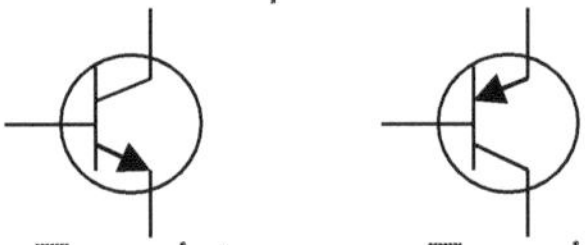

Transistor NPN Transistor PNP

La petite flèche indique le sens du courant. Vous devez être très prudent et connaître le type d'entrée de l'automate avant d'effectuer toute connexion.

Pour connecter les entrées, vous devez procéder comme suit :

Entrées NPN

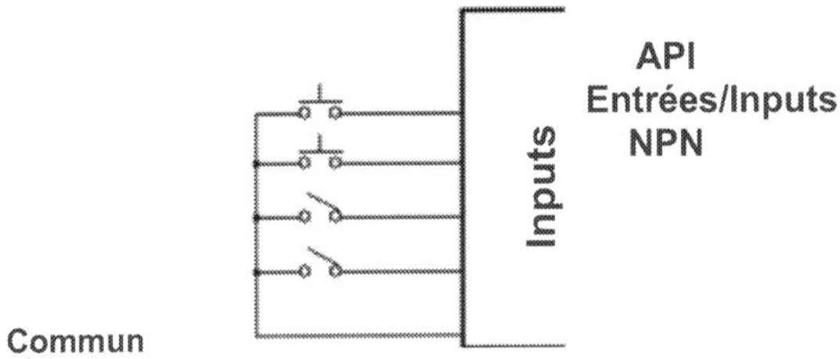

Notez que le "commun " se connecte à la terre ou à un commun.

Entrées PNP

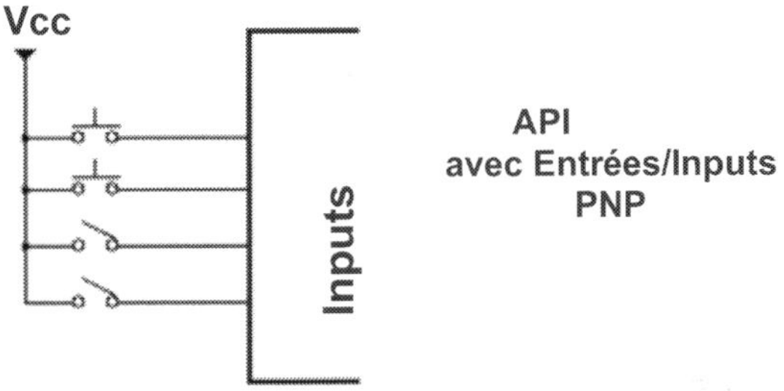

Notez que le "commun" des entrées est connecté à Source (V +) ou Positif

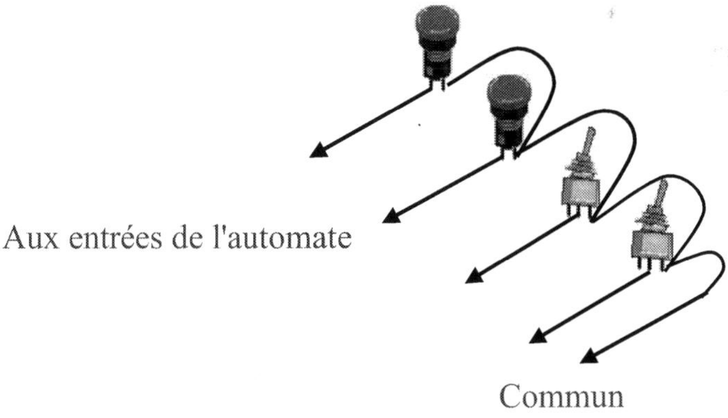

Dans le graphique, vous pouvez voir que, si nous voulons connecter des boutons-poussoirs et des interrupteurs, à des fins d'explication, nous connectons une ligne commune à une extrémité de chacun d'eux.
Ce sont des appareils (qui sont généralement deux terminaux) et l'autre extrémité va directement à l'entrée de l'automate.

Le commun doit être connecté à Vcc ou V + , dans le cas d'automate avec entrées PNP ou à 0V (Négatif ou masse), si l'automate reçoit des entrées NPN.

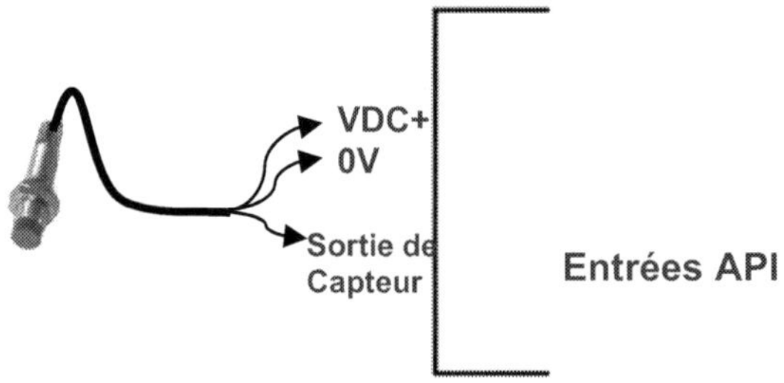

Les capteurs de type inductif ou capacitif peuvent être connectés de plusieurs manières. Ces capteurs électroniques (inductifs et capacitifs) sont alimentés en courant continu et ne nécessitent pas de câble commun, car ils sont déjà connectés à l'alimentation, qui dans la plupart des cas est la même que l'automate.

Les capteurs inductifs et capacitifs sont spécifiés par divers paramètres tels que la taille, la distance de détection, la connexion, etc.

Il est important de connaître le type de sortie dont ils disposent : NPN ou PNP.

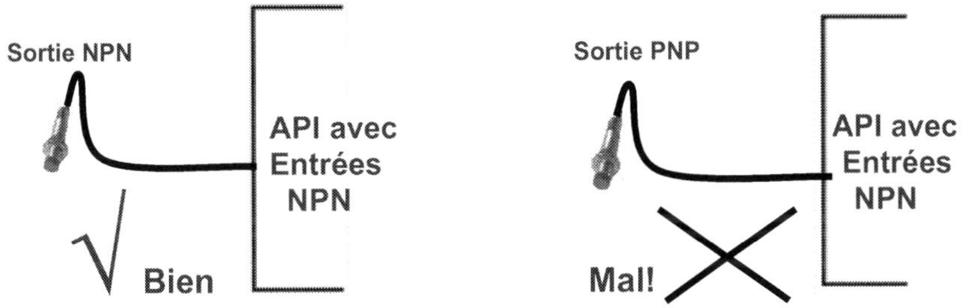

La sortie du capteur et l'entrée de l'API doivent être identiques.

14.1.2 Entrées AC (AC en anglais).

Semblables aux entrées CC, les automates avec entrées CA ont une manière particulière de se connecter.

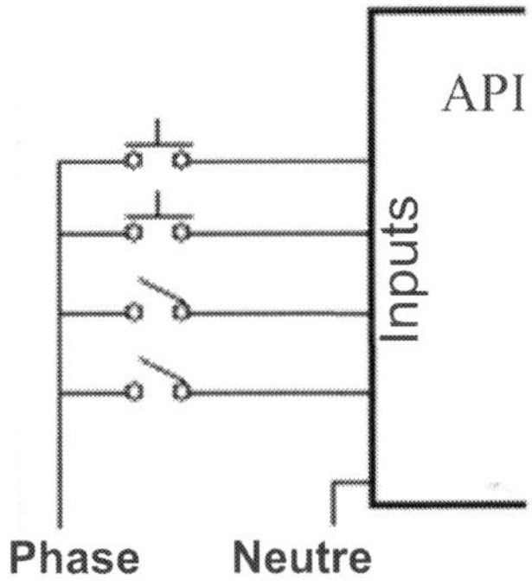

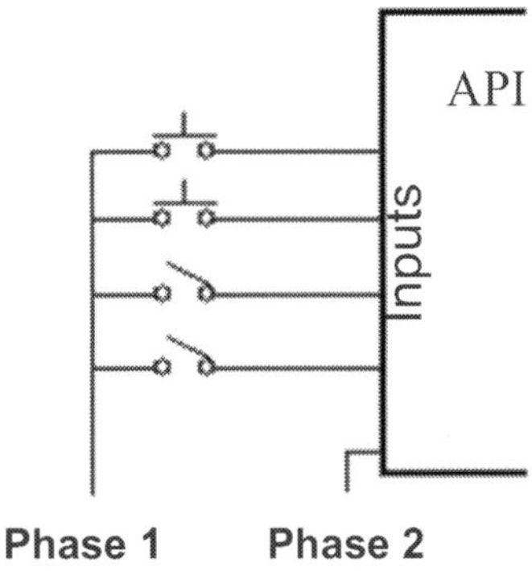

En général, les tensions de travail peuvent être de 110 ACV ou 220 ACV.

Ce câblage nécessite une connexion et des soins appropriés.

Les figures ci-dessus montrent la manière dont vous devez connecter les appareils. Les automates avec entrées AC disposent d'une borne de raccordement pour les lignes électriques.

14.2 Câblage des appareils aux sorties.

Comme il existe trois sorties différentes sur les API, il existe plusieurs manières de connecter les sorties aux charges.

14.2.1 Sorties CC (CC).

Une sortie CC, sur la plupart des automates, a une faible capacité de courant et de ce fait, il n'est pas toujours possible de les connecter directement pour contrôler des appareils à haute tension ou à courant élevé.

On peut avoir les cas suivants :

1. **Sortie API vers entrée API.**

Un automate peut envoyer un signal à un autre automate si la sortie et l'entrée de l'automate sont compatibles. Cela signifie, le même type.

Exemple : sortie PNP vers entrée PNP.

2. **API vers appareil électronique.**

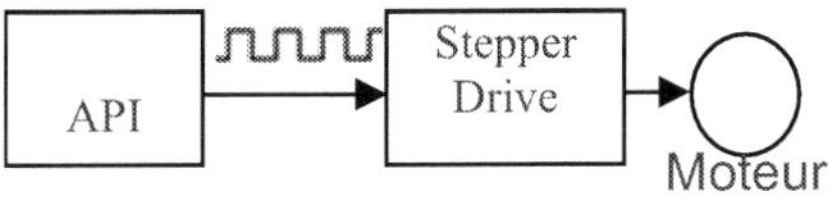

L'automate peut envoyer des signaux de commande à un appareil électronique, qui à son tour entraînera un moteur. L'appareil électronique doit recevoir un signal compatible tant en type qu'en niveau.

Certaines sorties API peut générer des sorties à grande vitesse avec contrôle du cycle de service.

3. **Automate pilotant un optocoupleur.**

Pour protéger l'automate des effets des appareils à courant élevé, il est très courant que la sortie de l'automate pilote une LED ou un optocoupleur.

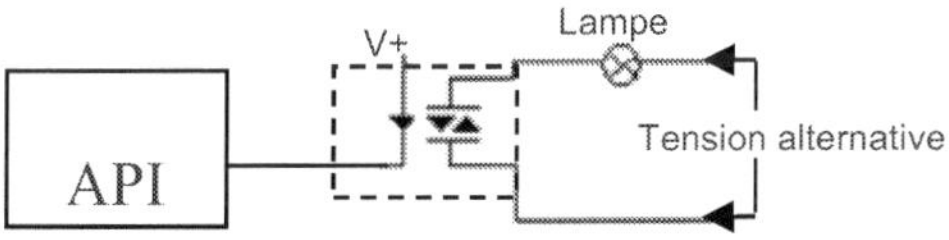

Vous remarquerez peut-être que les deux circuits : le côté automate et le côté charge sont isolés par l'optocoupleur.

Cela signifie que l'automate allume la LED puis envoie Light comme commande pour fermer l'autre partie du semi-conducteur qui agit comme un interrupteur.

4. **Connexion API et transistor externe.**

Lorsqu'il est nécessaire de gérer un signal de courant plus élevé, un transistor externe avec une capacité de courant plus élevée peut être utilisé. Dans ce cas, l'automate se connecte à la borne du transistor (appelée

Base). Le transistor agira comme un interrupteur, allumant ou éteignant la charge.

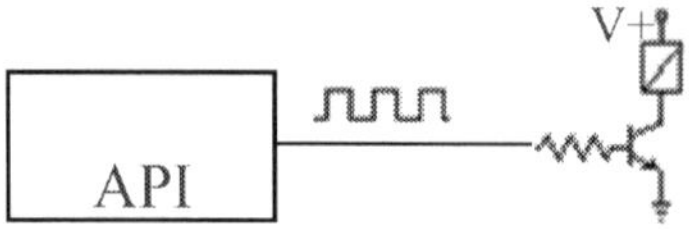

Certains automates peuvent produire des sorties modulées en largeur d'impulsion, lorsqu'ils sont appliqués à un transistor pilotant une bobine de vanne, il est alors possible de contrôler proportionnellement l'ouverture de la vanne mécanique.

5. **API qui contrôle un relais externe.**

C'est l'application la plus courante pour l'utilisation d'une sortie DC API. Cela est dû à deux faits importants :

a. Si la sortie nécessite une charge CC ou CA à courant plus élevé pour être connectée ou déconnectée, vous devez utiliser un relais externe.

   Ce relais peut être de type électromécanique ou statique.

b. Si la connexion ou la déconnexion doit être constante, la durée de vie des contacts de relais sera affectée au fil du temps et à un moment donné de leur processus, ils échoueront.

   Le remplacement d'un nouveau relais est beaucoup plus facile lorsqu'il est connecté en externe. Ces relais peuvent être **des relais d'interface** à usage intensif ou **des relais à contacts multiples.**

Selon la sortie de l'automate, si elle est NPN ou PNP, il existe un moyen de câbler le relais externe.

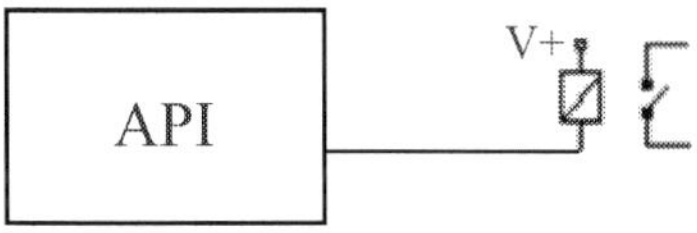

La connexion **Sinking (descendante)** est illustrée ci-dessus.

L'API a une sortie NPN et fournit le chemin vers la masse pour la bobine de relais.

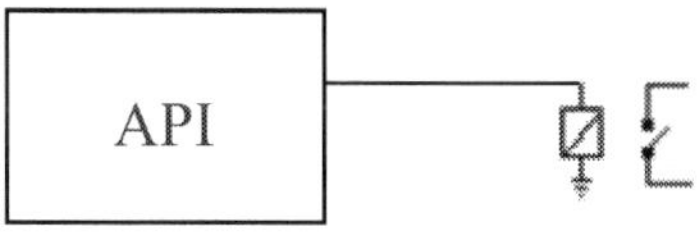

La connexion **Sourcing** est illustrée ci-dessus.

L'API a une sortie PNP et fournit la connexion d'alimentation ou le V+ à la bobine de relais.

14.2.2 Sorties AC (AC en anglais).

Les sorties AC de l'automate se comportent de la même manière qu'elles soient en 110 ou 220 VAC.

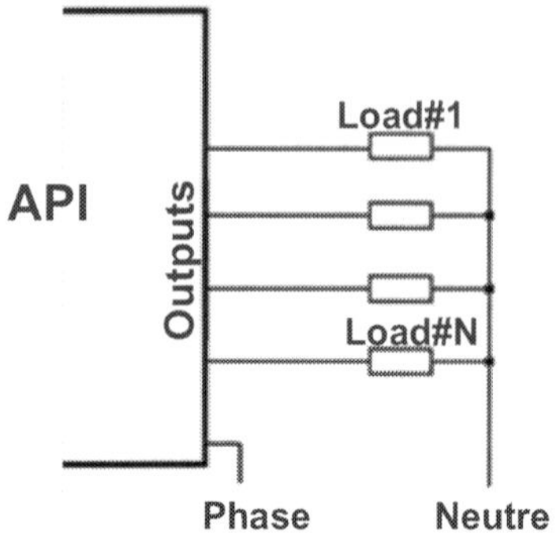

Câblage 110 VCA

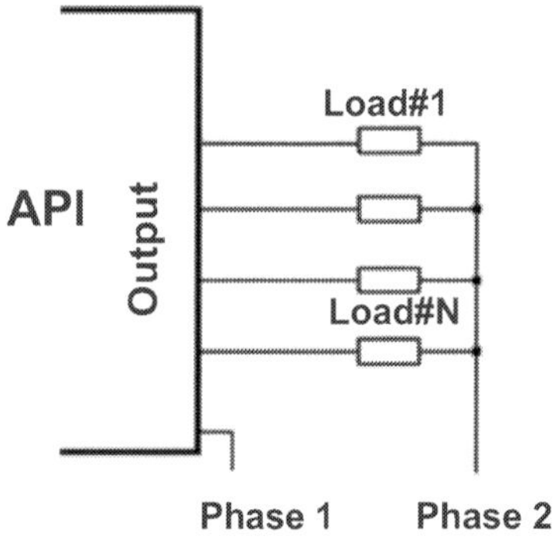

Câblage 220 VCA

Dans la plupart des cas, les sorties CA sont utilisées pour piloter des bobines de contacteur ou des relais en tant que charges, de sorte que les sorties ont une capacité de courant suffisante pour les piloter. Habituellement, c'est environ 80 milliampères.

Étant donné que les charges sont des appareils à deux bornes, nous devons établir une connexion commune pour chaque appareil, en connectant l'une des bornes à un fil Phase (également appelé Hot ou Phase) . L'autre borne de chaque appareil doit être connectée à une sortie spécifique de l'automate.

Travailler avec AC est quelque peu risqué. Vous devez être prudent lors de la manipulation des lignes CA et vous assurer que vous câblez le système correctement.

14.2.3 Sorties relais (Relays en anglais).

Comme vous le savez probablement déjà, nous parlons des relais physiques et électromagnétiques, qui sont soudés à l'intérieur de la carte API. On les retrouve dans les automates à architecture fixe ou dans le module relais lorsque l'automate est modulaire ou évolutif.

Bien que les fabricants aient développé des relais plus petits mais puissants, leurs contacts ont certaines restrictions sur l'ampérage qu'ils peuvent supporter et la taille qu'ils occupent.

Encore une fois, si la sortie relais doit être constamment activée et désactivée, pendant le fonctionnement de l'automate, il est préférable d'utiliser un relais externe afin de pouvoir le remplacer facilement.
Le grand avantage de l'utilisation de sorties relais est qu'elles peuvent être connectées en tant que commutateur dans des circuits CC ou CA. Les inconvénients sont la vitesse de l'appareil et la quantité de activations qui, en termes de dommages, les rendent difficiles à réparer et uniquement remplaçables.

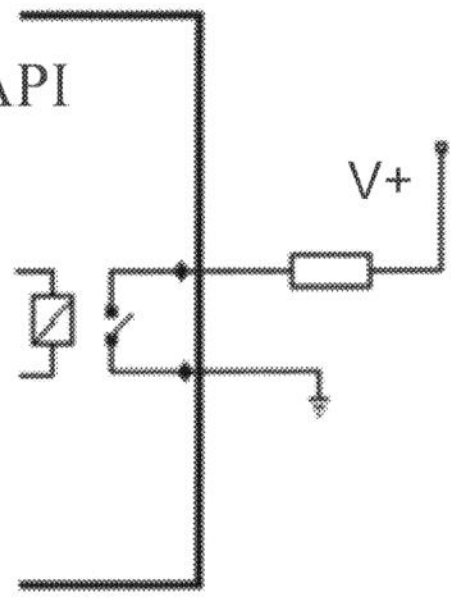

Sortie relais connectée à une charge DC

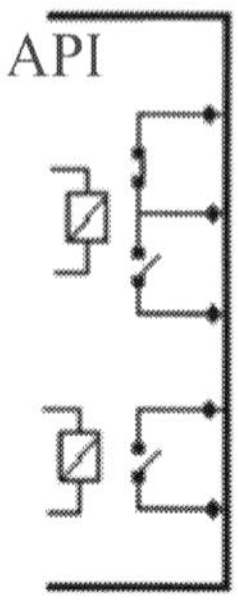

Deux types de sortie relais. Ici vous pouvez voir un point commun pour les contacts NO et NC ou juste un seul contact NO.

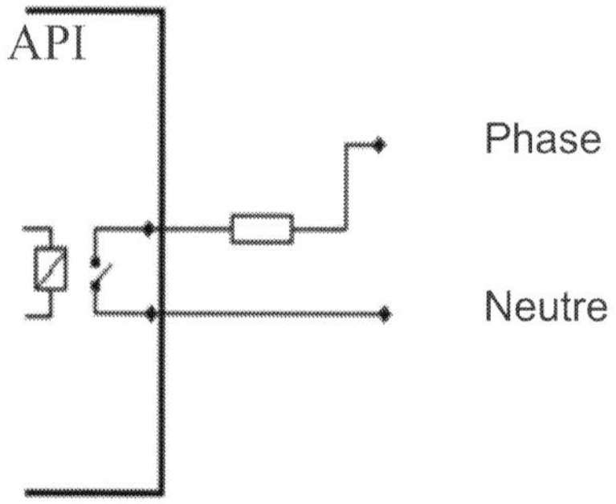

Connexion d'un relais à une charge 110V

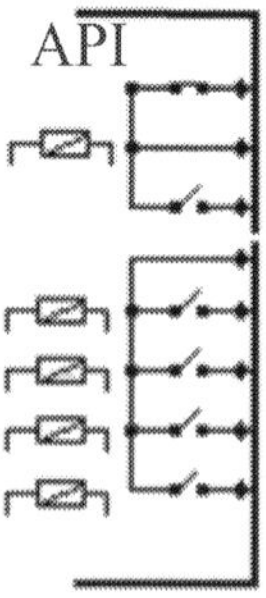

Fabricants d'automates fournissent une combinaison de contacts partageant une borne commune. Cependant, chaque contact est affecté pour utiliser une sortie différente de l'automate.

Vous devez être très prudent lorsque vous utilisez les bornes de relais et leurs contacts. Si vous dépassez la spécification d'ampérage, vous risquez d'endommager la sortie de l'API ou l'API lui-même.

14.3 Connecter des appareils à l'API Trainer.

Cette partie n'est applicable que si vous disposez d'un entraineur pour pratiquer API (PLC Trainer ou API Trainer). Quoi qu'il en soit, lisez les informations, même si vous n'en avez pas, elles vous permettront de bien comprendre comment connecter un appareil à votre automate, sur un panneau de contrôle.

14.3.1 Entrées dans le formateur API.

Vous pouvez établir de véritables connexions d'appareils et de capteurs avec l'API Trainer. Il a des étiquettes In1, In2 ; in3, ... In6 aux points de connexion.

Une fois que vous avez identifié la prise d'entrée numérique, vous êtes prêt à connecter vos appareils.

Une remarque très importante : les entrées numériques disponibles sur le connecteur sont également connectées aux boutons poussoirs et interrupteurs de l'automate didactique. Cela signifie que vous devez être très prudent lors de la connexion d'appareils externes en raison de la possibilité d'un court-circuit.

Un court-circuit peut endommager l'appareil et l'entraîneur API, et cela se produit parce que l'appareil que vous prévoyez de connecter peut envoyer une tension V+ à l'entraîneur API, tandis que l'un des boutons-poussoirs ou interrupteurs enverra une masse ou zéro volt, lorsqu'ils sont activés.

Pour éviter tout court-circuit, s'assurer que les entrées In3 à In6 sont éteintes (les LED vertes de l'automate sont éteintes). Ceci n'est pas nécessaire pour l'entrée 1 et l'entrée 2, qui sont toujours désactivées (sauf si vous appuyez sur les boutons poussoirs).

La figure suivante montre le connecteur API Trainer pour les entrées CC. Vous remarquerez peut-être que les deux premières et dernières positions sont réservées à l'alimentation. Ce sont des SORTIES et non des entrées, c'est-à-dire qu'elles fournissent une sortie de tension, qui provient de l'alimentation principale (ou de l'adaptateur mural).

La capacité réelle de ces points de vente n'est pas si élevée et ne fonctionnera qu'avec certains capteurs courants qui ne nécessitent que de petits courants.

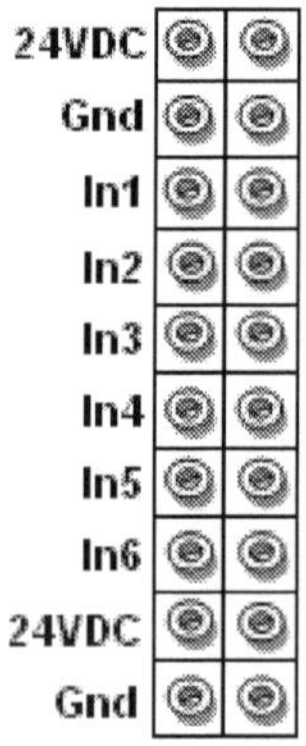

N'oubliez pas que seuls les appareils dotés de sorties NPN peuvent être connectés au banc d'essai ou à l'API.

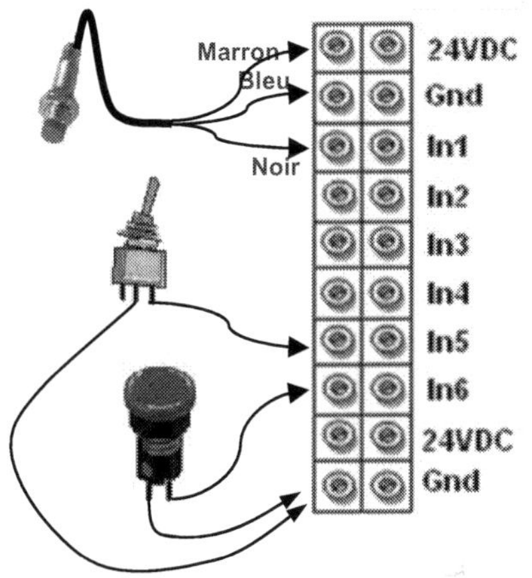

La figure montre comment les connexions physiques peuvent être établies. Nous avons déplacé les étiquettes vers la droite pour tout montrer plus clairement.

Les capteurs CC suivent un code couleur pour les sorties, donc :

> **Le marron ou le marron est positif, le bleu est négatif et le noir est la couleur de la sortie.**

Tout autre appareil ne nécessitant pas d'alimentation, tel qu'un interrupteur ou un bouton-poussoir, peut être connecté comme indiqué sur la figure. Une borne à GND ou zéro volt et l'autre à l'entrée.

14.3.2 Sorties dans le API Trainer.

Si vous utilisez l'API Trainer, le connecteur sur le côté droit vous permettra de connecter des périphériques externes aux sorties.

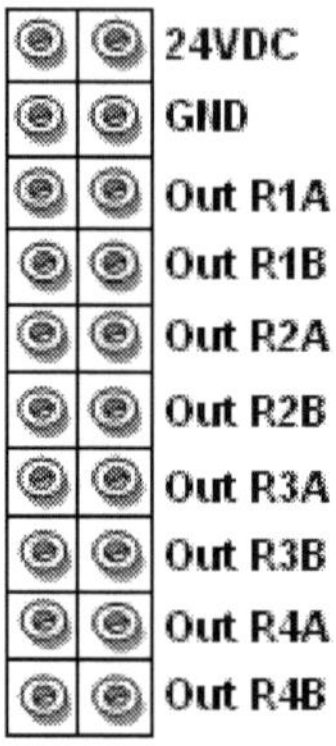

L'API Trainer a des relais externes situés sur la petite carte de circuit imprimé, située sur le côté droit du API. Les relais de la carte reçoivent le signal d'activation des sorties de l'automate.

Les contacts de chaque relais ont été câblés au connecteur latéral comme décrit dans la figure suivante :

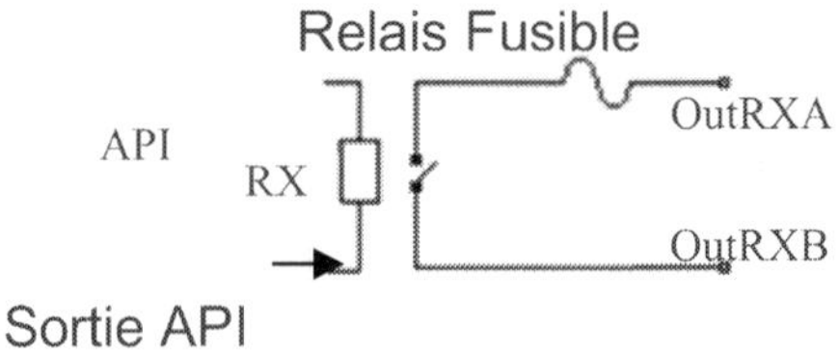

X est un numéro de relais (1,2,3 et 4)

Notez que les bornes de contact sont indiquées par RXA et RXB pour les différencier des autres contacts de relais. Par exemple, OutR3A et Out R3B correspondent au relais #3 et sont contrôlés par la sortie API #3.

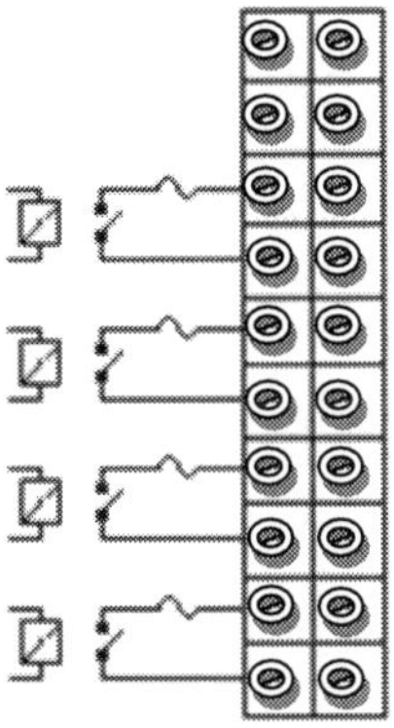

Notez qu'un fusible a été ajouté pour éviter les dommages causés par des courants supérieurs aux courants autorisés dans le contact

Pour connecter n'importe quelle charge CA ou CC, vous pouvez implémenter l'un des circuits suivants. Comme vous pouvez le voir, les deux types de charges peuvent être connectés à n'importe lequel des relais.

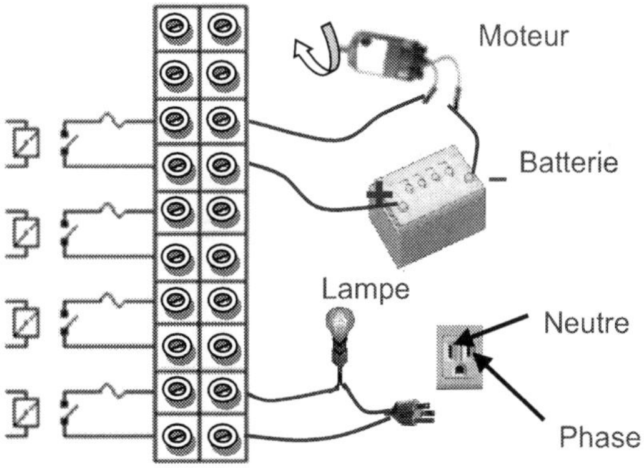

Vous pouvez utiliser les sorties d'alimentation CC disponibles sur le connecteur, mais uniquement lorsque votre charge nécessite de faibles niveaux de courant. Vous feriez mieux d'utiliser une alimentation CC externe comme la batterie sur la figure.

14.4 Connexions CA sécurisées.

Un moyen sûr de connecter des charges ou des appareils CA à l'API Trainer peut être mis en œuvre comme suit :

1. Procurez-vous une rallonge.

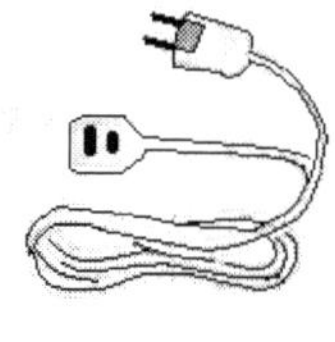

2. À environ 10 pouces de la prise secteur, coupez l'un des fils.

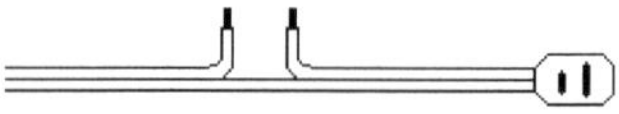

3. Connectez les rallonges, correctement dénudées à chaque extrémité.

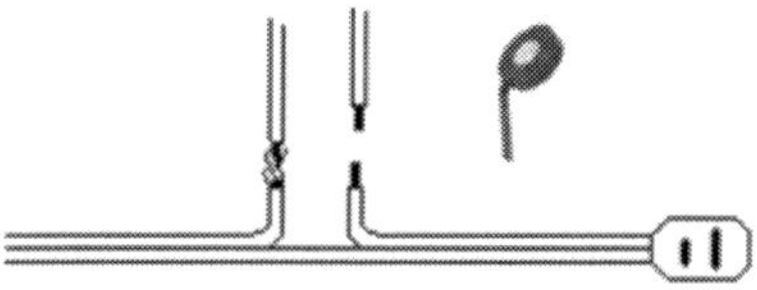

4. Et couvrez le joint avec du ruban isolant.

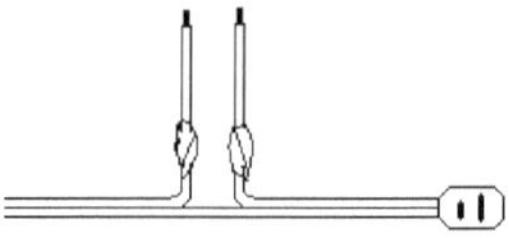

5. Vous disposez maintenant d'un élément simple et sécurisé pour connecter n'importe quel appareil AC à l'API Trainer et rendre vos applications plus réalistes.

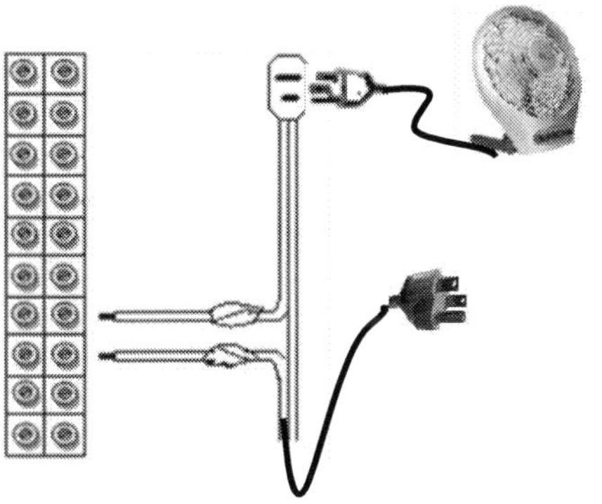

[GLOSSAIRE]

A

Actif
Pour prises ou appareils. Cela signifie connecté ou travaillant.

Activer - Enable
Signal qui permet le fonctionnement d'un appareil, d'un circuit, d'une ligne de commande, etc.

Adresse
Numéro attribué à un appareil lorsqu'il en possède plusieurs (également appelé réseau)

Alarme
Avertissement ou signal pour avertir d'un mauvais fonctionnement.

Ampli
Unité actuelle. C'est le résultat de la division de la tension par la résistance.

Animatronique
La technologie de l'automatisation et de la robotique appliquée à des marionnettes qui semblent avoir une vie.

API
Automate programmable, automate, PLC

Atterrir
La terre est le point de référence d'un circuit électrique. En courant continu, c'est le moyen de décharger l'électricité statique et de protéger le circuit. En courant alternatif, c'est la référence pour le transformateur.

Automatisation
Les techniques et équipements utilisés pour obtenir un meilleur fonctionnement, plus efficace et plus sûr du processus.

Automatisation du bâtiment.
Technologie d'automatisation spécialisée dans les bâtiments, les maisons, les points de vente. Aussi connu sous le nom de domotique.

Automatisation de la maison - Domotics
C'est l'automatisation et la robotique appliquées aux équipements de la maison.

Avant (Forward)
Rotation dans une direction que vous définissez.

Avertisseur sonore- Buzzer
Une sorte d'alarme avec un son caractéristique produit par une vibration.

B

BASIC
Langage de programmation caractérisé par un jeu d'instructions simple et puissant.

Bifurquer
Dans un circuit électrique, autre chemin possible.

Bobine (Coil)
Dans les API, il s'agit d'une sortie qui peut être interne ou externe.
Dans les appareils électriques, il s'agit d'un dispositif multifilaire qui tourne autour d'un noyau.

Bobine (External Coil), Output, Sortie
Dans les API, la partie finale d'un échelon. Il peut être externe pour contrôler les appareils ou interne pour définir des opérations (également appelées indicateurs).

Bouton
Bouton-poussoir qui agit comme une entrée API.

Bouton poussoir _
Interrupteur électrique qui est normalement actionné en appuyant avec le doigt. Ses contacts internes changent d'état lorsqu'on appuie dessus.

Bouton rémanent
L'interrupteur qui, une fois enfoncé, reste dans le nouvel état jusqu'à ce qu'il soit de nouveau enfoncé. Action alternée.

Bruit électronique
En électronique, signal indésirable qui affecte le fonctionnement de l'équipement électronique.

C

CA
Courant alternatif. Système d'alimentation où le flux de courant change de polarité à une fréquence donnée.

CAP- PAC Programmable Automation Controller
Contrôleur d'automatisation programmable. Nouvelle technologie qui combine un automate et un PC dans le même équipement.

Capteur

Appareil qui détecte ou perçoit un signal provenant de l'environnement extérieur et le convertit en un signal compatible avec un équipement électronique.

Carte -Board
Plaque en fibre de verre ou bakélite contenant des composants électroniques.

Cascade
En électronique, il est lié à un appareil qui agit sur un autre. L'emplacement reflète l'importance ou la priorité.

Changer- Switch- Interruptor
Un dispositif qui rompt la continuité d'un circuit, bloquant ou permettant au courant de circuler.

Châssis
Boîte externe pour contenir une seule carte ou un groupe de cartes.

Chemin
Itinéraire alternatif. En termes électriques, une autre façon possible d'envoyer du courant à un appareil ou à une prise.

CI
Circuit intégré. Souvent connu sous le nom de puce.

Circuit
Une combinaison de différents éléments tels que l'alimentation électrique, les interrupteurs et les charges, qui a un but opérationnel.

Cliquez sur
Action d'appuyer sur l'un des boutons de la souris d'un PC.

Communication
Capacité des appareils électroniques à envoyer ou à recevoir des données, généralement via un port de communication.

Comptoir
Elément logiciel qui permet le comptage d'objets.
Conduire
Dispositif dont le but spécifique est de contrôler un moteur.

Courant
Flux d'électrons produit par une source de tension appliquée à une charge.

Court circuit
Situation qui se produit lorsqu'une source de tension est appliquée à une charge avec une résistance nulle. Cela équivaut à connecter les deux bornes de l'alimentation, mais s'applique également à connecter les bornes d'un appareil donné entre elles.

Cycle
Pour les signaux électroniques périodiques, la durée d'allumage et d'extinction fois ou la durée du signal entier qui est répété périodiquement.

Cycle de travail
Relation entre le temps d'activation et la durée totale (Ton + Toff) d'un signal.

D.

Décharge
Action d'envoyer le programme d'un ordinateur à un autre. Par exemple, le programme de commande est téléchargé du PC vers l'automate.

Désactivé
Inactif. Pas d'alimentation Votre bloc d'alimentation a été retiré.

Destinataire
Dispositif qui reçoit le signal d'un émetteur et génère une sortie.

Détection
L'état obtenu lorsque l'automate détecte un objet ou un événement.

Diagramme séquentiel
Méthodologie de programme utilisée par la norme IEC6113, qui propose une norme sur la manière dont un programmeur API doit développer un programme, en utilisant des symboles et une stratégie logiciels typiques.

Données
Informations numériques traitées par le processeur principal.

Delta
Type de connexion à trois charges, où l'image ressemble à un symbole Delta ou à un triangle.

Différentiel
Dans les automates, c'est une action qui s'effectue sur l'un des fronts de la transition connexion à déconnexion et inversement.

E

EEPROM

Mémoire morte programmable effaçable électriquement. Une technologie moderne de mémoire de données qui permet d'écrire en mémoire par des moyens électriques. L'EEPROM est généralement utilisée pour stocker le programme de contrôle.

Écran tactile

Panneau de commande doté d'un écran tactile.

Élément de contrôle final

L'élément à la fin d'un contrôle d'action qui provoque un mouvement, un défilement, une rotation, etc.

Enroulement

Conducteur électrique gainé qui forme plusieurs spires autour d'un noyau qui peut être de l'air, du fer ou tout autre matériau ferromagnétique.

Électricité

Tous les types d'appareils et de circuits qui impliquent le flux d'électrons ou de charges électriques en général.

Électromagnétique

Le champ résultant produit par le courant électrique circulant dans un fil.

Électrovanne

Vanne commandée par l'excitation d'une bobine électromagnétique.

Encodeur
Un dispositif qui change de rotation ou de position dans un ensemble d'impulsions. Une valeur de courant, de tension ou une donnée.

Émetteur-récepteur
Équipement de communication pouvant servir d'émetteur et de récepteur.

Émetteur
Dispositif qui transforme la variable du transducteur en un signal standard.

En ligne- Online
Dans les automates, lorsque l'automate est en cours d'exécution alors que vous êtes connecté via un logiciel de programmation et de simulation.

Étagère
Châssis en métal ou en plastique qui abrite des cartes électroniques, également appelées modules.

Ethernet
Mode de transmission des informations numériques sur les réseaux locaux (LAN).

Entrée universelle
Entrée pouvant accepter tout type de signal tel que tout type de thermocouple, toute plage de tension continue ou tout courant compris entre 0 et 20 mA.

Entraîneur
Personne qui développe une formation sur un certain domaine de connaissances.

État solide
Appareil construit avec des semi-conducteurs. C'est le contraire des dispositifs gazeux qui ont été supplantés par l'avènement des transistors.

Etoile
Type de connexion de trois charges, où l'image ressemble à une étoile à trois branches ou à une lettre "Y".

F

Fonction
Ensemble d'instructions pour effectuer une tâche complexe qui peut être il est exécuté à chaque fois que la fonction est "appelée" ou activée.

Fontaine
Élément d'un circuit électrique qui fournit une tension ou un courant au reste des éléments.

Force
Selon la loi d'Ohm, c'est le produit de la multiplication de la tension et du courant.

Formateur API
Matériel prêt à être utilisé dans l'étude d'automates ou le développement de prototypes d'automatismes, qui comprend toutes les fonctionnalités nécessaires telles que l'alimentation, le précâblage, les boutons poussoirs, le relais, les fusibles, etc.

G.

H

Hors tension- Desactivated-
Sans énergie. Inactif.

Hydraulique
Système qui utilise de l'eau ou de l'huile comme fluide.

I

IE 6113-3
Une norme de programmation originaire et largement utilisée en Europe. Avec une acceptation croissante dans le reste du monde, c'est la partie de la norme liée à la promotion de la norme des langages de programmation pour les automates.

IHM
Interface Homme-machine. Dispositif entre la machine et l'opérateur pour faciliter l'opération et la commande.

Impulsion
Passez de Off à On, puis de nouveau OFF. La durée de l'état ON est très courte.

Intensité de courant
Terme lié à la quantité de courant circulant dans un circuit.

Interrupteur à bascule
Commutateur mécanique qui passe manuellement d'un état à un autre.

Interface
Dispositif entre deux appareils qui agit comme un pont de communication. Elle s'applique également aux pupitres opérateur.

Inverse
Mouvement dans la direction opposée à celle sélectionnée comme Avant.

J

K

Kilo
1000 unités Le symbole est la lettre K, qui ajoutée à toute unité est multipliée par 1000.
Exemple Kohm : 1000 ohms
12KV : 12 Kilovolts = 12000 volts

L

Leds
Diode électro-luminescente. Un dispositif à semi-conducteurs très populaire utilisé pour agir comme une lampe, avec une très faible consommation d'énergie et une longue durée de vie.

Loi d'Ohm
Loi montrant la relation entre la tension, le courant et la résistance.

Logique à échelle
Une méthodologie de programmation des automates. La logique de commande s'effectue sur des lignes de commande qui ressemblent aux lignes de commande d'une échelle.

M

Manette
Un appareil qui, une fois programmé, a des capacités autonomes pour effectuer une tâche de contrôle.

Maître
Appliqué aux appareils ou équipements qui ont le contrôle sur le reste.

Mémoire.
Partie de l'API dans laquelle le programme de commande ou les données de processus sont stockées. Il peut être volatil ou non volatil selon qu'il conserve l'information après une coupure de courant.

Mémoire flash compacte
Dispositif de mémoire électronique pour stocker des données pouvant être supprimées de l'ordinateur.

Mémoire RAM
Mémoire vive. Il s'agit d'une mémoire dans laquelle l'automate stocke temporairement les données collectées pour le fonctionnement interne ou du processus. Une fois l'alimentation coupée, les données sont perdues.

Milli
L'unité divisée par 1000. Le symbole est la lettre m. Exemple 20 mA : 20 milliampères.

Minuteur - Timer
Un logiciel qui compte le temps sur une base de temps interne.

MMI
Interface homme-machine. Identique au panneau de commande.

Modem
Dispositif de transmission et de réception de données sur de longues distances.

Modifier
Dans la programmation API, mode de fonctionnement dans lequel vous pouvez écrire ou apporter des modifications à un programme.

Moteur
Dispositif qui convertit l'énergie électrique en énergie mécanique par un mouvement de rotation.

Moteur pas à pas- Step Motor
Moteur électrique à courant continu qui divise la rotation complète par un nombre fixe de pas. Pour fonctionner, il nécessite d'être connecté à un lecteur (Stepper Drive)

N.

NF- NC
Normalement fermé. Contact qui dans des conditions normales (sans aucune activation) est fermé.

NO
Normalement ouvert. Contact qui dans des conditions normales (sans aucune activation) est ouvert.

O

Ohm
Unité de résistance ou d'impédance. Ceci est associé à des frais.

ON
Sous tension. Activé. Cela a appliqué le pouvoir.

Opérateur
Personne chargée de faire fonctionner une machine qui n'est pas nécessairement automatisée.

Optique
Qui utilise la lumière comme moyen de transport d'informations.

P

PC
Ordinateur personnel.

Panneau de commande
Écran permettant à l'opérateur d'envoyer des commandes pour faire fonctionner la machine ou de visualiser les paramètres de fonctionnement.

Parallèle
Lorsque chaque borne d'un appareil est connectée aux mêmes bornes d'un autre appareil.

Passé
Dans les automates, une des transitions d'un séquenceur. Au cours de l'étape, le programmeur choisit les sorties qui doivent être actives.

Piston
La partie mobile à l'intérieur d'un vérin pneumatique. L'axe adjacent effectue le même déplacement.

Pneu
Il utilise l'air comme fluide pour faire le travail.

Pont
Groupe de diodes utilisées pour redresser la tension AC et la convertir en DC.
Connexion entre deux appareils électroniques avec un protocole de communication différent.

Port.
Dans les API, connexion spéciale utilisée à des fins de communication. Le port est toujours associé à un protocole.

Port d´Entrée
Dans les API, le point de connexion où l'API reçoit des informations de l'environnement ou du processus externe.

Pouvoir.
En électricité, la capacité de fournir ou de consommer de l'énergie.

Processus
Un groupe d'opérations électriques, chimiques et mécaniques sur des matériaux spécifiques pour produire ou fabriquer un produit.

Protocole
Ensemble de caractères qui doivent être envoyés d'une certaine manière pour être compris par un autre appareil. Lorsque le protocole est commun à de nombreux appareils, il est appelé standard.

Q

R

Rayon de lumière
Lumière émise par un émetteur optique et dirigée vers un objet, un miroir ou un récepteur optique. Il est utilisé pour couvrir des zones.

Relais électromécanique.
Un dispositif d'interface qui établit ou ouvre des contacts après avoir reçu une tension appliquée à sa bobine.

Relais maître
Une connexion typique d'un relais et de ses contacts qui activent ou désactivent une partie d'un circuit. Il est également utilisé dans l'automatisation à des fins de sécurité.

Réseau local- Local Network.
Norme de communication qui permet à plusieurs appareils (le plus souvent des ordinateurs) de partager des informations à grande vitesse.

Résistance -Resistor.
Composant électrique qui s'oppose au passage du courant.

S

Sans fil- Wireless
Il n'a aucune connexion physique avec les câbles. Les informations sont envoyées via un signal lumineux ou radio.

SCADA
Contrôle et d'acquisition de données. Logiciel qui contient tous les outils pour générer des informations graphiques sur les processus industriels. De la gestion des données et du protocole de communication aux bases de données de données de différents fabricants d'automates.

Séquenceur
Dans les automates, un séquenceur est un dispositif logiciel qui ne nécessite pas de programme Logique à Relais, mais définit à la place un certain nombre d'étapes. Effectue la connexion ou la déconnexion des sorties selon l'étape. Pour passer d'une étape à l'autre, un signal d'une entrée, une temporisation, un compteur peuvent être utilisés.

Série
Type de connexion où la deuxième borne d'un élément est connectée à la première borne du suivant.

Servomoteur
Moteur électrique utilisant des dispositifs de détection pour fournir un retour de position et de vitesse. Les avantages sont liés à la vitesse élevée et aux mouvements les plus précis qui peuvent être réalisés.

Signal analogique
Il fait référence à des signaux qui peuvent prendre n'importe quelle valeur dans le temps. Le contraire du numérique.

Simulation
Imitation d'une condition lorsque l'opération réelle n'est pas disponible ou n'est pas pratique du tout. Les outils parfaits pour les simulations sont les ordinateurs.

Signal normalisé
Gamme de valeurs de signal considérées comme universelles, de sorte que le capteur qui fournit des signaux standard peut être connecté à n'importe quel automate via le module approprié.

Sous tension - Energized
Dans les automates, lorsqu'un appareil ou une sortie est activé.
En électricité, lorsque la source d'alimentation est appliquée à une charge et qu'il y a un flux de courant.

Solénoïde
Élément qui produira l'action finale telle que changement de position, ouverture ou fermeture de vannes, etc.

Source d'alimentation commuté.
Alimentation qui utilise un transformateur en ferrite qui se connecte et se déconnecte à une certaine fréquence. Il est plus efficace que l'alimentation linéaire.

Source de courant
Élément qui fournit la tension au circuit avec les niveaux adéquats.

T

Technicien d'application
Personne de formation technique qui développe des projets d'automatisation.

Temporisation
Temps d'attente avant d'effectuer une action de contrôle.

Tension
Nombre de volts que possède une source. Il existe des sources de tension AC et DC

Thermocouple
Capteur pour mesurer la température en fonction de l'union de deux métaux différents et de la petite tension générée lorsque l'union est soumise à une température.

Toucher -Touch
C'est sensible au toucher, généralement touché avec un doigt.

Train d'impulsions
Une séquence continue d'impulsions.

Transducteur
Dispositif qui convertit toute variable physique ou chimique en un signal pouvant être analysé ou mesuré.

Transformateur
Dispositif électromagnétique qui change un niveau de tension à un autre, à travers des bobines de fil enroulées autour d'un noyau.

Transition
Changement de statut. Par exemple, de OFF à ON.

Transformateur en ferrite
Transformateur réalisé avec un noyau d'un composé ferromagnétique.

U

UPS
Alimentation sans coupure. Alimentation qui utilise en interne un groupe de batteries et un circuit pour convertir le courant continu en courant alternatif lorsque l'alimentation principale est coupée.

Urgence
Situation dangereuse nécessitant une attention immédiate.

V

Valeur actuelle
Dans les automates, pour les temporisateurs et les compteurs, la valeur actuelle est la valeur qu'ils ont à un instant donné où les éléments (temporisateurs et compteurs) sont actifs en comptage.

Valeur de consigne- Set value
Point de référence pour une tâche de contrôle spécifique. Valeur programmée pour un élément qui compte les impulsions ou le temps.

Vanne
Dispositif utilisé pour contrôler le débit d'air, de liquides, d'huiles ou de boues. Il peut être actionné manuellement (vannes manuelles), par bobine (électrovanne), par moteur (vannes motorisées) ou pneumatique (vannes pneumatiques), etc.

Verrouillage
Contact utilisé dans diverses parties d'un circuit électrique ou d'un programme de commande pour activer ou désactiver le fonctionnement de branches ou de lignes de commande spécifiques.

Volts
Unité de tension. Selon la loi d'Ohm, c'est le résultat de la multiplication du courant par la résistance.

W

Watt (Watt)
Unités de puissance. Selon la loi d'Ohm, c'est le résultat de la multiplication de la tension par le courant.

X

Y

Y connexion
Également connu sous le nom de connexion en étoile. Lors de la connexion de trois charges, la connexion ressemble à une étoile à trois branches ou à une lettre "Y".

Z

[A1. LOGIQUE À RELAIS À PARTIR DE FABRICANTS D'AUTOMATES PROGRAMMABLES.]

Siemens

1. Informations sur la société:

Siemens est une entreprise allemande mondiale avec des bureaux régionaux dans le monde entier. La division Industry, Automation and Drive Technologies comprend trois branches : Factory Automation, Process Automation et Electrical Equipment for Buildings. L'entreprise consacre plus de 6,6 % de son bénéfice annuel à des projets de recherche et développement.

2. Logiciel:

Étape 5, Étape 7 et MicroWin .

3. Familles d'automates :

Logo, S7-1200, S7-1500-

4. Contacts:

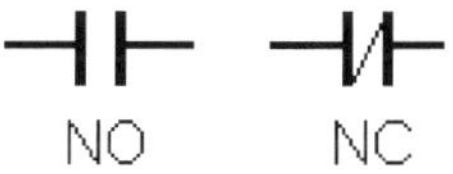

5. Entrées- Inputs

Dans Siemens API, les entrées sont nommées dans le format suivant.

IY.X

Où

Y est un nombre : 0. 1, 2, etc.
X est un nombre qui va de
0-7,10-17 (numérotation octale)

Exemple:

I0.1 Entrée #1
I0.7 Entrée #7
I1.10 Entrée #8
I1.15 Entrée #13

6. Bobines - Coils

6.1 Relais internes (Relays)

Les bobines internes ou Relais internes sont désignés par la lettre « C » selon la numérotation suivante :

6.2 Sorties - Outputs

OY.X

Où

Y est un nombre : 0. 1, 2, etc.

X est un nombre qui va de 0-7,10-17 (numérotation octale)

Exemple:

Ou 0.1 Sortie #1
Ou 0.7 Sortie #7
Ou 1.10 Sortie #8
Ou 1.15 Sortie #13

7. Minuteries

Les automates Siemens ont trois types de temporisateurs différents :

TON, TONR et TOF.

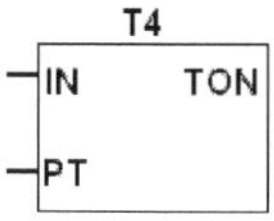

La minuterie TON commence à compter le temps lorsqu'elle est activée.

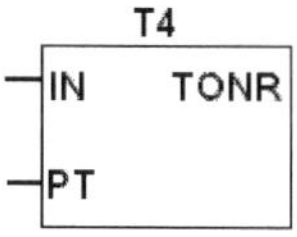

Le temporisateur TONR compte le temps sans le perdre, au moment où la validation disparaît.

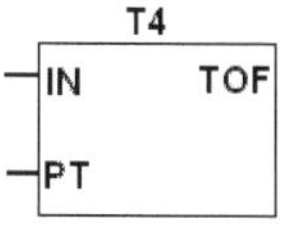

La minuterie TOF compte le temps au moment où elle est désactivée.

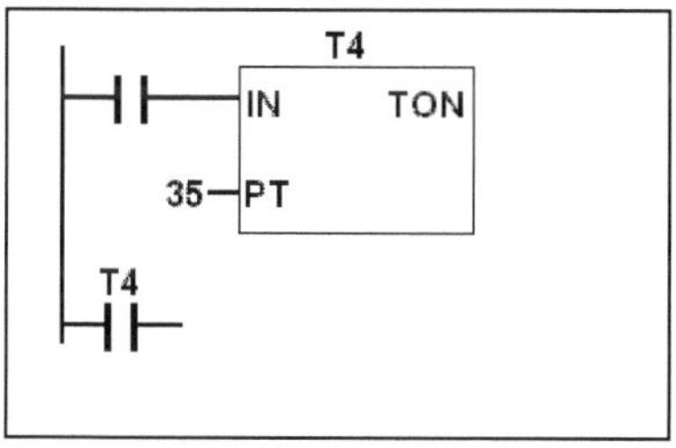

Exemple de connexion d'instruction de chronométrage.

L'entrée IN est utilisée pour activer ou activer les temporisateurs. À l'entrée PT, l'utilisateur peut définir la valeur prédéfinie .

La base de temps dépend du numéro de temporisateur sélectionné et doit être consultée dans le manuel de l'automate utilisé. Par exemple, T0 est de 1 ms, T1 est de 10 ms et T5 est précis à 100 ms.

8. Comptables

Dans certains automates comme le S7-200, il y a 256 compteurs qui peuvent être nommés C0 à C255. Une fois que vous avez sélectionné un compteur, vous devez utiliser un numéro différent pour tous les autres types de compteurs que vous prévoyez d'utiliser dans le reste de votre programme.

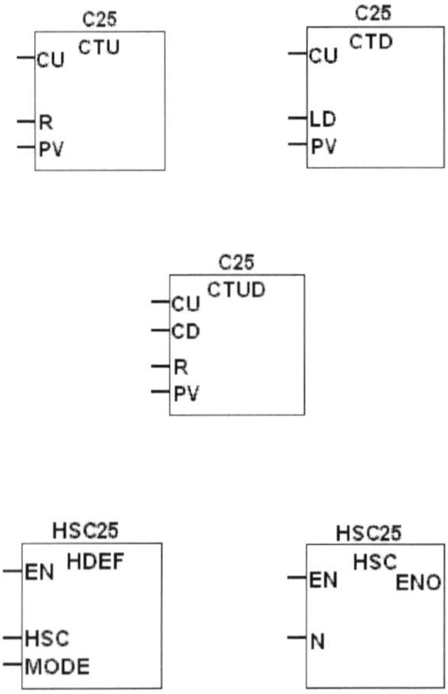

Selon la CPU, vous pouvez avoir jusqu'à 6 compteurs rapides allant de HSC0 à HSC5.

Allen Bradley

1. Informations sur la société:

Allen Bradley fait partie du puissant conglomérat Rockwell Automation. Il a une forte présence aux États-Unis et en Europe. L'entreprise est l'un des plus grands fabricants d'automatisation au monde.

2. Logiciel:

Deux versions antérieures, RSLogix5 et RSlogix 500, fonctionnent en 16 bits. La dernière version est RS5000 pour les contrôleurs capables de traiter des données 32 bits.

3. Familles d'automates

Micrologix , S.L.C.

4. Contacts:

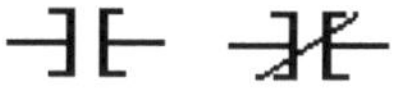

NO NC

5. Entrées-Inputs

Tous les automates Allen Bradley dans l'ancienne nomenclature entrent selon le format suivant :

I1:X/Y

Où

X est un nombre : 0. 1, 2, etc.
Y est un nombre qui va de 0 à 16 (Bit)

Dans le nouveau logiciel, vous pouvez utiliser des balises, vous n'avez donc pas à vous soucier de la dénomination.

Exemple : I1:1 Entrée #1
I1:7 Entrée #7
I1:8 Entrée #8
I1:13 Entrée #13

6. Bobines - Coils

X#:Y/Z

6.1 Relais internes- Relays

Les bobines internes ou les relais internes chez Allen Bradley sont appelés « marques ». Ils utilisent les lettres B3 conformément à ce qui suit :

B3: X

Où
X est un nombre : 0. 1, 2, etc.

Exemples:

B3:1	Marquez à 1
B3:3	Marquez jusqu'à 3

7. Sorties-Outputs

Les sorties commencent toujours par la lettre « O » suivie du chiffre « 0 »

O0:X

Où
Y est un nombre : 0. 1, 2, etc.

Certaines versions plus récentes vous permettent d'utiliser uniquement la lettre O.

Exemple:

OU 0.1 ou OU : 1	Sortie #1
O 0.7 ou O :7	Sortie #7
OU 0:10 ou OU :10	Sortie #10
Ou 0:15 ou Ou :15	Sortie #15

8. Minuteries

Les automates Allen Bradley ont trois types différents de temporisateurs : retard à l'activation (TON), retard au déclenchement (TOF) et temporisateur rémanent (RTO).

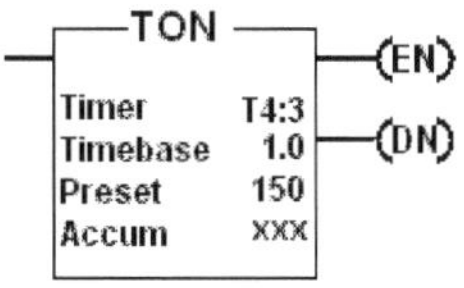

La minuterie TON commence à compter le temps lorsqu'elle est activée.

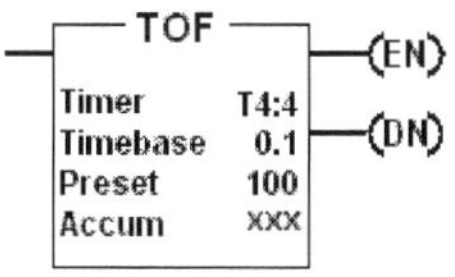

La minuterie TOF ne compte le temps que lorsqu'elle est désactivée.

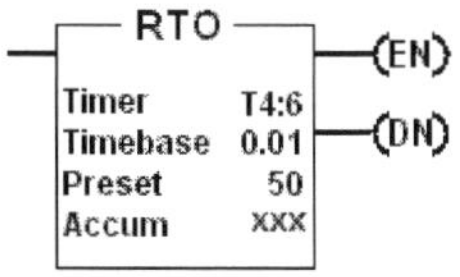

La minuterie RTO compte le temps uniquement lorsqu'elle est activée, sans perdre de valeur lorsque le signal est perdu.

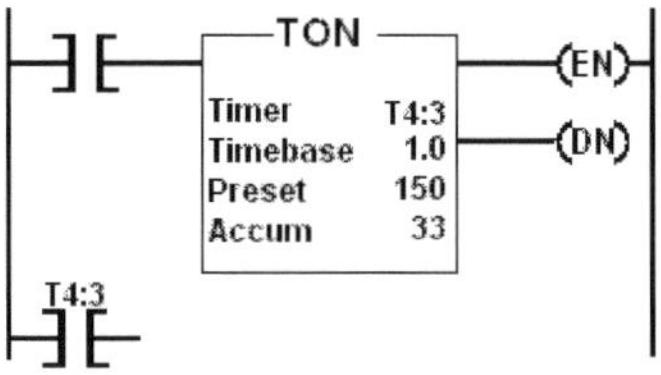

9. Comptables

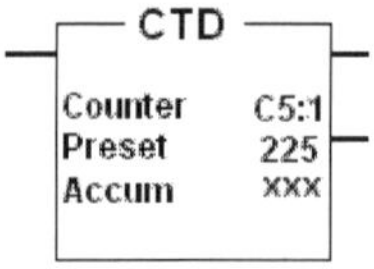

Dans certains automates, tels que Micrologix, il existe 256 compteurs qui peuvent être nommés C0 à C255. Une fois que vous avez sélectionné un compteur, vous devez utiliser un numéro différent pour tous les autres types de compteurs que vous prévoyez d'utiliser dans le reste de votre programme.

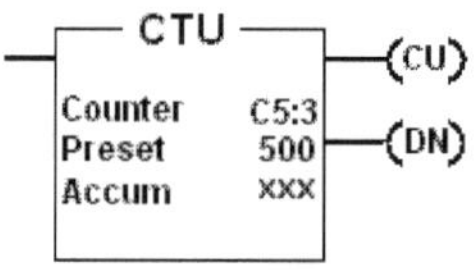

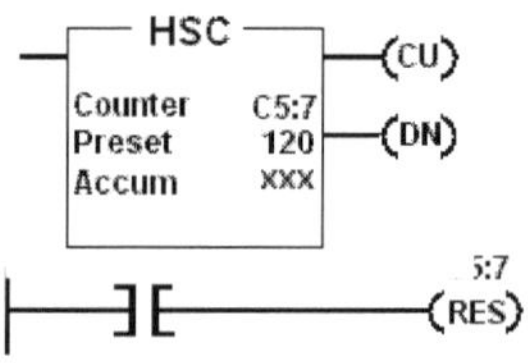

X peut être l'un des suivants :

1) Un contact NO d'une entrée, pour réinitialiser le compteur manuellement

2) Un bit correspondant au numéro du compteur, tel que :

C5 :# /13 Terminé. Ce bit est défini lorsque le compteur atteint la valeur prédéfinie. Vous pouvez également utiliser la notation C suivante 5 :# /DN

Certains autres bits peuvent être utiles lorsque vous travaillez avec des compteurs, en voici quelques-uns :

C 5:# /10 Mise à jour du bit d'accumulateur. Ce bit est défini lorsque l'accumulateur du compteur a été mis à jour. (Aussi C 5:# /AU)
C 5:# /11 Bit de débordement bas. Ce bit est activé tant que l'accumulateur du compteur est en dessous de la valeur prédéfinie. (Aussi C 5:# /ONU)
C 5:# /12 Bit de débordement. Ce bit est activé tant que l'accumulateur du compteur est au-dessus de la valeur prédéfinie. (Aussi C 5:# /OV)

10. Registres de mémoire (entier).

Les registres de mémoire entiers utilisent les lettres N7.

Le format sera :

N7:X

Où X est un nombre : 0. 1, 2, etc.

General Electric GE

1. Informations sur la société:

General Electric (GE) et GE Fanuc sont des entreprises américaines travaillant dans le domaine de l'automatisation industrielle.

2. Logiciel:

Micro

3. Familles d'automates :

4. Contacts:

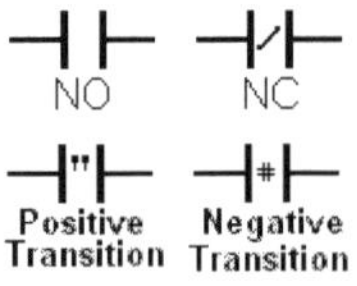

5. Entrées- Inputs

Dans les API GE, les entrées sont nommées dans le format suivant

IXXX

Où

X est un nombre : 0. 1, 2, etc.

Exemple:

I0001 Entrée #1
Je 0007 Entrée #7
I0008 Entrée #8
I0013 Entrée #13

6. Bobines - Coils

6.1 Relais internes- Relays

Les bobines internes ou relais internes sont désignés par la lettre "C" selon la numérotation suivante :

CXXXX

Où **X** est un nombre : 0. 1, 2, etc.

6.2 Sorties- Outputs

Les bobines ou sorties externes sont désignées par la lettre "O" selon la numérotation suivante

O XXXX

Où **X** est un nombre : 0. 1, 2, etc.

Exemple:

O0001 Sortie #1
O0007 Sortie #7
O0008 Sortie #8
O0013 Sortie #13

Parmi les bobines, certaines commandes doivent être utilisées par paires. Cela signifie que si vous en utilisez un, l'autre doit également être utilisé plus tard dans le programme.

SET et RST (Définir et Réinitialiser). Pour activer une sortie et la laisser activée.

MCR et FIN. Relais de contrôle maître. Toute la logique entre ces deux instructions n'est prise en compte que si la commande MCR est active.

SAUT et FIN. Il saute les lignes de contrôle jusqu'à ce que le programme trouve END.

7. Minuteries

Les API GE ont deux types de temporisateurs : ONTimer et OFFTimer .

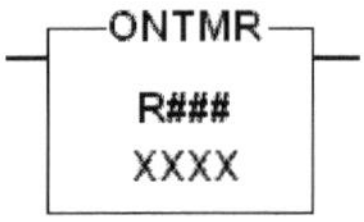

La minuterie ONTMR compte le temps au moment où elle est alimentée.

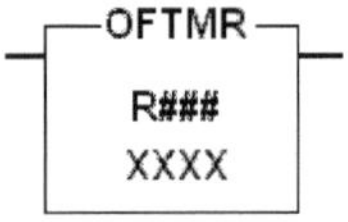

La minuterie OFTMR compte le temps à partir du moment où elle est désactivée

La base de temps est précise à 1 ms.

8. Comptables

Compteurs pouvant être nommés de C0 à C255. Une fois que vous avez sélectionné un compteur, vous devez utiliser un numéro différent pour tous les autres types de compteurs que vous prévoyez d'utiliser dans le reste de votre programme.

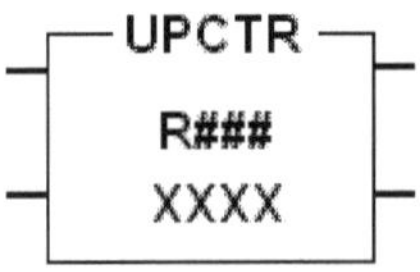

Le compteur compte de zéro à une valeur donnée, définie par XXXX. La valeur actuelle est stockée dans un registre d'entrée R###.

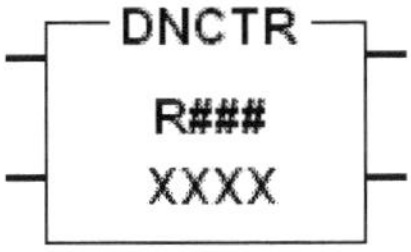

Le décompteur compte de la valeur XXXX à zéro. La valeur actuelle est stockée dans le registre d'entrée R###.

XXX peut également être un enregistrement. Les registres peuvent être sélectionnés de R1 à R500.

AutomationDirect

1. Informations sur la société

Tout a commencé sous le nom de Controles Direct, en tant qu'entreprise qui pouvait vendre des automates sans les frais généraux des grandes entreprises. Toutes ces économies se sont traduites par des produits qui ont permis de vendre des automates programmables à très bas prix, mais puissants. La société vend actuellement toutes sortes de produits d'automatisation via la société en ligne et les revendeurs à valeur ajoutée (VAR).

2. Logiciel:

Cliquez sur , Directsoft 5.3

3. Familles d'automates :

Click, DL05/06, DL130, DL205, DL305, DL405

4. Contacts:

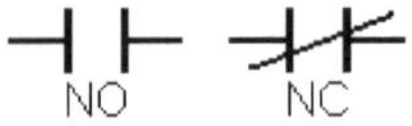

5. Entrées - Inputs

Les automates AutomationDirect , les entrées sont nommées au format suivant

XY

Où

Y est un nombre qui va de

0-7,10-17 (numérotation octale)

Exemple:

X0 Entrée #1

X7 Entrée #8
Entrée X10 #9
X14 Entrée #13

6. Bobinas- Coils

6.1 Relais internes- Relays

Les bobines internes ou relais internes sont désignés par la lettre "C" selon la numérotation suivante

CY

Où

Y est un nombre qui va de
0-7,10-17 (numérotation octale)

6.2 Sorties-Outputs

Les sorties sont identifiées par un « Y » et utilisent le format suivant :

YX

Où

X est un nombre qui va de
0-7,10-17 (numérotation octale)

Exemple:

ET **0** Sortie #1
Y **6** Sortie #7

O **7** Sortie #8
O **14** Sortie #13

7. Minuteries

Les automates Automation Direct disposent de quatre types de temporisateurs différents : TMR, TMRF, TMRA, TMRAF

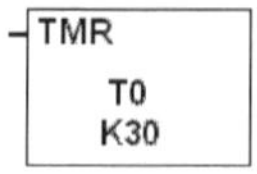

Le temporisateur TMR commence à compter lorsqu'il est activé. La base de temps est de 0.1sec. Autrement dit, la valeur programmée de 30 permet de chronométrer pendant 3 secondes.

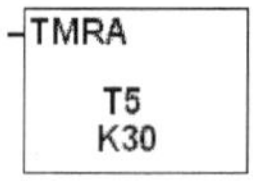

La minuterie TMRA est cumulative. Il démarre avec l'activation et ne perd pas ses informations lorsqu'il perd le signal. La base de temps est de 0.1sec. Si la valeur programmée est 30, la temporisation dure 3 secondes.

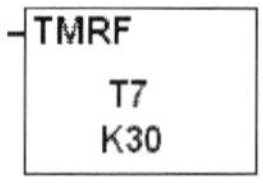

Le temporisateur TMRF commence à compter lorsqu'il est activé. La base de temps est de 0,01 s. Autrement dit, la valeur programmée de 30 permet de chronométrer 0,3 secondes

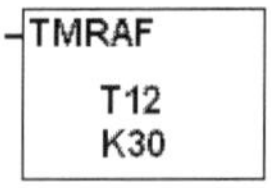

Le temporisateur TMRAF est cumulatif. Il démarre avec l'activation et ne perd pas ses informations lorsqu'il perd le signal. La base de temps est de 0.1sec. Si la valeur programmée est 30, la temporisation dure 0,3 seconde.

La valeur Preset dans les exemples à gauche est une constante mais peut être remplacée par un registre de mémoire qui permet de programmer cette valeur à partir d'un autre appareil tel qu'un pupitre opérateur.

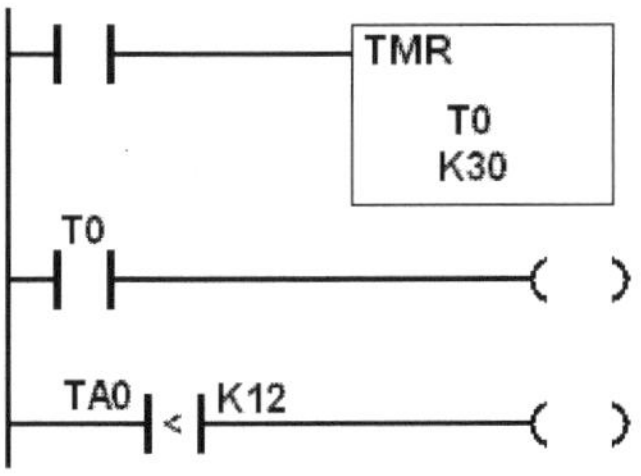

La valeur actuelle d'un temporisateur donné est accessible en demandant la TAXE, où X est le numéro du temporisateur. Par exemple, une minuterie de 10 secondes nommée T3 aura la synchronisation en temps réel stockée dans le registre TA3.

8. Comptables

Les compteurs des automates Automation Direct sont définis comme CTX. Où X est un nombre avec une numérotation octale (0-7, 10-17, 20-27, etc). Une fois que vous avez sélectionné un compteur, vous devez utiliser un numéro différent pour tous les autres types de compteurs que vous prévoyez d'utiliser dans le reste de votre programme. Il existe deux types de compteurs. Les normales et le compteur haut/bas.

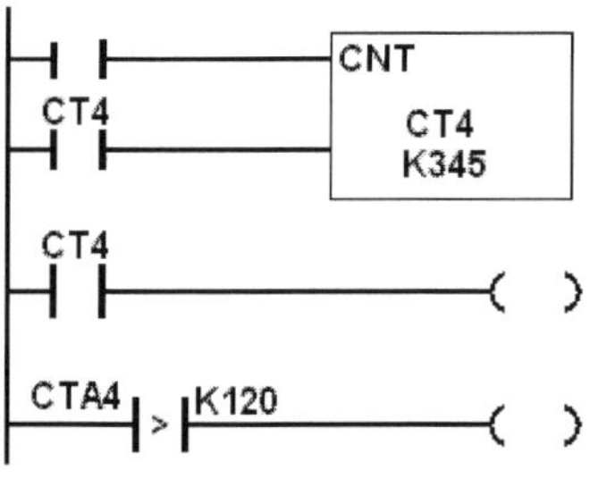

Dans ce cas, un contact du compteur lui-même est utilisé pour réinitialiser le compteur et activer une sortie sur la ligne de commande suivante. Vous pouvez demander la valeur du compteur à tout moment et prendre des décisions comme indiqué dans la dernière ligne.

Registres de mémoire :

Les registres de mémoire sont désignés par la lettre V et, selon la gamme de l'automate de V1400 à V1777 en octal. Si vous utilisez un emplacement de mémoire pour l'un des éléments de l'API, quelque part dans le programme, vous devez utiliser une instruction pour stocker une valeur dans ce registre de mémoire spécifique.

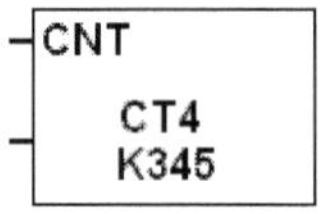

Le compteur CT4 compte de 0 à la valeur programmée, qui dans ce cas est 345. Le compteur a deux entrées, la supérieure est le signal d'impulsion de comptage et la inférieure est celle de réinitialisation.

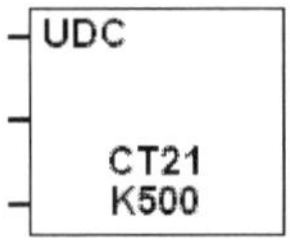

Le compteur/décompteur CT21 est réversible. Il a trois entrées, les impulsions montantes et descendantes et celle de réinitialisation.

Triangle Research Ltd.

1. Informations sur la société:

Cette société a démarré en 1993 à Singapour. Ils ont conçu des équipements CPL très puissants mais peu coûteux . Deux avantages principaux, leurs automates sont orientés OEM et disposent d'un arsenal de fonctionnalités très difficiles et coûteuses à trouver sur le marché des fabricants d'automates.

2. Logiciel:

Wintrilogi® , Trilogi® _

3. Familles d'automates :

Les séries F et M peuvent être programmées en Ladder + Basic.
Les séries H et E10 peuvent être programmées en échelle pure.

4. Contacts:

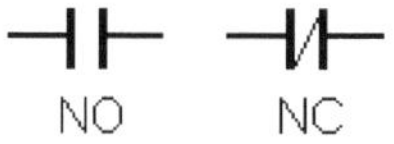

5. Entrées - Inputs

Dans ces automates, les entrées sont nommées sans format particulier, elles peuvent utiliser directement le label ou le nom, définition précédente dans la table des entrées/sorties dans la table des entrées.

Le tableau est numéroté, les entrées doivent donc être attribuées avant de les utiliser.
La numérotation est consécutive de 0 à 255.

Exemple:

Start à l'entrée #1
Stop à l'entrée #7
Max_level dans l'entrée #8
Re-start à l'entrée #13

6. Bobines - Bobines

6.1 relais internes- Relays

Les bobines internes ou les relais internes ont leur propre instruction. Leur nombre varie selon la série d'automates. Il existe un tableau pour les relais internes dans le tableau des E/S. Ils peuvent avoir des noms significatifs.

6.2 Sorties-Outputs.

Les sorties doivent d'abord être créées dans la table des sorties de la table des E/S. Ils peuvent avoir un nom de 8 caractères pour le rendre plus compréhensible. Le nombre de sorties dépend du modèle d'automate.

Exemples:

Moteur dans la sortie #1
Lampe dans la sortie #7
Alarme à la sortie #8
Éjecteur à la sortie #13.

7. Minuteries

Étant donné que Triangle Research dispose de différentes séries d'automates, le nombre de temporisateurs dépend de la famille et peut être défini dans le tableau Temporisateurs de la table IO.

La base de temps est de 0,1 seconde pour tous les temporisateurs. Étant donné que les séries M et F peuvent être programmées en langage BASIC, il existe un moyen simple d'accéder à la valeur de consigne et à la valeur actuelle de n'importe quelle minuterie utilisée dans Logique à Relais. Il contient des instructions qui vous permettent d'effectuer une manipulation de données avec des paramètres de synchronisation.

Le temporisateur peut être utilisé comme une instruction à relais normale (séries E10 et H) ou il peut être utilisé à l'intérieur d'une fonction client écrite en langage de base (séries M et F)

SetTimerSV :
Pour programmer à tout moment la SET VALUE d'une minuterie donnée.

GetTimerSV :
Pour demander la SET VALUE d'un temporisateur donné à tout moment pendant l'exécution du programme.

Minuterie PV [n] :
Pour demander la VALEUR ACTUELLE d'une minuterie donnée à tout moment.

RETARD:
Pour générer un petit délai lors de l'exécution d'un petit programme en langage BASIC dans une fonction utilisateur.

Exemples:

SetTimerSV 1.2000.
Réglez la minuterie 1 sur 200 secondes.

SetSVTimer 2, GetSVTimer (1)+10.

Réglez la minuterie 2 sur la valeur d'une autre minuterie (numéro 1) et ajoutez la valeur de 10 (1 sec).

8. Comptables

Les compteurs sont créés dans le tableau Compteurs des tables d'E/S. Les séries E10 et H ont moins de compteurs que les séries plus sophistiquées comme M et F.

Le compteur peut être utilisé comme une instruction à relais normale (séries E10 et H) ou à l'intérieur d'une fonction CusFn , qui est écrite en langage de base (séries M et F).

SetCtrSV :	Pour définir la SETVALUE d'un compteur donné à tout moment
GetCtrSV ( )	Pour demander la SETVALUE d'un compteur donné à tout moment pendant l'exécution du programme.
CtrPV [n]	Pour demander à tout moment la VALEUR COURANTE d'un compteur donné.

Exemples:

SetCtrSV 3.2489.
Réglez le compteur 3 pour compter jusqu'à 2489.

SetCtrSV 4, GetCtrSV (1)+15.
Réglez le compteur 4 sur la valeur d'un autre compteur (le nombre 1) et ajoutez la valeur de 15.

Envoyez-le á:
sales@latin-tech.net

Nous apprécions votre aide!

Marque API__________

1. **Informations sur la société:**

2. **Logiciel:**

3. **Familles d'automates :**

4. **Contacts:**

5. **Entrées/Inputs**

Dans ces automates, les entrées sont nommées.

Exemple:

6. **bobines**

    6.1 relais internes

    6.2 Sorties

7. **Minuteries**

8. **Comptables**

Les compteurs sont

Exemples:

[A2. FONDAMENTAUX DE L'ÉLECTRICITÉ]

Si vous ne connaissez pas grand-chose à l'électricité, c'est un bon début. Vous apprendrez le langage de base du monde électrique.

Annexe
Fondamentaux de l'électricité

Dans le monde des signaux électriques, deux systèmes principaux peuvent être considérés :

Courant continu (DC) et Courant alternatif (AC).

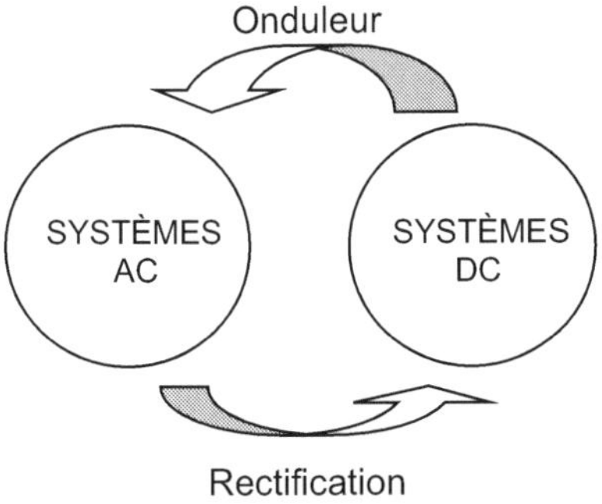

Conversion de signaux.

Le processus de génération de courant alternatif (CA) à partir de courant continu, également appelé courant continu (CC), est appelé **inversion** et les appareils qui effectuent ce travail sont appelés **onduleurs.**

Au contraire, pour générer du courant continu à partir du courant alternatif, un appareil appelé **redresseur est utilisé** et le processus s'appelle **rectification.**

Supposons que nous puissions représenter graphiquement n'importe quel signal électrique au fil du temps pour mieux comprendre les systèmes AC et DC.

Ces deux mondes ont un chapitre de l'histoire appelé " La guerre des courants", qui s'est produit entre Thomas Alva Edison (promoteur du courant alternatif) et Nicola Tesla (promoteur du courant continu ou continu). À l'époque, la bataille a été gagnée avec des raisons très méritées, Nicola Tesla. Aujourd'hui, la croissance des systèmes à courant continu, avec des fermes de panneaux solaires, semble laisser cette bataille à mort.

Signal **DC** se caractérise par avoir **la même polarité** à tout moment. Il doit être négatif ou positif à tout moment. Lorsqu'il change de polarité, il devient un signal alternatif. Donc par définition : un signal **alternatif** est un signal qui **change** périodiquement de polarité. La vitesse de ces changements de polarité est appelée la fréquence.

Vous pouvez dessiner deux axes représentés par des flèches (positive et négative) pour afficher un signal dans le temps.

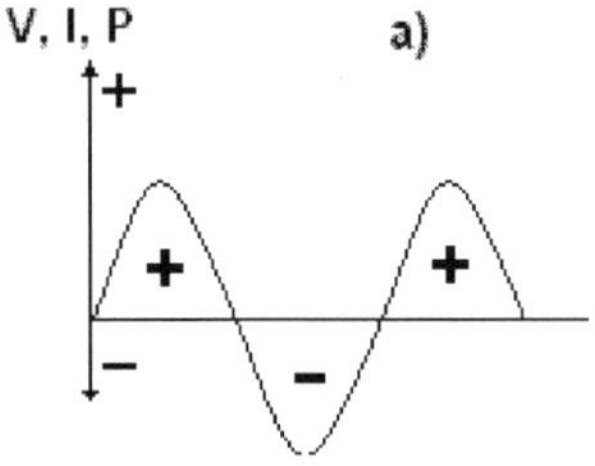

Signal CA

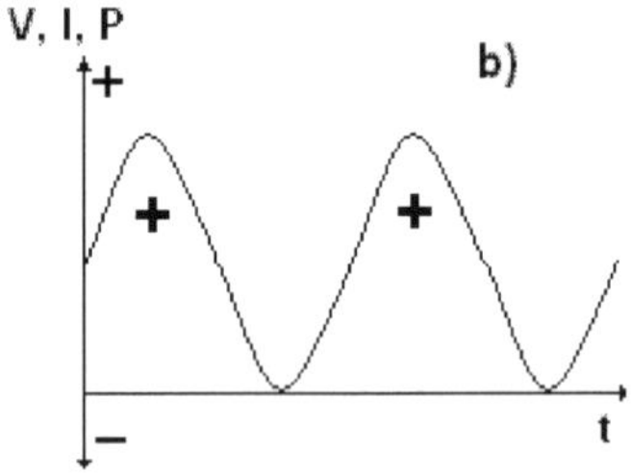

Signal CC

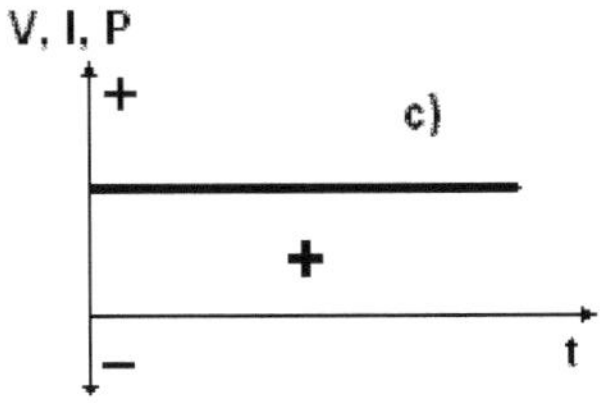

Signal CC

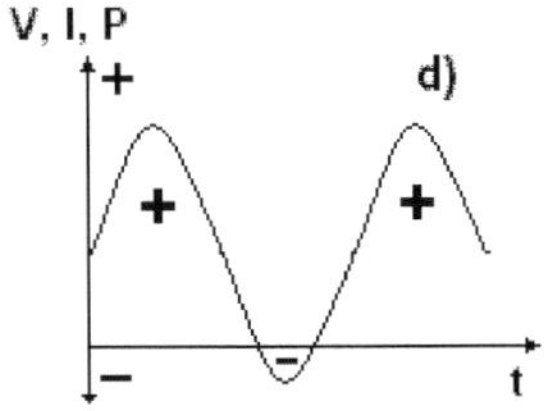

Signal CA

À partir des diagrammes ci-dessus, vous pouvez conclure que a) et d) sont des signaux alternatifs et b) et c) sont des signaux continus.

Être sous la ligne de temps est un signe négatif. Être au-dessus de la ligne de temps est un signe positif.

L'équipement capable de fournir de l'énergie via des signaux CA ou CC est appelé Source. Les appareils alimentés par les sources sont appelés charges.

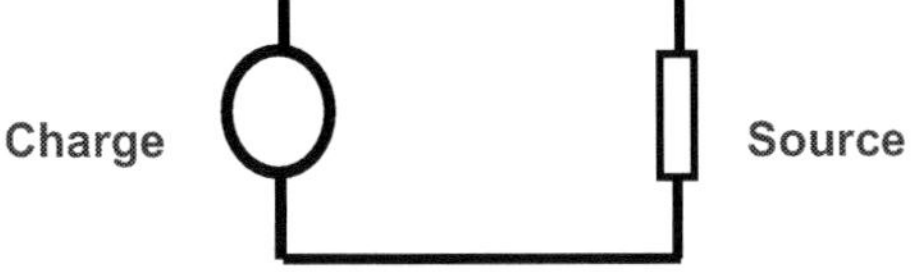

Circuit électrique de base

Sources CA :

- **Prises CA**
- **investisseurs**
- **UPS**

Sources CC :

- **Piles 9 volts**
- **Piles12 Volts**
- **Panneaux solaires**

Symboles d'alimentation :

Sources CC   Sources CA

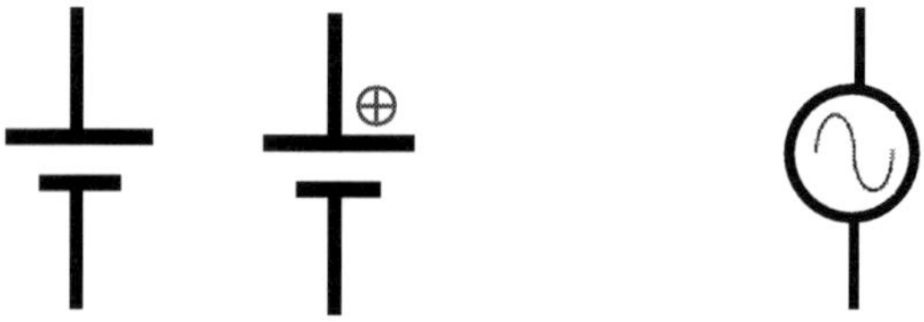

Le circuit électrique est un système formé par la connexion d'une **source** à une **charge,** pour l'échange d'énergie.

La Source fournit l'énergie et la Charge la convertit en travail, mouvement, chaleur, etc.

Source CC avec charge

Source CA avec charge

Tous les circuits électriques sont régis par la loi d'Ohm.

> « **Si une source est connectée à une charge, il en résulte un flux d'électrons appelé courant qui traverse le circuit.** »

Ce courant peut être calculé à l'aide de la formule suivante :

I= Courant du circuit en Ampères
V= source de tension en volts
R= Résistance de charge en Ohms

$$I = \frac{V}{R}$$

Loi d'Ohm

Une très bonne façon d'apprendre et de se souvenir de la loi d'Ohm est d'utiliser le triangle suivant :

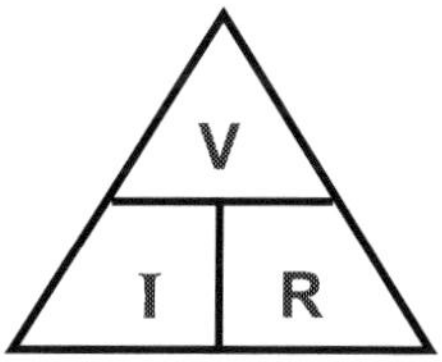

$$I = \frac{V}{R}$$

L'idée est que vous pouvez calculer n'importe quel paramètre donné en fonction des deux autres.

$$V = I \times R \qquad R = \frac{V}{I}$$

Si vous avez besoin de connaître la valeur d'un paramètre spécifique, utilisez simplement votre doigt pour le couvrir dans le triangle. Les deux autres paramètres découverts sont une formule qui utilise les paramètres sous la forme exacte dans laquelle ils se trouvent :

Un paramètre divisé par l'autre ou courant par résistance si vous recherchez spécifiquement la tension.

Vous pouvez voir qu'il y a un courant uniquement si les deux bornes Source sont connectées aux bornes Load correspondantes. Pour contrôler la connexion, nous allons introduire un nouvel élément appelé **Switch.**

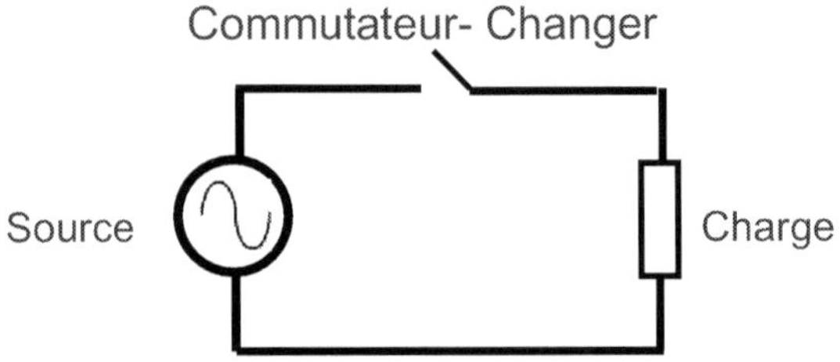

Circuit électrique de trois éléments.

Le courant ne circule dans le circuit que lorsque l'interrupteur est fermé. Lorsque cette situation se produit, vous pouvez penser que le commutateur n'est pas présent du tout.

Les trois éléments (Sources, Charges et Commutateurs) peuvent être connectés des différentes manières suivantes :

En série .

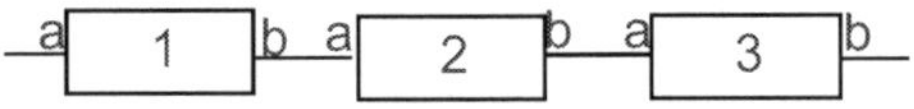

Connexion de trois éléments en série.

Une extrémité de l'élément 1 est connectée à une extrémité de l'élément 2. L'autre extrémité de l'élément 2 est connectée à une extrémité de l'élément 3, et ainsi de suite.

En Parallèle .

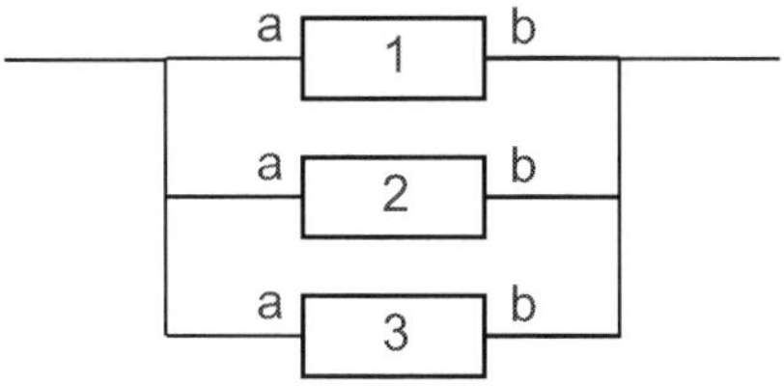

Connexion de trois éléments en parallèle.

Toutes les bornes ”a " sont connectées au même point. Il en va de même pour les bornes "b".

La connexion série et parallèle peut comporter autant d'éléments que souhaité. Vous pouvez également faire des combinaisons.

Dans certains cas, vous pouvez effectuer des connexions sans prêter attention aux bornes, mais dans d'autres, selon la nature de l'élément, le circuit électrique résultant est affecté par la façon dont vous effectuez ces connexions.

Dans ce cas ces éléments sont considérés comme des dispositifs avec polarité.

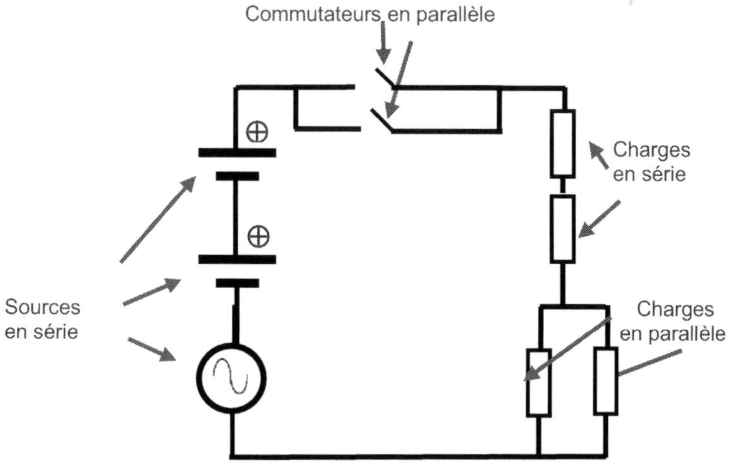

Éléments connectés de différentes manières.

Un circuit électrique peut être simplifié.

En automatisation, certaines normes sont largement utilisées :

Sources CC :
12, 24 VCC
(DCV signifie DC Volts) avec bornes + et –

Sources CA :
110, 220, 440 VCA
(ACV signifie AC volts)

Les sources CA utilisent les noms suivants pour leurs lignes ou bornes.

Système monophasée

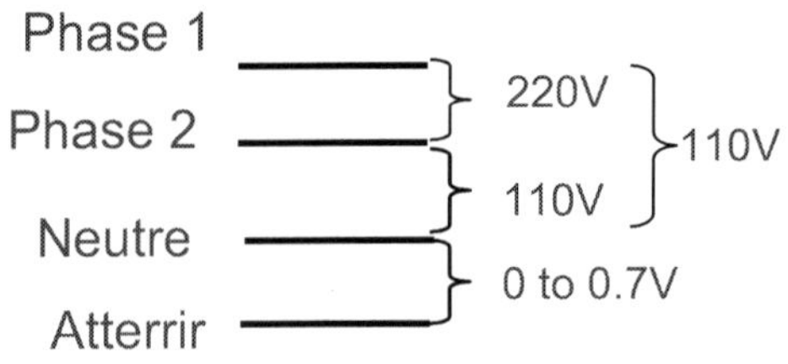

Système biphasique.

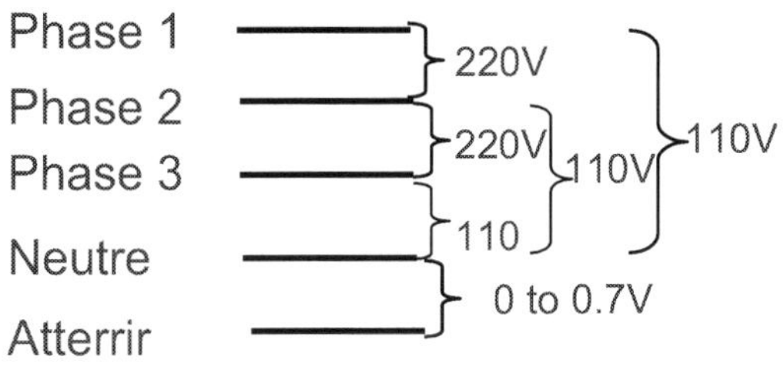

Système triphasique

Les fils chauds sont aussi appelés Phases ou Lives.

Lorsque la charge est connectée entre phase et neutre ou entre phase et phase, on peut dire que le circuit électrique est monophasé.

Lorsqu'un appareil ou une charge est simultanément connecté à trois fils avec des phases différentes, on parle de circuit triphasé.

Les câbles Neutre et Terre sont des câbles indépendants dans les installations normales, mais ils sont connectés avant de quitter l'équipement qui fait office de source : Le Transformateur.

Pour reconnaître les bornes d'une prise secteur :

La tension standard de toute prise secteur est de 110 ACV aux États-Unis et de 220 ACV en Europe.

Pour les sources CC, la couleur rouge est censée être + et la couleur noire est -, mais vérifiez toujours cela car cette convention est différente en Chine.

Les sources de tension dans des conditions idéales peuvent fournir autant de courant que nécessaire lorsqu'elles sont connectées à une charge. La vérité est qu'en conditions réelles, le courant maximal est limité par plusieurs paramètres

: construction, calibres des câbles, protection par fusible ou disjoncteur, etc.

Il existe un moyen de relier la tension de la source et le courant maximum qu'elle peut fournir. C'est ce que nous appelons le Pouvoir.

La loi d'Ohm pour la puissance peut être définie comme suit :

La puissance en watts est le résultat de la multiplication de la tension par le courant. Pour une source, c'est la tension de la source multipliée par le courant consommé par la charge.

À des fins pratiques, vous pouvez utiliser le triangle pour obtenir n'importe quel paramètre basé sur les deux autres ou simplement utiliser les formules ci-dessous, où :

I= Courant du circuit en Ampères
V= source de tension en volts
P= Puissance de la source en Watts

$$P = V \times I \qquad V = \frac{P}{I} \qquad I = \frac{P}{V}$$

[Fondamentaux de l'automate
et
Programmation en logique à relais]

[COURS DE FORMATION.]

INNOVENTION

Innovention est une entreprise intéressée à former la nouvelle génération d'enfants professionnels capables de résoudre les problèmes critiques du futur que nous, adultes, leur laissons.

L'INNOVENTION est formée à partir de **l'INNO**vation et de la in**VENTION**

Qu'est-ce qu'un INNOVENTEUR ?

C'est ainsi que nous appelons les gars qui sont formés avec notre méthodologie.

À quoi ressemble la méthodologie INNOVENTION ?

Les garçons sont encouragés à apprendre par eux-mêmes. Guide sur les sujets d'apprentissage. Apprentissage de divers outils matériels et logiciels pour développer des solutions. Des défis au lieu de tâches. Concentration et lecture (avec notre méthode) comme exigence principale. Questions au lieu de réponses. Raison au lieu d'accepter des idées. Formation à la créativité.

Est-ce une méthodologie éprouvée ?

Nous devons accepter que nous apprenions constamment, changeons et améliorons de plus en plus. Cependant, nous pouvons montrer que nos expériences actuelles sont extrêmement positives. Certaines vidéos sont disponibles.

Quelle est la différence avec les autres méthodes ?

Il y a une grosse différence ! Aujourd'hui, votre fils fait partie d'un groupe d'étudiants. Chez nous, vos enfants auront toujours notre attention pour essayer de corriger leurs faiblesses et d'améliorer leurs forces. Nous avons des méthodes spéciales pour la lecture, le chant, le calcul mental et le développement de solutions créatives, entre autres.

Comment se passe le processus ?

Un entretien virtuel est fait (ce qui a un petit coût) ce qui nous permet de connaître les besoins réels. Après avoir fait l'évaluation, nous analysons si votre enfant doit étudier seul ou rejoindre un autre groupe (avec une préparation préalable).

À quoi ressemble le parcours d'apprentissage normal ?

Les enfants exercent d'abord leur attention, puis ils travaillent sur la lecture avec la méthodologie Innovation. Après un certain temps, en fonction de leurs efforts, ils commencent généralement par l'électricité et ses pratiques, puis passent à d'autres sujets.

Comment est l'expérience avec la théorie et la pratique ?

Dans certains cas, ils utilisent des outils logiciels et dans d'autres, ils doivent utiliser des kits de travail simples et peu coûteux pour développer de véritables pratiques.

Quelles études les garçons peuvent-ils suivre ?

Concentration, lecture, mathématiques, électricité, électronique, mécanique, mécatronique, ROBOTIQUE, agroécologie et médecine.

Y a-t-il un lieu physique pour les cours ?

Désolé, nous devons opter pour l'éducation virtuelle, avec toutes ses limites. Mais nous nous engageons à produire des résultats. Nous avons actuellement des gars de différents pays.

Est-il possible de programmer une réunion virtuelle ?

Bien sûr. Et avec un peu de chance, vous pouvez discuter directement avec le professeur Charria lui-même !

COMPÉTENCES

Social

Estime de soi, timidité, patience, anxiété, comportement, discipline, empathie, tolérance à l'échec, respect, motivation, conscience écologique

Formatif

Mathématiques, électricité, électronique, mécanique, mécatronique, robotique, médecine, agroécologie, magie, danse et anglais.

Cognitif

Déficit d'attention, concentration, raisonnement, évaluation, analyse, créativité, mémoire, logique, calcul mental, lecture, compréhension, langage.

Espiègle

Jeux, concours, expérimentations, intonation, chant, rythme et danse, jeu d'acteur, expression orale, coordination.

COURS

Lisant

Un enfant qui ne sait pas bien lire (pas seulement lire), ne comprend pas bien, n'écrit pas bien, met plus de temps à apprendre et génère une aversion pour la lecture.

Concentration

Elle génère des difficultés de comportement, d'attention. Problèmes pour les enseignants, les camarades de classe, les parents et, très important, pour l'enfant lui-même.

Électricité

L'électricité est présente dans la vie quotidienne. Connaître les principes fondamentaux du fonctionnement des circuits des appareils électriques et de leur réparation est un sujet amusant pour les enfants.

Danse

Savoir danser est un besoin social. Un enfant qui apprend à danser sera un adulte heureux sans problèmes d'adaptation. L'intonation et le rythme améliorent la coordination et le synchronisme.

Électronique

Presque tous les appareils modernes comportent une partie électronique. Ce cours permet de connaître les appareils, leur fonctionnement et leur application dans les circuits et équipements électroniques.

Mécanique

Utiliser un matériau dans une machine nécessite de connaître sa structure, sa résistance et sa durabilité. Ce cours enseigne les mécanismes avec divers matériaux et leur application en robotique.

Robotique

Tous les aspects de la robotique à différents niveaux de formation De ses fondamentaux et applications, à la conception et la construction de mécanismes robotiques et d'automatisation.

Magie

Faire des tours de magie à n'importe quelle réunion place les garçons au centre de l'attention. Des tours avec des cartes, des chiffres et des spectacles d'illusionnisme ajoutent des moments de grand plaisir.

Mécatronique

C'est la combinaison de l'électronique, de la mécanique et du contrôle, pour réaliser des dispositifs fonctionnels de faible poids, de haute résistance, aux fonctions complexes et parfois automatiques.

Matematiques

Il est plus facile d'utiliser la calculatrice que de penser, c'est pourquoi les enfants exercent de moins en moins leur cerveau. Nos mathématiques sont basées sur le calcul mental et sont plus amusantes.

Médecine

Connaître les systèmes fondamentaux du corps humain, permet de prévenir les maladies futures. Comprendre la santé humaine et la nutrition aidera à une bonne croissance.

Contrat et engagement d'un Innoventeur

Innovention vous accueille dans un univers de connaissances. Nous voulons que vous vous amusiez, que vous appreniez beaucoup et que vous nous aidiez à créer des produits et des projets qui protègent l'écologie de la planète et en général, qu'ensemble nous contribuions à un monde meilleur.

Pour être un **INNOVENTEUR,** les participants doivent s'engager à :

- Combattez l'ennui, le bâillement et la paresse.
- Éducation : regarder dans les yeux, saluer en arrivant et en quittant le site.
- Obéissez à votre guide, parents et enseignants.
- Répondre gentiment à toute demande (Éviter Non).
- Demandez la permission de toucher ou de déplacer quelque chose.
- Accompagnez vos désaccords d'arguments sur un ton de voix normal.
- Ne vous moquez pas de vos camarades de classe et ne les agressez pas physiquement ou verbalement.
- Ne jetez rien. Réparez, composez et n'endommagez pas.
- Rivaliser et profiter du résultat de Win or Lose.
- Terminer ce qui est commencé.
- Être de ceux qui s'ajoutent et non de ceux qui restent.
- Respectez l'avis des autres, laissez-les parler et demandez la parole.
- Améliorez-vous dans tout ce que vous faites à Innovention, à l'école et à la maison.

Je, ____ accepte de suivre les directives d'Innovation. Si dans tous les cas, à l'intérieur ou à l'extérieur d'Innovention, je commets une erreur, je vous demande de me rappeler discrètement le mot secret ______________ et je corrigerai immédiatement mon geste.

Je comprends qu'en fonction du nombre de fois où l'on me dit mon mot secret, je perdrai les avantages d'être sur Innovention comme suit :

Fois	**Conséquence**	**Action**
1 fois	Aucun	Corriger mon comportement
2 fois	Je vais rater un cours.	S'engager à ne plus se reproduire
3 fois	Je vais rater deux cours	Engagez-vous à ne plus se reproduire et faites vos devoirs.

Signature Innovanteur : ______________________________

Guide : ______________________________

[FIN]

Fondamentaux de l'API
et
Programmation en logique à relais

Théorie, leçons étape par étape et projets réels.

Première édition

Orlando Charria.

Nous pouvons commettre des erreurs dans cette traduction, puisque le français n'est pas notre langue maternelle. Nous apprécions votre compréhension et espérons que vous nous aiderez à nous améliorer en nous informant de toute correction nécessaire.

Nous espérons que votre expérience a été positive. Désormais, vous pouvez très facilement apprendre des autres marques d'automates et vous lancer dans d'autres technologies.

N'oubliez pas que nous préparons notre deuxième livre, avec plus d'informations et des sujets très actuels.

Nous dépendons de nouveaux professionnels comme vous pour la diffusion de ce livre. Si vous l'avez trouvé intéressant et que vous souhaitez nous recommander, nous vous invitons à prendre le temps de

- **Donnez votre avis sur Amazon.com**
- **Téléchargez des photos et des vidéos, en parlant de votre expérience d'apprentissage.**

Nous voulons également vous entendre pour

- Avertissez-nous des erreurs.
- Suggérez des sujets.
- Faites-nous des suggestions.
- Commentaires en tous genres.

N OTES ET COMMENTAIRES

NOTES ET COMMENTAIRES

NOTES ET COMMENTAIRES

Made in United States
Orlando, FL
04 November 2026

90207651R00225